今日から
モノ知り
シリーズ

トコトンやさしい

乾燥技術の本

食品、医薬品、材料など身近な製品の多くが乾燥工程を経て作られています。さまざまな形状のものをより速く、より効率よく乾燥するためにはどうすれば良いのか。乾燥技術の基本から乾燥操作の注意点までを1冊にまとめました。

立元　雄治
中村　正秋　著

B&Tブックス
日刊工業新聞社

はじめに

乾燥とは、湿った物体に含まれる液体（本書では水を考えます）を蒸発させて、乾燥したものを得ることです。乾燥技術といいますと、なにか特別のことをイメージするかもしれませんが、洗濯物を干したり、髪の毛をヘアドライヤーで乾かしたりと、乾かす（乾燥する）ことは私たちの生活の中にいろいろあります。また、私たちの身近な製品の多くが乾燥工程を通じて作られており、それらの製造現場ではより速く、より効率よく、よりよい製品を得るために、乾燥の方法を工夫しています。

本書の前半では、乾燥するときに起こる現象や乾燥が使われる場面（製造工程）の紹介、水分量や乾燥の速度を表す方法などの乾燥技術を知るうえで基本となる事項を解説しています。後半では、乾燥を短時間で行うための方法や工業的に使われている乾燥機の紹介、乾燥するときの注意点などのやや実務的なところも取り上げています。

第1章では、乾燥技術とはそもそもどのようなものであるかということからはじまり、乾燥技術が使われる製品製造工程の例をいくつか挙げて解説しています。先述しましたように、ものを乾かすということは洗濯物の乾燥を代表例として生活の中で日常的に行われています。そのほかにも、私たちが日ごろ目にしている製品が作られるときには乾燥技術が使われています。本章を通じて乾燥技術を身近に感じていただけると幸いです。

第2章では、乾燥技術を考える上でその基本となる事項をまとめています。工業的に乾燥製品を得るためには、計画的に生産する必要があり、乾燥工程において乾燥の速度やその原理を理解する必要があります。例えば乾燥は湿った物体中の水分を取り除く操作ですが、物体に含まれる水分量をどのように表すか、これもひとつの重要な要素です。

第3章では、空気の性質と乾燥との関係について解説しています。乾燥するときに対象物から蒸発した水蒸気は空気中に含まれるようになります。このため例えば天気予報などで耳にする「湿度」など、空気の性質は乾燥の進み方に大きく影響します。また、冷やしたペットボトルに水滴がつくことや、夏場の打ち水、乾湿球温度計が示す温度などは乾燥技術とも密接に関係しています。ここでは空気の性質が乾燥にどのように関わってくるか、また空気の性質を表すための数値を図表によってどのように求めるか、について解説しています。

第4章では、乾燥を速くする方法についてまとめています。先述のように身近な製品の中には乾燥工程を通じて作られているものが多数ありますが、それらの製品を工場で生産するときの乾燥工程では、より速く乾くことが望まれます。そこで、乾燥の速さに関係する要因とその影響についてまとめています。

第5章では、乾燥機をどのような形状のものの乾燥に適しているかによって分類し、それぞれの乾燥機の特長について解説しています。工業的に使われる乾燥機にはさまざまなものがあり、乾燥する対象物の性質(特に形状)によって使い分けがされています。

第6章は、乾燥によって製品を得るときによく起こる現象や課題を取り上げ、乾燥するときの注意点をまとめています。乾燥の仕方や条件によって乾燥後の製品の性質が大きく変わってきます。

本書では、乾燥技術について「トコトンやさしく」解説することを命題として執筆しました。乾燥技術に初めて触れる方々にも読みやすいように、というつもりで執筆しましたので、本書を機に多くの方々が乾燥技術に興味を持っていただけますと幸いです。

最後に、本書の執筆にあたりお世話をいただきました関係者の皆様に深く感謝申し上げます。

令和3年9月

著者

トコトンやさしい

乾燥技術の本

目次

目次 CONTENTS

第1章 身近にある乾燥技術

第2章 乾燥操作の基本原理を知る

第3章 乾燥操作と空気の性質の関係を知る

第4章 乾燥を速くする方法

第5章 さまざまな乾燥機とその選定

第6章 乾燥操作で注意すること

第1章
身近にある乾燥技術

1 乾燥とはどのような操作か

乾燥と脱水のちがい

乾燥操作とは、水などの液体で湿った物質を加熱して、液体を蒸発させて取り除く操作です。本書では、この液体をおもに水として説明します。

家庭にもある洗濯乾燥機には、脱水機能と乾燥機能がついているものがあります。

洗濯機の脱水（図1）では、洗濯物を脱水槽ごと回転させて、遠心力で水を外側に飛ばします。これによって洗濯物に含まれている水分は液体のまま取り除かれます。つまり、脱水操作では、水は蒸発せずに液体のまま取り除かれます。ぬれた雑巾をしぼるのも脱水操作ですし、ぬれた床を雑巾でふき取る操作も床からみれば脱水操作となります。化学実験で行われるろ過も脱水操作に入ります。

洗濯乾燥機の乾燥（図2）では、洗濯物に加熱した空気を当て、洗濯物に含まれる水分を蒸発させます。このとき、洗濯物が回転していますが、これは加熱した空気が洗濯物全体に当たるようにしています。

洗濯物を干す場合はどうでしょうか。このときには、洗濯物の中の水分の一部がしたたり落ちることがあるかもしれませんが、ほとんどは空気中に水蒸気となって出ていきます。したがって、洗濯物を干す操作は乾燥操作といえます。

液体は、蒸発するときに必ず熱が必要になります。したがって、乾燥操作では、乾燥する対象物が何らかの形で加熱されています。洗濯物を干す場合でも、日なたに干せば太陽熱で加熱されますし、たとえ室内に干した場合であっても、空気中から蒸発に必要な熱をもらっています。

つまり、乾燥においては乾燥する対象物にいかにして熱を加えるかが重要になります。乾燥操作がどのように行われるかを理解するには、どのようにして乾燥する対象物に熱を加えているかを理解することが必要です。

要点BOX
- ●乾燥操作は、液体を蒸発して取り除く
- ●脱水操作は、液体を液体のまま取り除く
- ●乾燥と脱水のちがいは加熱のあり・なし

図1　脱水操作

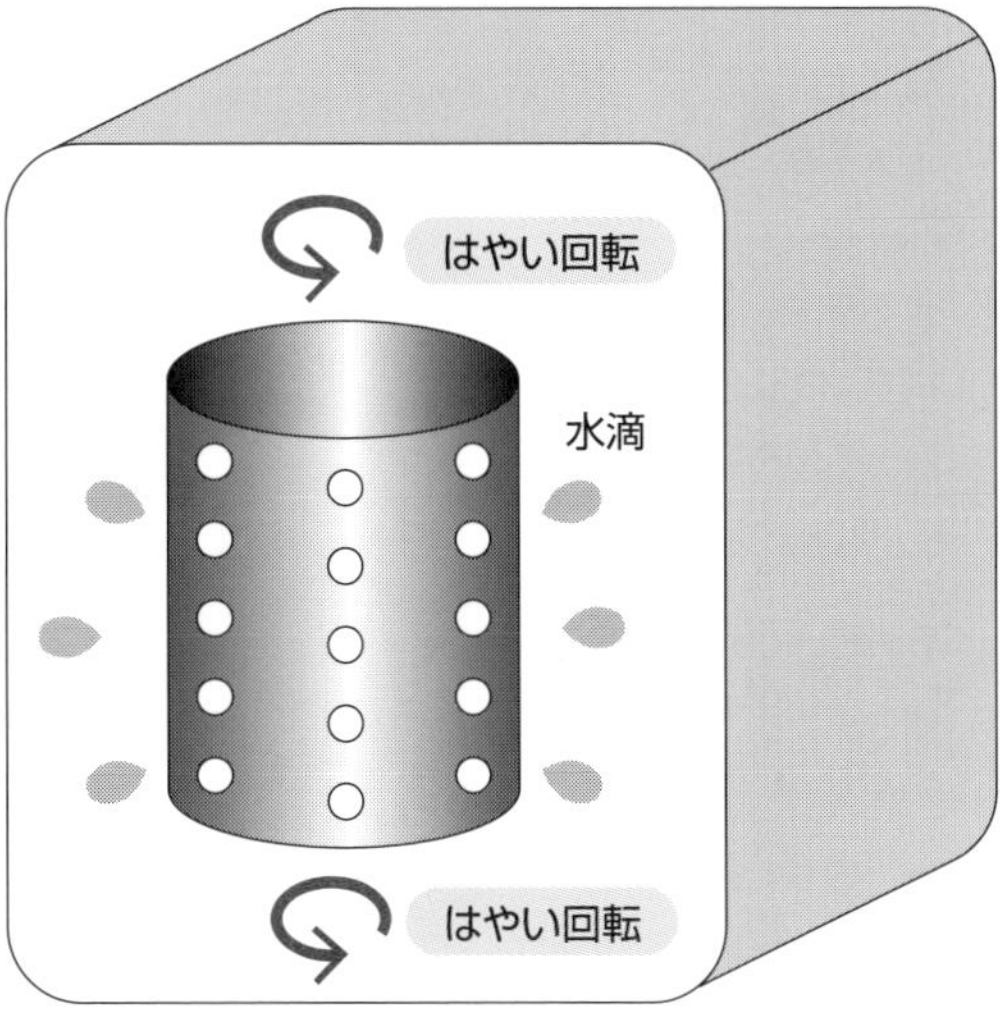

洗濯機の脱水

液体のまま取り除く

高速回転させることによる遠心力で、水を外側に飛ばして取り除く

図2　乾燥操作

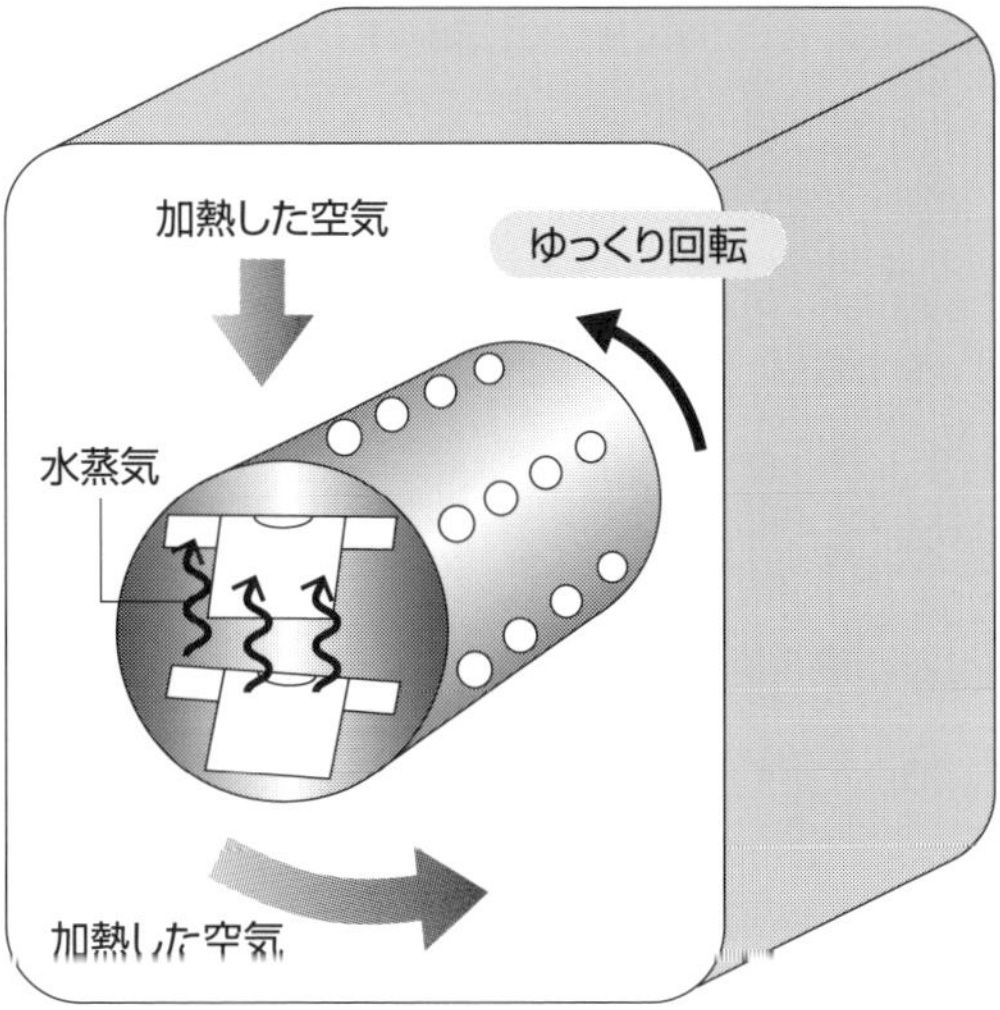

洗濯乾燥機の乾燥

液体を蒸発させて取り除く

加熱した空気を当てて洗濯物を加熱し、水分を蒸発させる

2 乾燥操作はどのようなときに行われるか

乾燥する目的

乾燥操作はどのようなときに行われるのでしょうか。家庭内で考えると、洗濯物の乾燥、食器の乾燥、ぬれた髪の乾燥などがあります。これらを乾燥する場合には、その前に乾燥する対象物を洗っています。つまりこのときの乾燥の目的は、水で洗ったあとの水分を取り除くことになります。洗車機の乾燥もこれに相当します。乾燥は、洗浄後に水分を取り除くことを目的としているため、さまざまな産業でも行われています。

また、布団乾燥機についてはどうでしょうか。このときには、大気中あるいは汗の水分を吸って湿った布団の水分を取り除いています。これは意図せずに含まれてしまった、いわば余分な水分を取り除いていることになります。そのほかの例として、採掘した石炭あるいは伐採した木材があります。これらは水分を含むので燃えにくく、燃料としては使いにくいものです。このため、乾燥して燃料として使いやすくしています。

製品の製造工程で加えた液体を最終的に取り除くことが目的の乾燥もあります。例えば、ペンキなどの塗料は、液体中に顔料を溶かして塗りやすくしており、塗装した後には乾燥によって液体を取り除きます。また、インスタントコーヒーなどは、液体中にある有用成分を回収し、その後液体を取り除いて固形分を製品としています。食器や花びんなどの陶磁器の材料は液体が含まれることで成形しやすくなり、成型後に水分を取り除きます。

もともと原料中に液体が含まれており、これを取り除いて固体製品とするものがあります。例えば、ドライフルーツや干物などの乾燥食品は、それらに含まれていた水分を取り除いて製品としています。食品原料や農作物などは、湿った状態では、微生物によって腐りやすいですが、乾燥を行うことで腐敗を防ぎ、長期間の保存が可能になります。

要点BOX
- ●洗浄に使った水分を取り除く
- ●製造工程で加えた液体を取り除く
- ●原料に含まれる水分を取り除いて製品とする

乾燥する目的

❶洗浄したあとに乾燥

洗濯物

食器

❷加工後に製品を乾燥

塗布後のペンキ

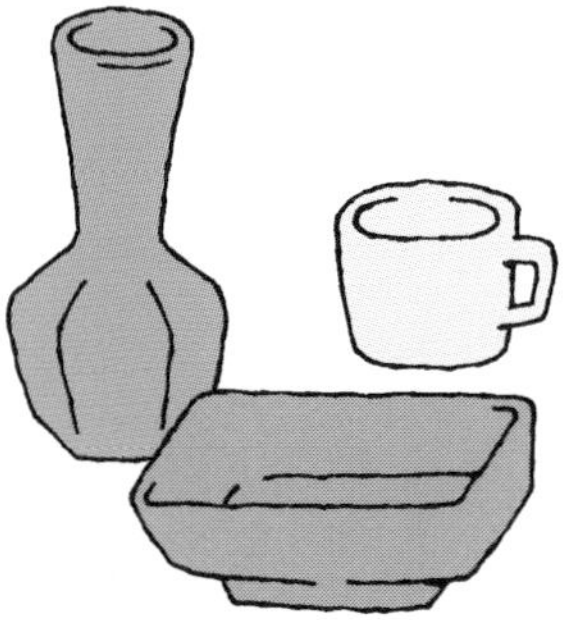
成形後の陶磁器

❸もともと湿っているものを製品とするために乾燥

干物

穀物（干しブドウなど）

3 家庭にある乾燥機の仕組み

熱を発生させる、熱を与える

身近な乾燥機として、家庭にあるヘアドライヤー、洗濯乾燥機、食器洗浄乾燥機、布団乾燥機などがあります。これらの仕組みを見てみましょう。

乾燥操作とは、湿った物質を加熱して水分を取り除く操作ですので、これらの乾燥機には必ず熱を発生させる仕組みがあります。

ヘアドライヤーは、後ろから空気を取り込んで、ドライヤー内の電気ヒーターで空気を加熱し、出口から加熱された空気（熱風）を送り出します。この加熱した空気をぬれた髪に当てて水分を蒸発させるのです。

洗濯乾燥機にはさまざまな製品がありますが、一般的には、脱水が終わった後の洗濯物をドラム内で回転させながら、加熱した空気を当てて乾燥します。ヘアドライヤーと同様に外部から空気を取り込んで電気ヒーター（または都市ガスの燃焼熱）で加熱して高温度の空気を作り出しています。洗濯物の種類によっては高温度に弱いものもありますので、温度を変えられるようになっている洗濯乾燥機もあります。

食器洗浄乾燥機の乾燥機能では、外の空気を取り込んで加熱して食器に当てて乾燥します。食器洗浄乾燥機は、洗浄するときに温水を使うことが多いため、その熱でもある程度乾燥します。

布団乾燥機には、布製の袋内に加熱した空気を送り込んで、この上に布団をかぶせることで布団を加熱して乾燥するタイプと加熱した空気を直接布団の中に送り込むタイプがあります。

いずれの乾燥機も、熱を発生させる仕組みと乾燥する対象物に熱を与える仕組みがあります。また、電力（ワット数）が大きく、電気代がかかる家電製品といえます。産業用の乾燥機においても、いかにして熱を発生させるか、どのようにして効率よく乾燥する対象物に熱を加えるかが重要になります。

要点BOX
- ●家庭にもさまざまな乾燥機がある
- ●乾燥機には熱を発生する仕組みと乾燥する対象物に熱を与える仕組みがある

乾燥機の仕組み

ヘアドライヤー

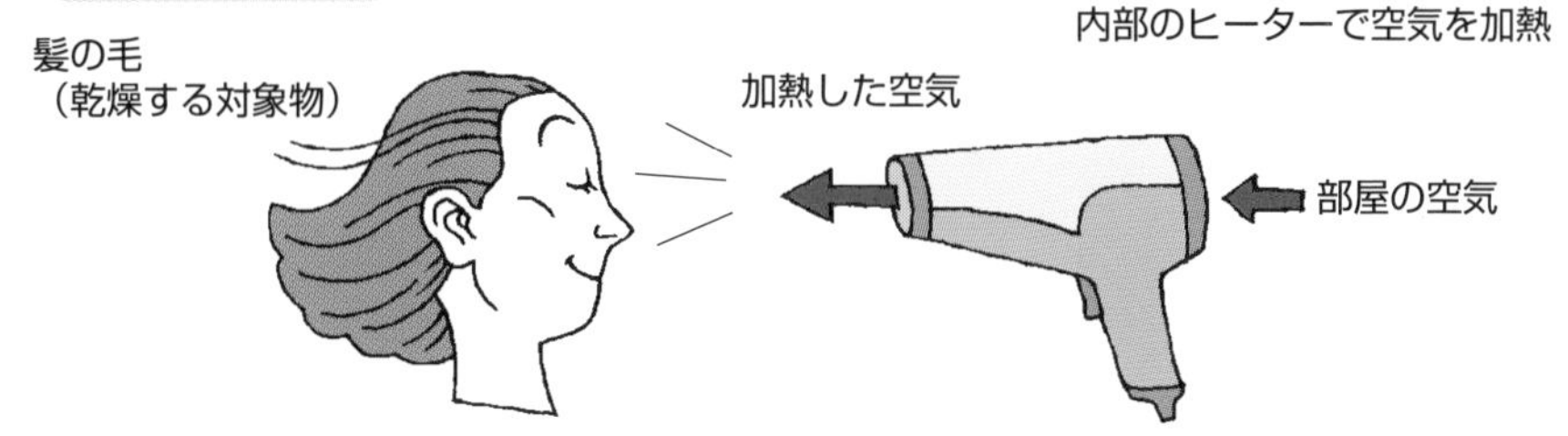

洗濯乾燥機

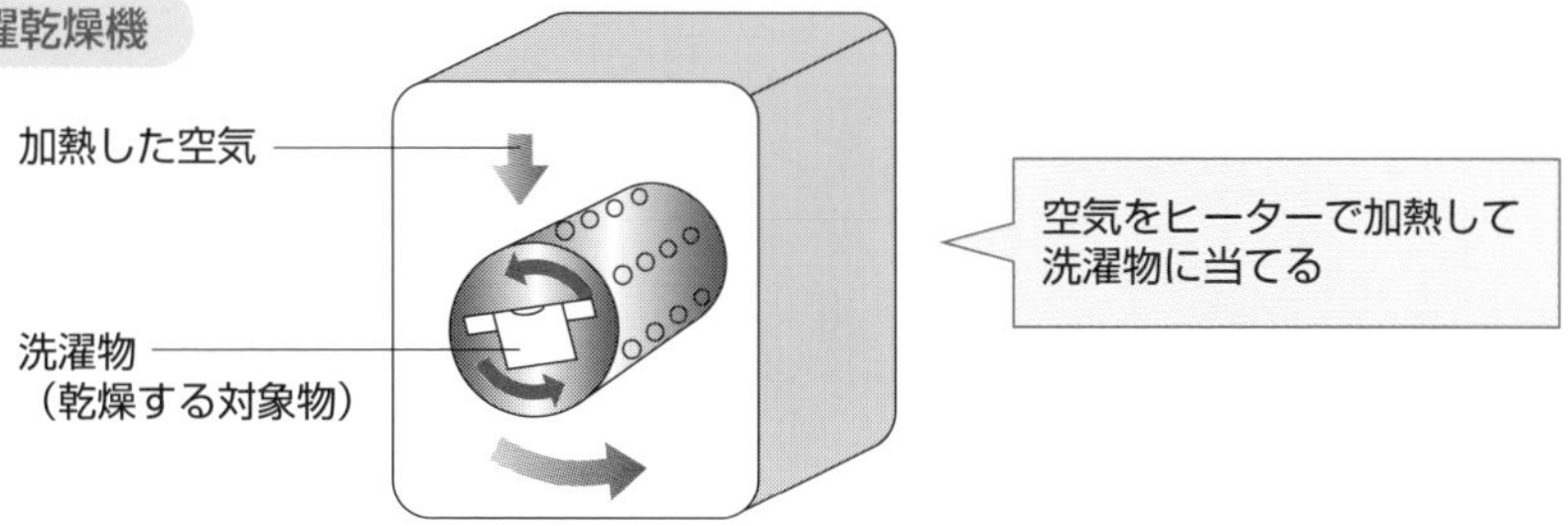

食器洗浄乾燥機

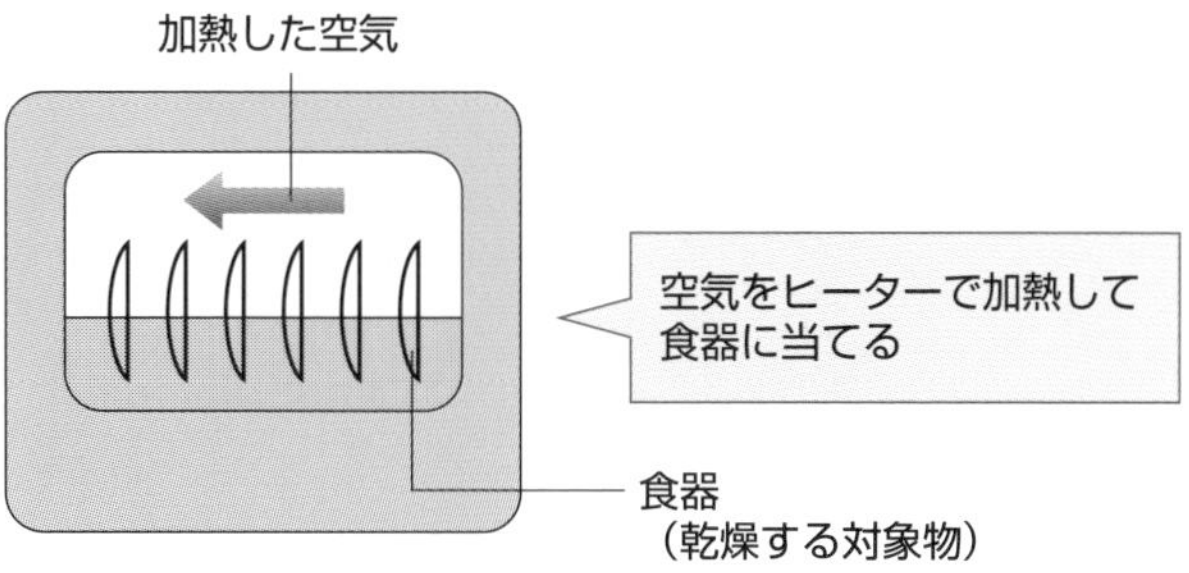

布団乾燥機

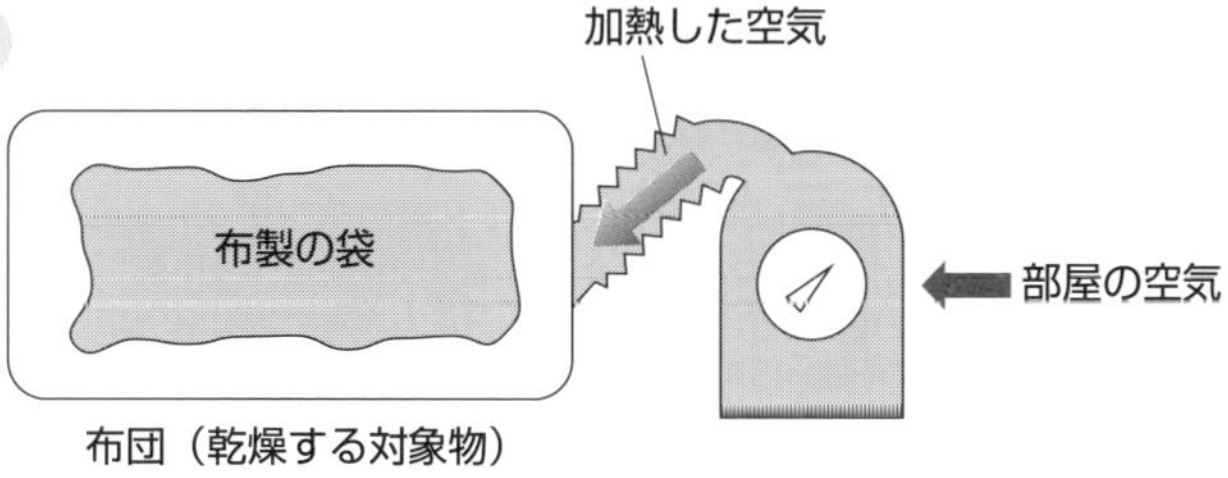

4 乾燥操作のはじまりは自然乾燥

産業革命以前の乾燥操作

乾燥がいつごろからどのように行われてきたか、食品の乾燥を例にとって見てみましょう。

紀元前にはすでに中国の乾麺、ペルーの凍結乾燥した馬鈴薯、モンゴルの干し肉など、乾燥した食品があったことが知られています。このころの乾燥の方法は天日乾燥、すなわち日光に当てて乾燥するというものがほとんどでした。また、食品とは異なりますが、建築用資材として、日干しレンガが使用されていたことが確認されています。

紀元前後になると、中国ではお茶や漢方薬が作られるようになります。このころのお茶は、蒸した茶葉を天日干ししたのちに火であぶっていました。

同じころ、日本でも鰹《かつお》の素干しや煮干しなどが作られるようになります。奈良時代には米を乾燥した干し飯（糒：ほしいい）が作られており、また、古事記や日本書紀には、干しあわびや干しなまこなどの記述があります。遣隋使や遣唐使の時代には、中国からお茶や漢方薬が日本に伝わり、乾麺（そうめんなど）の原型も伝わっています。

13世紀に入ると、ヨーロッパでは、干しブドウが交易品としても重宝され、16世紀には、長期保存が可能な干しブドウなどの乾燥食品が大航海時代の食料としても用いられました。また、インドのスパイスがヨーロッパに伝わりました。乾燥方式も天日乾燥が中心でしたが、火を起こして加熱する方法も一部行われていました。

このころの日本では凍結乾燥品の原型である凍り豆腐（凍み豆腐、高野豆腐）やかんぴょうが作られ、鰹節の焙乾（煙をあてて乾燥）が行われていました。現在も伝わる伝統食品の多くがこのころには作られるようになりました。

やがて18世紀にヨーロッパで産業革命が起こると、人工的に熱を作って乾燥する機械式乾燥（人工乾燥）が広く普及していきます。

要点BOX

- ●乾燥の歴史は自然乾燥からはじまる
- ●高野豆腐や鰹節などの伝統食品は現在も受け継がれる

さまざまな自然乾燥

天日乾燥

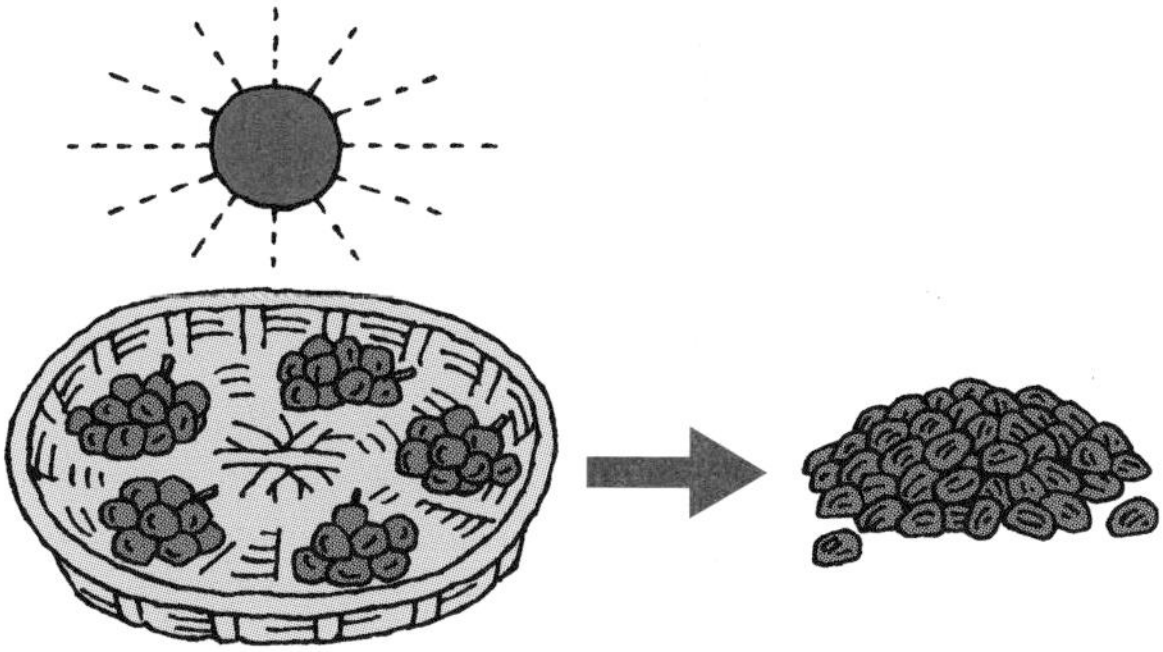

ブドウを干す　　　干しブドウ

寒風にさらす

夜：凍結
昼：乾燥

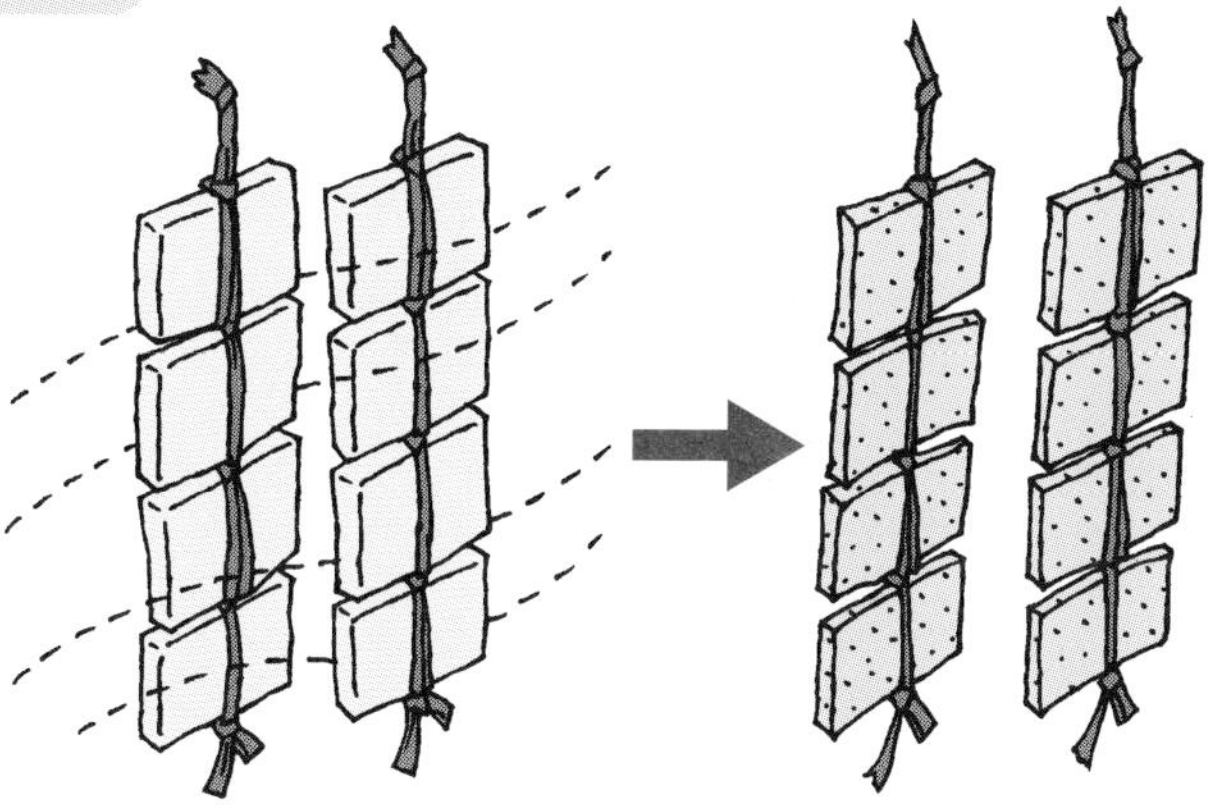

豆腐　　　凍り豆腐（凍み豆腐、高野豆腐）

焙乾

（煙を当てて乾燥）

蒸した鰹（かつお）の身　　　鰹節

5 機械式乾燥（人工乾燥）の発展

産業革命以降は機械化が進む

乾燥食品は、はじめは天日乾燥を中心とした自然乾燥で作られていましたが、次第に燃料を燃やすことで人工的に熱を作り出して乾燥する機械式乾燥（人工乾燥）が普及していきます。

1600年ごろに人工乾燥が試みられるようになります。そして1760年ごろにイギリスで産業革命が起こると、乾燥機の機械化が進み、加熱した空気を野菜に当てて乾燥する熱風乾燥機がイギリスやフランスで開発されました。

1850年ごろになるとアメリカやドイツでも野菜を乾燥するための熱風乾燥機が導入されるようになりました。また、1865年にアメリカで、噴霧乾燥機（スプレードライヤー：52項参照）が開発され、粉ミルクの製造に使われました。

1900年代に入ると、ドイツにおいて気流乾燥（53項参照）によるでんぷんや魚粉の生産が行われるようになりました。第一次世界大戦（1914〜1918年）があり、兵士用の携帯用食料としても使われました。また、このころには同じく第一次世界大戦に関連して、医療用の血清を乾燥する目的で真空凍結乾燥法（フリーズドライ：60項参照）の開発が進められました。血清の真空凍結乾燥は、第二次世界大戦時（1939〜1945年）には実用化され、その後食品の乾燥方法としても広く普及しました。

日本では、1920年ごろに噴霧乾燥機による粉ミルクの製造がはじまりました。1960年代前半には、真空凍結乾燥技術が日本に伝わり、以後フリーズドライ製品の開発が急速に進みました。また、1971年に油熱乾燥による即席めんが発売され、具材には真空凍結乾燥した野菜などが使われました。1960年代には、マイクロ波加熱（22項参照）も研究されるようになりました。

近年では、乾燥機の省エネルギーや品質をよくするための条件の探索などが進められています。

要点BOX
- ●機械化によりさまざまな乾燥機が開発される
- ●乾燥機は製品の高品質化あるいは省エネルギーへと発展

自然乾燥から人工乾燥（機械式乾燥）へ

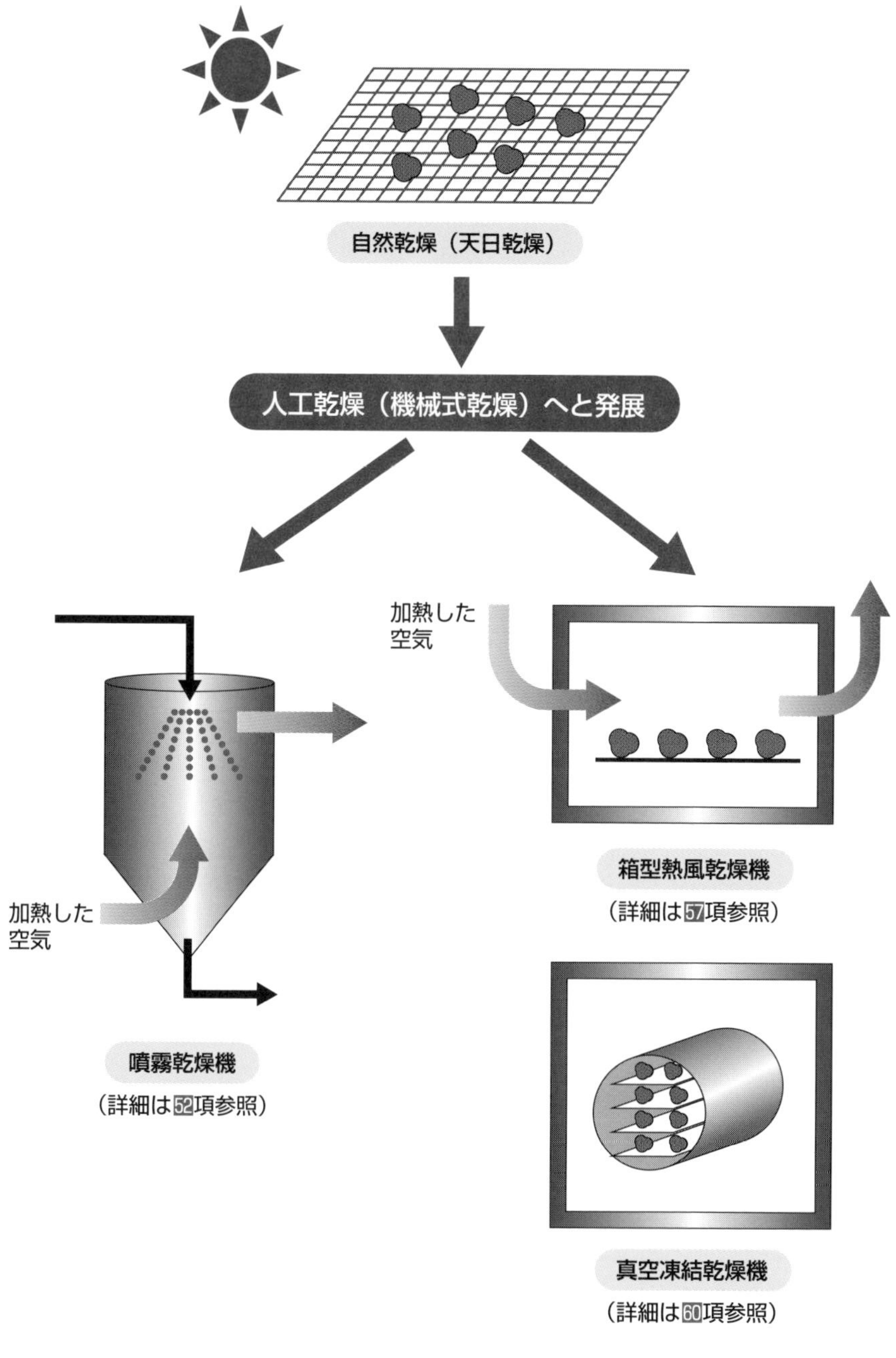

6 食品を乾燥するのはなぜか

保存しやすく、輸送しやすく、さらにおいしく

食品は、私たちの体を作る栄養源、エネルギー源になります。食品に要求されるのは、栄養やエネルギーが豊富であることに加えて、味や香り、見た目の美しさ、さらには舌触りや歯ごたえといったものなど、いわゆるおいしさも重要になります。また、長期間保存できること、運びやすいこと、簡単に食べられることなども大切です。これらを実現するための方法の1つとして乾燥が行われているのです。

食品を乾燥するときの目的をまとめます。

1. 長期保存ができるようにする（図1）

食品に含まれる水分を取り除くことで微生物が増殖するのを抑えることができます。これによって食品を保存できる期間が延びます。

2. 軽くして運びやすくする（図1）

食品を乾燥することで軽くなり、持ち運びがしやすくなります。

3. 乾燥することで性質を変えておいしくする

乾燥することで性質が変わり、別の食品として生まれ変わるものがあります（図2）。するめや干しブドウなどは、水を加えても元にはもどりませんが、乾燥することでよりおいしくなっています。

乾燥するときには、このように乾燥によってわざと性質を変えて別の食品を作り出すという考え方と、保存や輸送がしやすいように乾燥し、食べるときには水やお湯でもどして乾燥前の状態にする（図3）という考え方があります。伝統食品の多くは前者です。後者はインスタント食品に多く見られます。

4. 乾燥したものを粉にして形を変えたり混ぜたりする

乾燥したものは、砕いて粉にすることができ、これを型に入れて別の形にしたり、他の食品と混ぜたりすることができるようになります（図4）。このような目的で乾燥したものには小麦粉や片栗粉などに加えて、砂糖などの粉末調味料があります。

要点BOX
- ●保存・輸送をしやすくする
- ●乾燥によって別の性質の食品に変える
- ●乾燥してもお湯でもとに戻るようにする

図1　乾燥により長期保存・輸送しやすくする

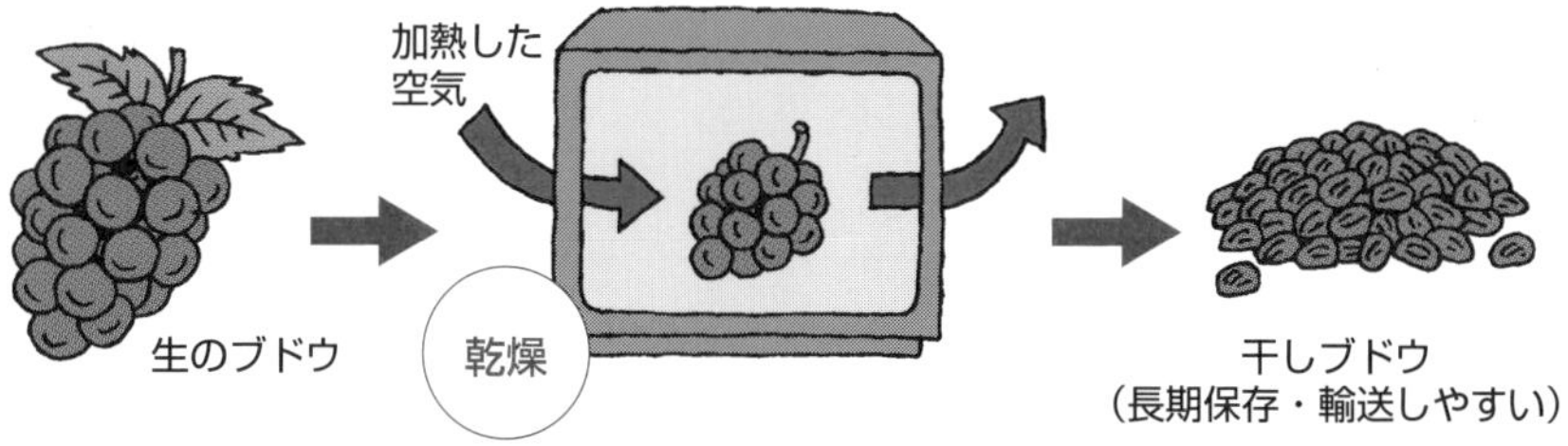

図2　乾燥により性質を変えて別の食品とする

図3　乾燥後に水やお湯で元にもどす

図4　形を変える

7 食品製造工程での乾燥

穀類、砂糖、インスタントコーヒー

食品の製造工程では乾燥が行われています。いくつかの食品の製造工程を見てみましょう。

米や小麦は収穫後に乾燥がなされます。これは、乾燥することによって保存しやすくすることが目的です。米や小麦は、かつては天日干しによって乾燥していましたが、現在は、加熱した空気を送って乾燥する機械式の乾燥が主流になっています（図1）。

高い温度の空気を当てると品質が悪くなるため40℃程度までの低い温度で乾燥しています。また、表面の水分がなくなった状態で加熱を続けると割れることがあるため、途中でいったん乾燥をやめて水分を均一にしてから再び乾燥します。この操作をテンパリングとよんでいます。小麦は乾燥後に製粉工場に送られて小麦粉へと加工します。

砂糖は、さとうきびあるいはてんさい（砂糖大根）から作られます。収穫したこれらの原料のしぼり汁から原料糖を作り、これから不純物を取り除いて砂糖にします。不純物を取り除いた砂糖は水に溶けており、これを真空低温度下で煮詰めて結晶として出てきた砂糖を回収し、脱水したのちに加熱した空気を当てて乾燥します（図2）。粉状の砂糖は回転乾燥機（54項参照）で、角砂糖は箱型乾燥機（57項参照）で乾燥します。

インスタントコーヒーは、コーヒー豆を焙煎し、数種類の豆を配合したのちに豆を砕き、お湯に浸してコーヒーを抽出します。その後が乾燥工程になります。乾燥方法としては、コーヒーを抽出した液を細かい液滴にして噴霧し、加熱した空気を当てて乾燥する方法（噴霧乾燥：52項参照）と、凍結した後に粉砕して真空条件で加熱する方法（真空凍結乾燥：60項参照）があります。

以上のように身近な食品にもその製造工程で乾燥が行われています。

要点BOX
- 米や小麦などの穀物は収穫後に乾燥
- 砂糖は原料を濃縮してから乾燥
- インスタントコーヒーには2つの乾燥方法

図1　穀物(もみ)の乾燥

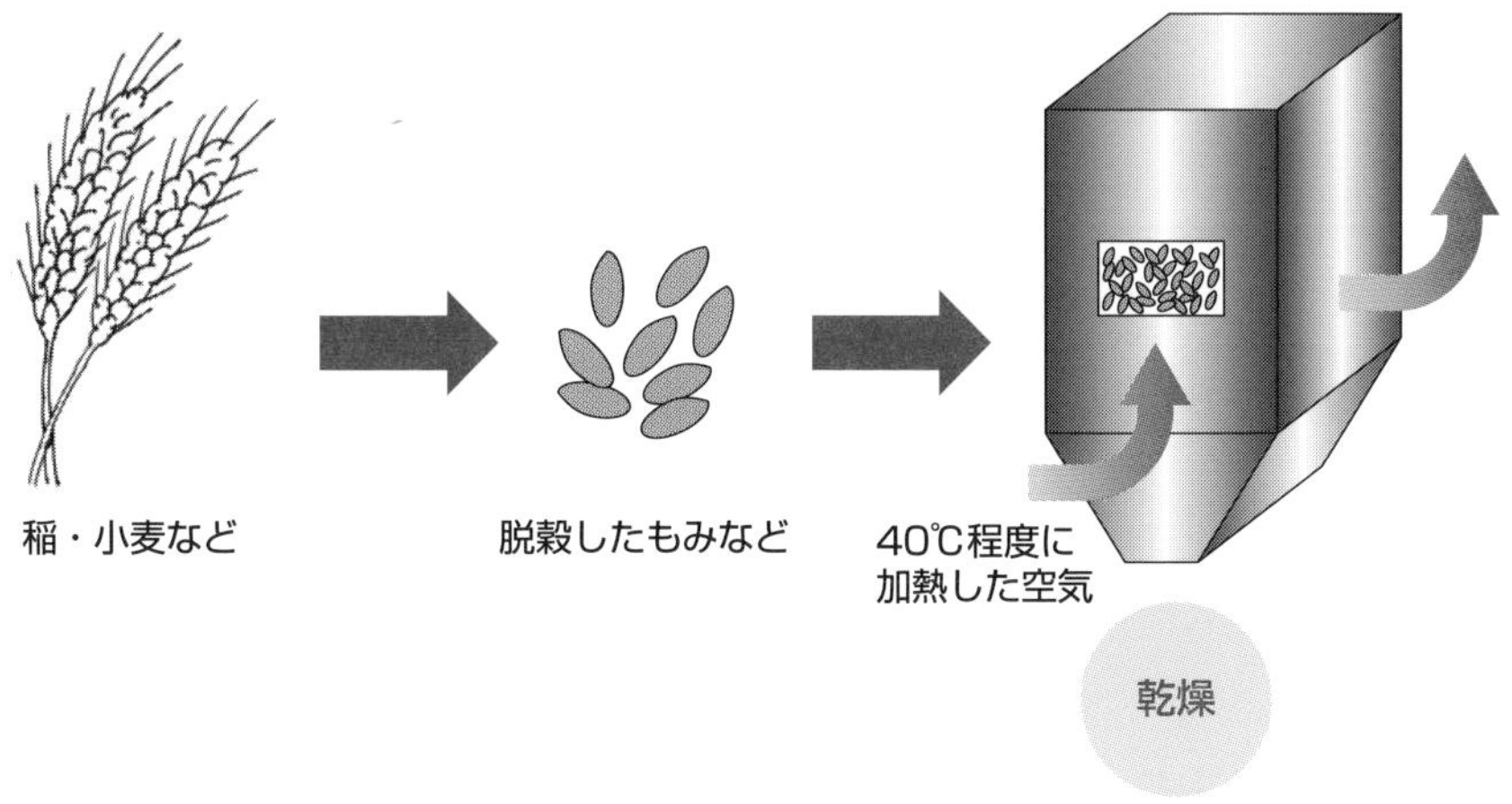

図2　砂糖の製造工程の例

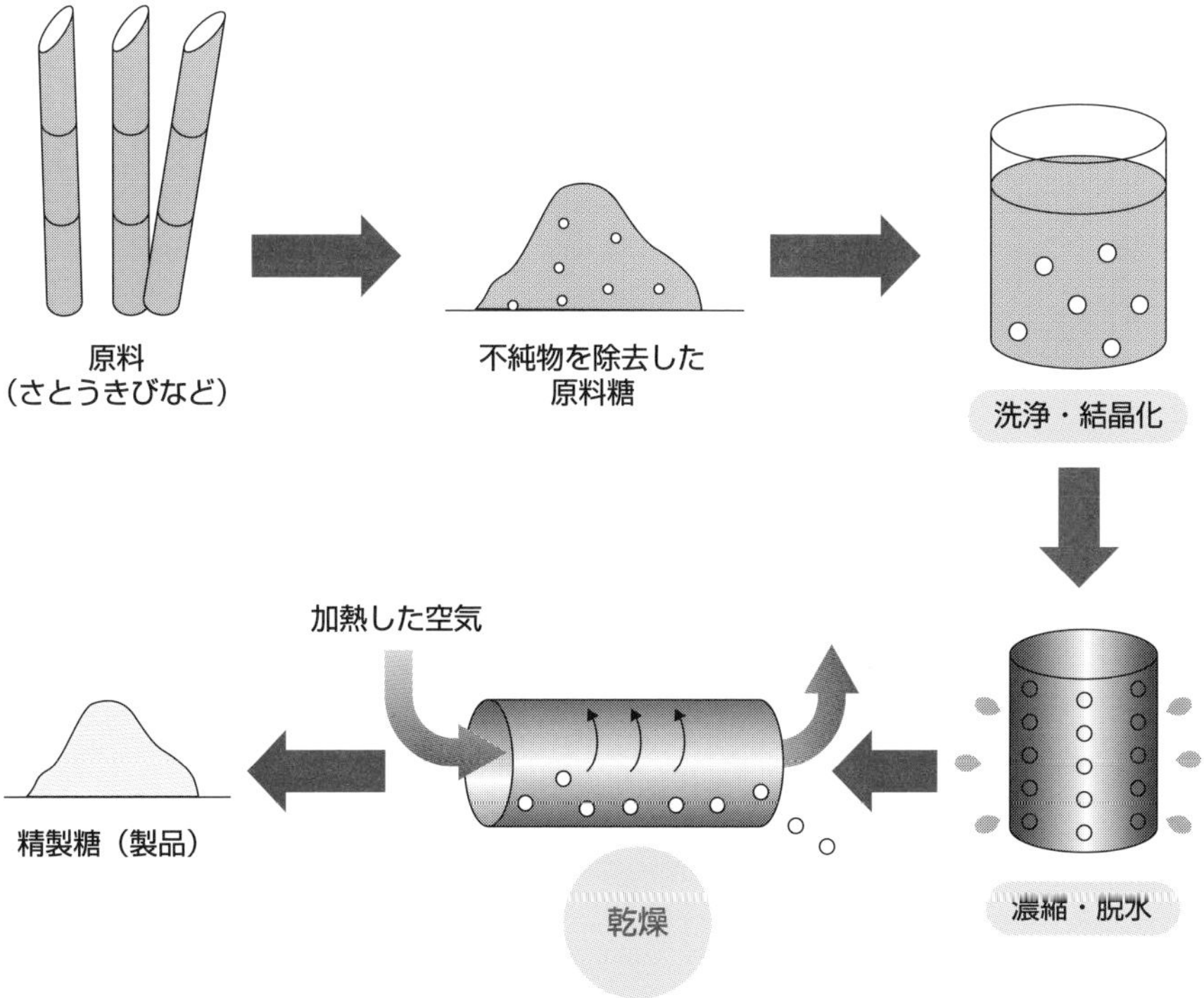

8 製薬工程での乾燥

成分を均等に含んだ顆粒を作るための乾燥

薬には、口から飲む飲み薬（内用剤）、皮膚などの病気の部分に塗ったり貼ったりする薬（外用剤）および体に注射針を刺して血液に入れる薬（注射剤）があります。ここでは特に乾燥操作と関係が深い内用剤について見てみましょう。

内用剤には、錠剤やカプセル剤、粉薬、さらには液剤やシロップ剤などもあります。乾燥が必要なのは錠剤、カプセル剤、粉薬で、錠剤は粉状の薬を固めたもの、カプセル剤は種類のちがう粉や粒状の薬をカプセルに入れてまとめたものです。ここでは、錠剤の製造工程について見てみましょう。

製薬工場における錠剤の製造工程は、原薬の受け入れ→成分検査→秤量（量を計る）→予備混合・粉砕→乾燥・造粒→添加剤混合→打錠→コーティング・印字→検査→包装→最終試験からなります。

乾燥工程は錠剤製造工程のほかに、その前段階の原薬製造工程でも登場します。原薬を製造する工程では、化学反応によって薬を作ります。このとき、化学反応が液体中で行われ、薬成分である固形分（粉）を液体から回収します。このときにはまず脱水（遠心分離など）が行われ、続いて乾燥します。乾燥には、熱によって性質が変化しないように低い温度で乾燥できる真空乾燥機が使われています（59項参照）。

錠剤を製造する工程では、決められた大きさに砕かれた薬の粉を下から空気の気流で浮かせて動かしながら、水やバインダとよばれる液（砂糖水など）を吹きつけます、さらに吹きつけた液を乾燥します。このような乾燥には流動層乾燥機が使われています（55項参照）。粉に水や砂糖水を吹きつけることで粉同士がくっつき、顆粒状になります。顆粒状になることでサラサラした状態になり、粉同士が混ざりやすくなるのです。乾燥の後には種類の異なる顆粒あるいは添加剤を混合して、型に入れ、圧力をかけて錠剤にします（打錠といいます）。

要点BOX

- 原薬製造工程では液体から原薬の粉を取り出すときに乾燥
- 錠剤製薬工程で粉を顆粒にするときに乾燥

錠剤の製造工程

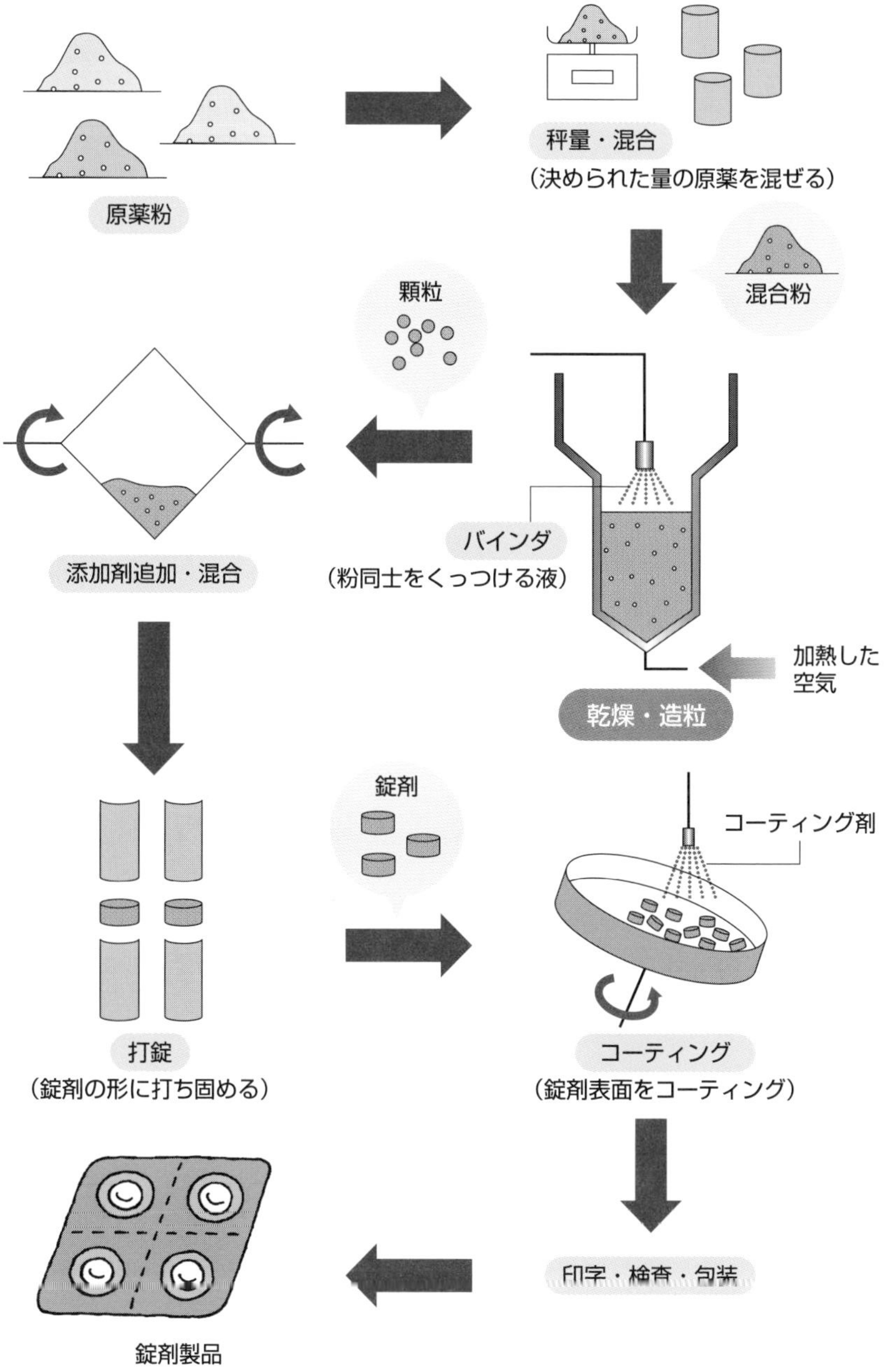
原薬粉
秤量・混合
（決められた量の原薬を混ぜる）
混合粉
顆粒
添加剤追加・混合
バインダ
（粉同士をくっつける液）
加熱した
空気
乾燥・造粒
錠剤
コーティング剤
打錠
（錠剤の形に打ち固める）
コーティング
（錠剤表面をコーティング）
印字・検査・包装
錠剤製品

9 洗浄工程での乾燥

洗浄したときに表面についた水を乾燥

乾燥は、洗浄後に表面についた水分を取り除く目的で行われることがあります。家庭でも食器洗浄乾燥機では、食器を洗浄したあとに食器表面についた水を乾燥しています。洗浄後の乾燥は、さまざまな製造工程で行われます。

金属加工では、金属製品を切ったり削ったりするときに切削を行いやすくするための油(切削油)を使います。また、切削くずなどが表面に付着します。製品とするためには、これらを洗浄して取り除く必要があります。洗浄する方法には、さまざまな方法がありますが、洗剤(洗浄剤)によって洗い流すことが多くあり、洗浄後に乾燥がなされます。

乾燥の方法としては、家庭用の食器洗浄乾燥機と同様に加熱した空気を当てることが多いのですが、その前に省エネルギーのために水切りが行われます。金属製品をかごに入れて振動させたり、強い風を当てたりして、表面の水分を落とすのです(図1)。

一般的な金属加工製品の多くは、このような洗浄・乾燥が行われていますが、さらにきれいに洗浄する場合には、特殊な洗浄・乾燥方法が必要になります。水には空気中の酸素が溶け込んでいます。表面についた水が酸素を含むことで、金属表面が酸化してシミができる、あるいは空気中の小さいほこりが水に付着してそのまま表面に残ることが問題となることがあります。

特に厳しい洗浄条件が必要になるのは、集積回路などに使われるシリコンウェハの洗浄です。集積回路はシリコンウェハ上に配線をしいていますが、狭い面積になるべく多くの配線をしくために微小な配線が施されています。これは、わずかなほこりやシミよりも小さいため、それらを取り除くための特殊な洗浄・乾燥(脱水)が必要になります(図2、図3)。製造の工程で洗浄・乾燥が製品の品質を決定するといっても過言ではありません。

要点BOX
- ●洗浄後の表面に付着した水は水切り後に乾燥
- ●シリコンウェハの洗浄・乾燥はわずかな汚れも許さない特殊な技術

図1　水切り

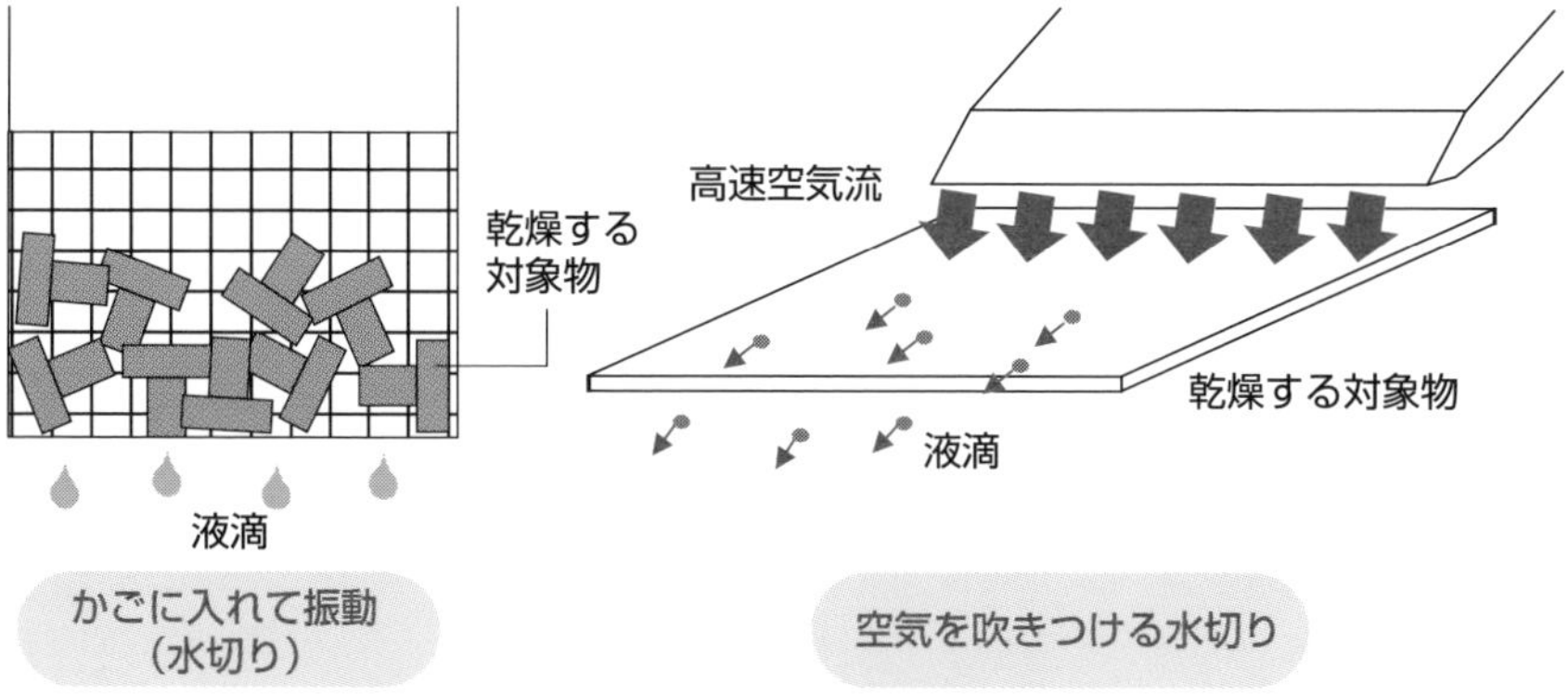

図2　ベーパ洗浄・乾燥

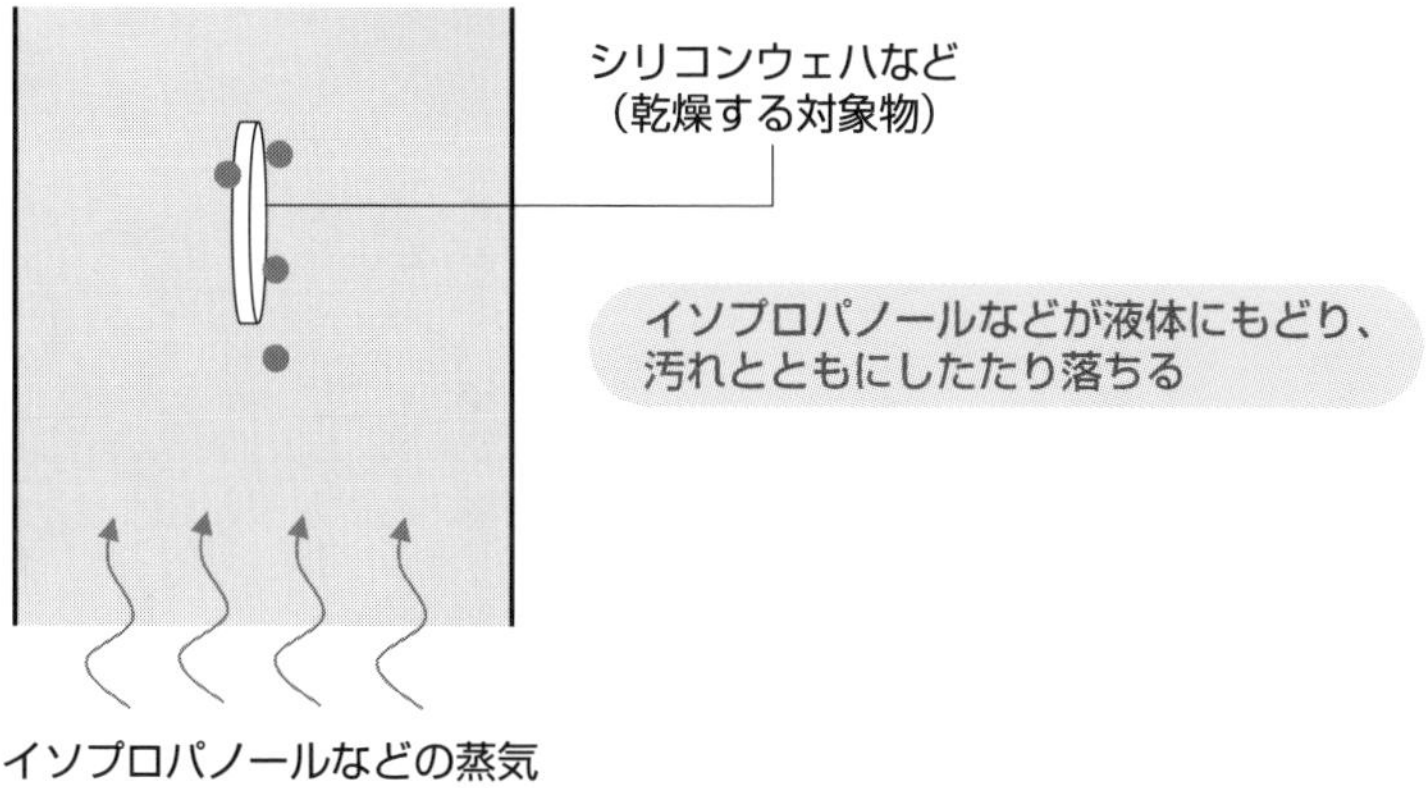

図3　スピンドライヤー

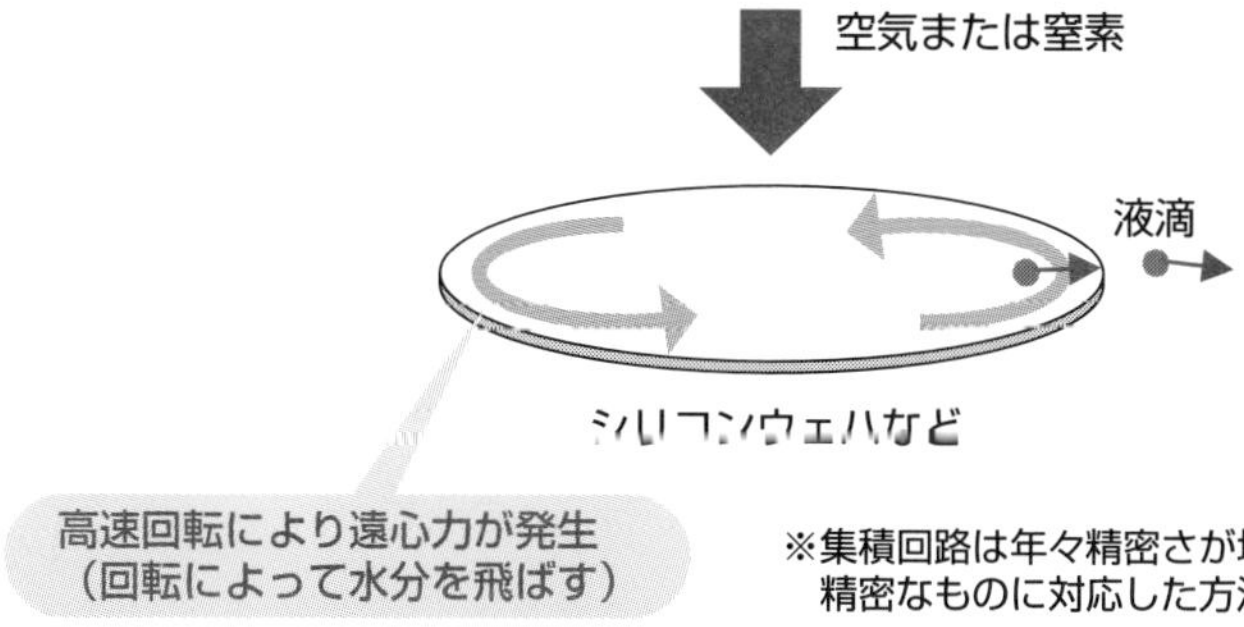

※集積回路は年々精密さが増し、乾燥法もさらに
精密なものに対応した方法に進化しています

10 陶磁器・ファインセラミックスの乾燥

割れや変形を防ぐ・均質な原料顆粒を作る乾燥

私たちの食卓にならぶ皿や茶わんなどの食器類には、陶器あるいは磁器が広く使われています。これらを製造する工程でも乾燥が行われています。

陶器と磁器は、原料となる粘土の配合（種類）と焼くときの温度に違いがあります。陶器に比べて磁器には原料中に長石とよばれる石が多く含まれており、磁器は陶器と比べて薄く、透かして見るとわずかに光を通します。最終的な焼成の温度は陶器では900℃程度、磁器は1300℃となります。

このように陶器と磁器で違いはありますが、製造工程はよく似ています。石や粘土などが原料となり、石を適切な大きさにまで砕き、原料同士を配合・混合し、これを成形します。

続いて、乾燥が行われます。乾燥の方法は、伝統的には屋内あるいは屋外に長期間置いてゆっくり乾燥する自然乾燥でしたが、工場ではおもに加熱した空気を当てる熱風乾燥（トンネル乾燥機：57項参照）が使われています。急速な乾燥では、表面のみが乾燥して割れや反り、変形が起こるため乾燥するときの条件を適切に管理しています。製品によって工程に違いはありますが、絵付けや焼成（素焼き、本焼き）などがその後に続きます。

陶磁器と同じように焼成によって作られるものにファインセラミックスがあります。陶磁器との違いはおもに原料ですが、製造工程にも違いがあります。ファインセラミックスの製造工程では、原料となる粉に水などを加えて均一に混合し、さらにこまかく粉砕します。この後に乾燥を行います。乾燥の方法は噴霧乾燥（52項参照）です。水中に混じりあっている粉末を噴霧乾燥によって乾いた顆粒にします。乾燥では、粉末が密に詰まり、かつ均一な大きさの顆粒となることが求められ、製品品質に大きくかかわります。この後には、顆粒を型に入れて圧力を加えて成形し、焼成して製品とします。

要点BOX

- ●陶磁器では割れや変形を防ぎつつ乾燥
- ●ファインセラミックスでは均質な原料顆粒を作るための乾燥を行う

陶磁器の製造工程

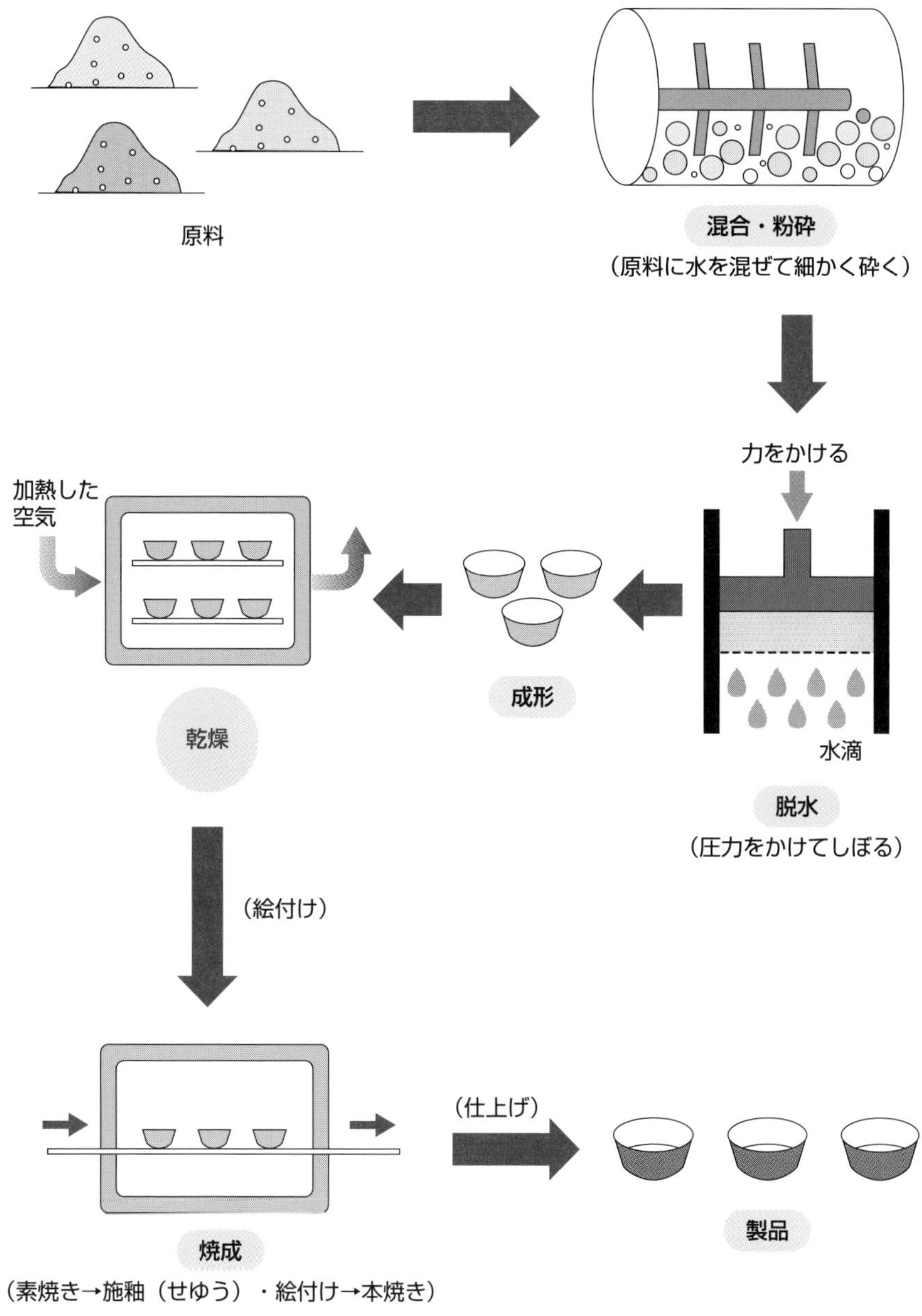

※施釉：釉薬（ゆうやく）を塗る

11 紙の製造工程での乾燥

シート状のものを多量に乾燥

紙は、身近な日用品で、多量に使われています。この紙の製造工程にも乾燥が使われています。

紙は、木材から作られるものと、古紙から作られる再生紙があります。木材から作られる場合には、木材チップを高い温度・圧力で煮詰めて木材の繊維を取り出します。こうすることで、木材に含まれる紙の製造に不要なリグニンという成分を取り除くことができます。取り出した繊維を洗浄して薬剤によって漂白します。この状態をパルプといい、この段階では多量の水分を含んでいます。古紙から作る場合には、古紙を水中でほぐし、異物(特にインクなど)を取り除いて薬品で漂白し、パルプとします。

パルプから紙を作る工程を抄紙《しょうし》といいます。パルプにさらに水を加えて薄め、牛乳のような白い液体状にします。これをプラスチックの網に均等に吹き付けます(ワイヤーパート)。この段階で、薄いシート状の紙の原型ができます。これを今度はフェルト(布)の上に移します。パルプはプラスチック網よりもフェルトのほうにくっつきやすいので、フェルトをパルプに密着させるとそちらに移動します。そのままロールで挟み込んで脱水します(プレスパート)。その後に乾燥が行われます(ドライヤーパート)。

乾燥機には、多円筒乾燥機(58項参照)が使われています。紙を加熱した多数の金属円筒に密着させて加熱・乾燥しながら移動させます。なお、抄紙のときの紙の移動は、ロールで巻き取ることで行います。

印刷用紙などは、このあとに印刷しやすくするように表面に薬剤をコーティングします。このコーティングの後にも乾燥が行われます。コーティング面は、加熱した空気を吹きつけて乾燥します(噴出流乾燥機：58項参照)。さらに、プレスして表面を平らにし(カレンダー)、製品となります。

紙は薄く、乾燥しやすいものといえます。抄紙での乾燥は短時間で行われ、多量の紙が作られます。

要点BOX
- 紙の原料であるパルプを脱水後に乾燥
- シート状の材料の乾燥に特化した乾燥機(多円筒乾燥機、噴出流乾燥機)が使われる

紙の製造(抄紙)工程

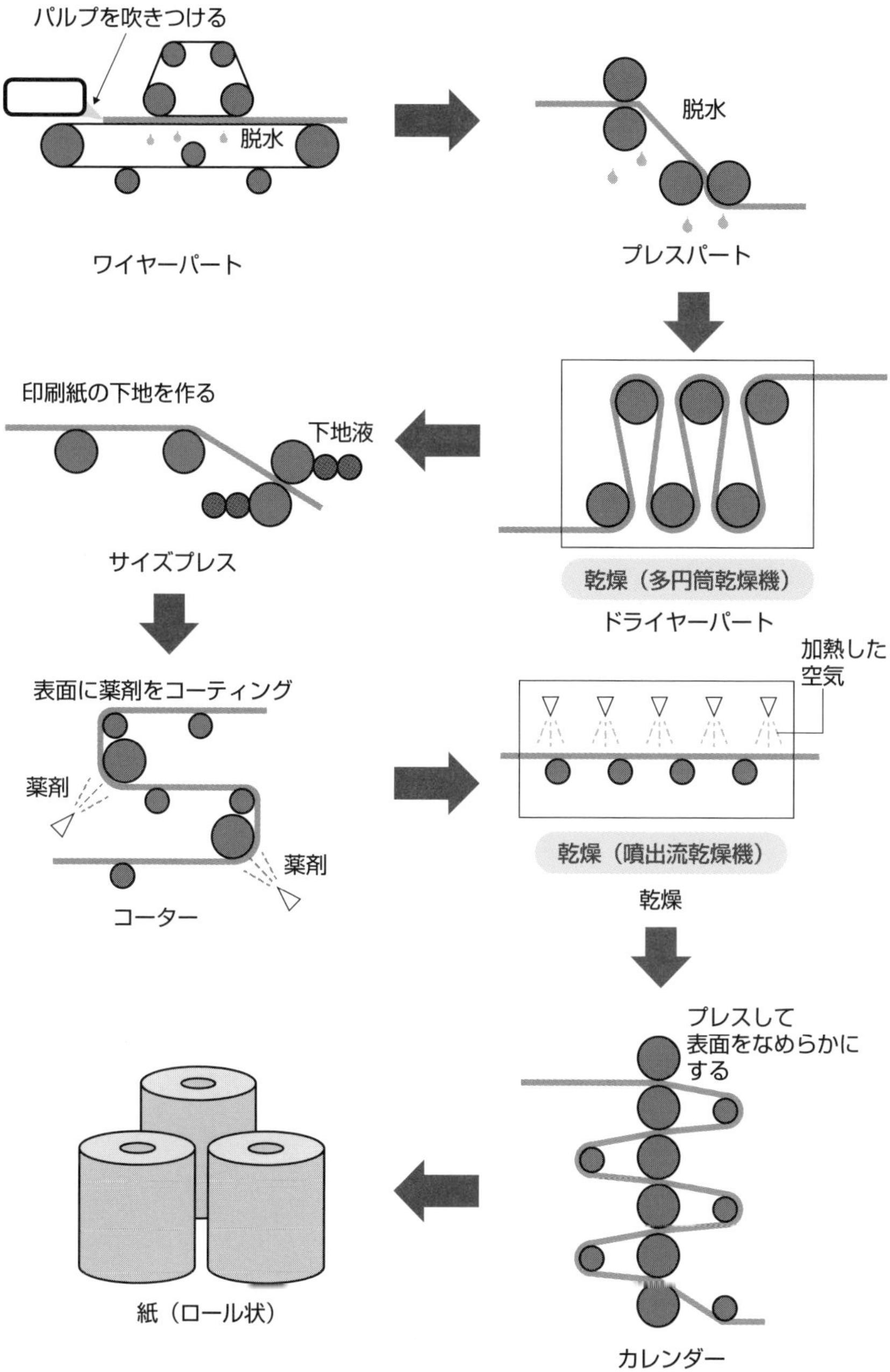
パルプを吹きつける
脱水
ワイヤーパート
脱水
プレスパート
乾燥（多円筒乾燥機）
ドライヤーパート
印刷紙の下地を作る
下地液
サイズプレス
表面に薬剤をコーティング
薬剤
薬剤
コーター
加熱した
空気
乾燥（噴出流乾燥機）
乾燥
プレスして
表面をなめらかに
する
カレンダー
紙（ロール状）

12 木材の乾燥

品質を重視した長時間乾燥

木材は、家具や家の材料（建築資材）として広く用いられています。この木材にも乾燥が行われています。乾燥は、木材を切り出して各種製品に組み立てる前の段階で行われます。

切り出した木材には、水分が含まれています。この状態で加工して製品とすると、時間とともに水分が蒸発して、収縮や変形が起こります。例えば家屋の材料として使われた木材が、変形すれば梁《はり》がたわんだり、立て付けが悪くなったりとさまざまな問題を引き起こします。このため、あらかじめ乾燥しておき、製品となったときに収縮や変形を起こさないようにします。また、木材は乾燥することで、硬くなり、強度が増します。さらに、シロアリや微生物によって荒らされにくくなります。

乾燥の方法には、自然乾燥（天然乾燥）と人工乾燥があります。自然乾燥（図1）では、木材を日当たりがよく、かつ風通しのよい場所にならべて乾燥する天日乾燥がおもに行われます。乾燥には半年から1年以上かかるものもあります。

一方、人工乾燥（図2）では、乾燥機内に木材を入れて人工的に作り出した熱を加えて乾燥します。この結果、乾燥に必要な時間は1日から1か月程度になります。乾燥機としては、加熱した空気を木材に当てて乾燥する熱風乾燥が多く、蒸気を通した管に空気を当てて空気を加熱し、これを木材に当てます（蒸気式乾燥機とよばれます）。そのほかに、乾燥機内に除湿器を入れて低温度かつ低湿度の空気を木材に当てて乾燥する方法もあります（除湿式乾燥機）。

乾燥の方式によって木材の品質が変わり、自然乾燥のほうがよいともいわれますが、乾燥時間が非常に長いことから人工乾燥が行われるようになってきています。乾燥時間を短縮しようとすれば、乾燥時に割れたり変形したりします。このため、乾燥の進行に合わせて温度や湿度を調節しています。

要点BOX
●木材は製品の変形を防ぐために乾燥する
●自然乾燥と人工乾燥がある
●乾燥条件が木材の品質に大きく影響する

図1　木材の自然(天日)乾燥

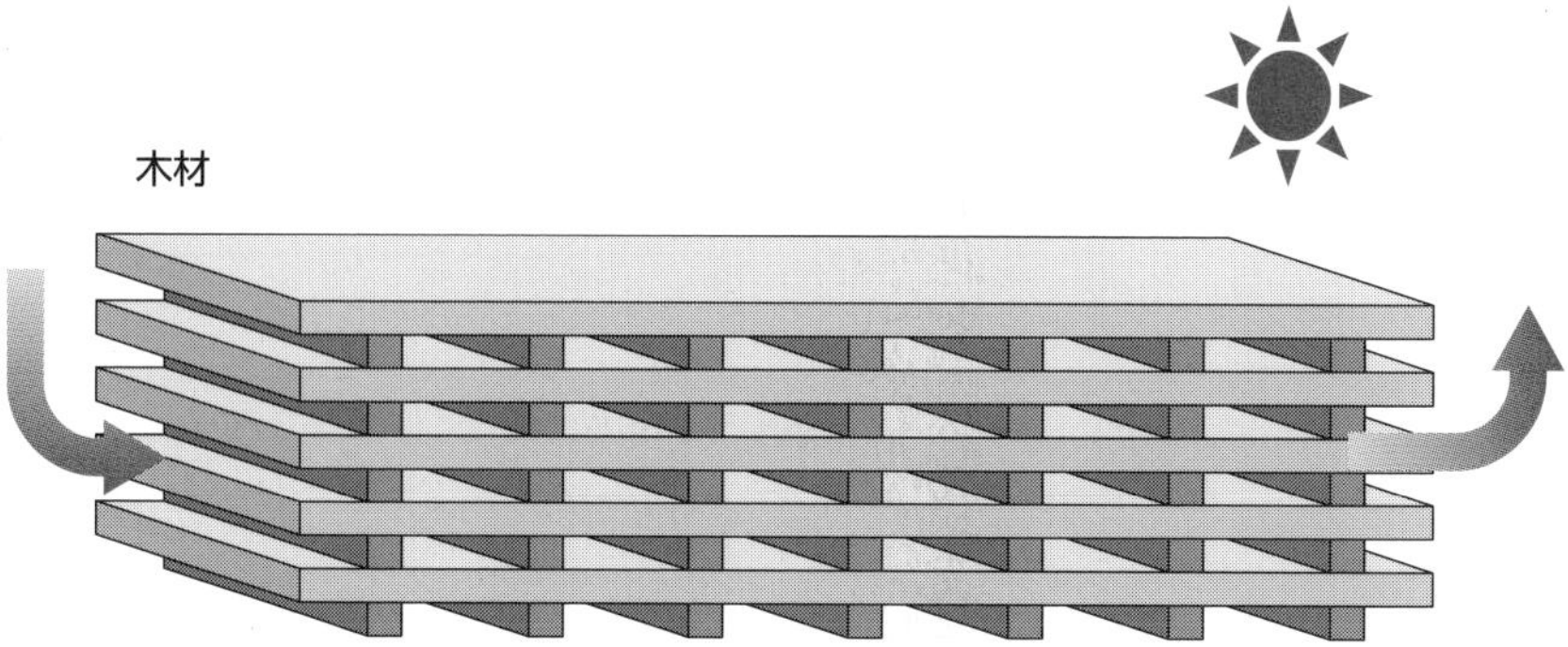

隙間をあけて空気の通りをよくする

図2　木材の人工乾燥(蒸気式乾燥機：箱型乾燥機)

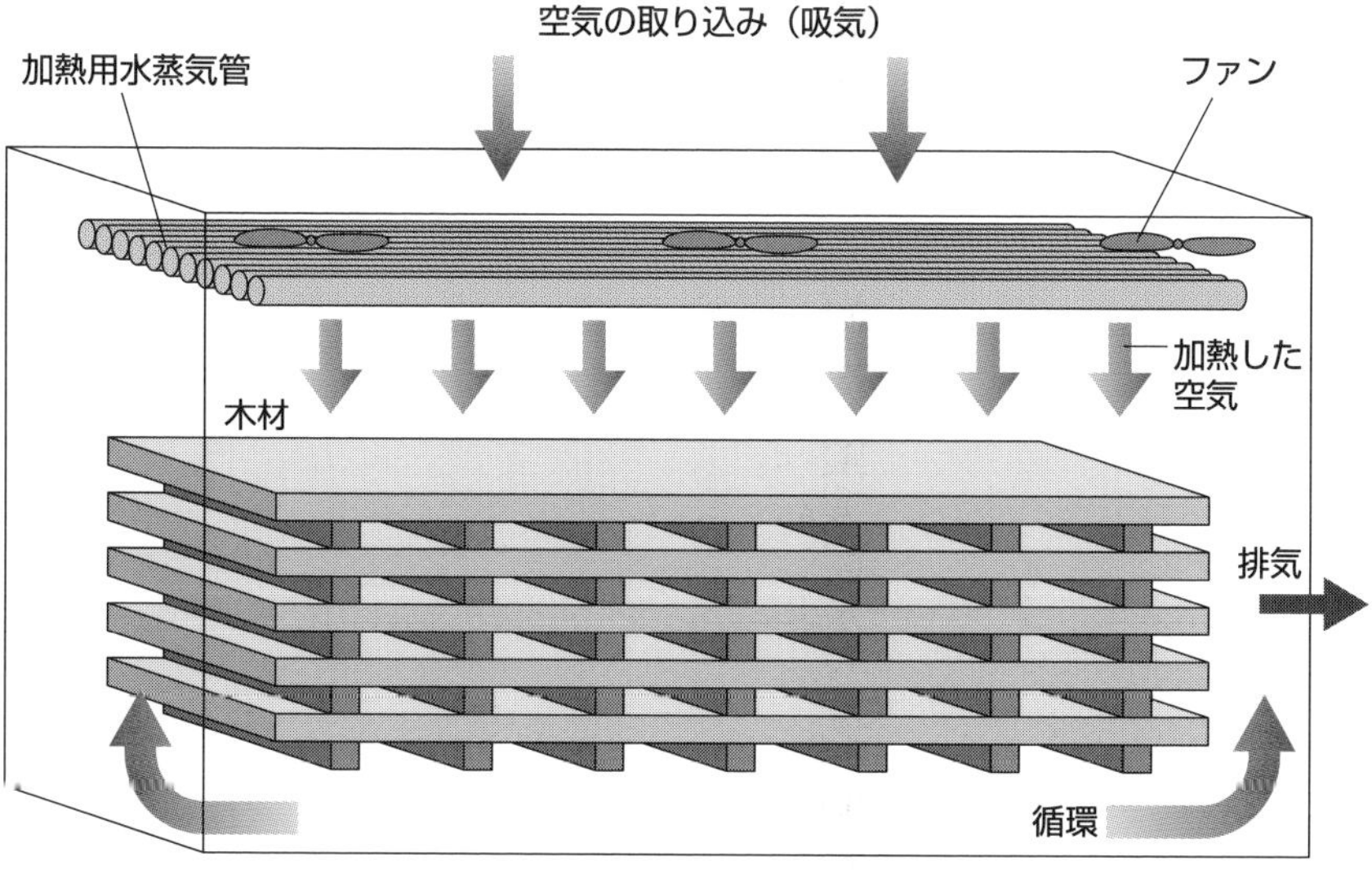

13 有機汚泥の乾燥

水分を減らして有効利用を目指す乾燥

家庭や工場などから出る廃棄物に(有機)汚泥があります。工場からの排水は、川や海に流す前にきれいにします。このときに水から取り除かれたものは水分を多く含む泥状のものになっています。これが汚泥です。

家庭排水も下水道を通ってきれいにされますが、その結果、汚泥が出てきます(図1)。下水道では、微生物によって有機物を分解する方法が行われています(活性汚泥法)。家庭から出る排水は、し尿や食品残渣など、微生物によって分解できるものが多く含まれています。最終的に微生物の糞や死骸が汚泥として出てきます。

下水汚泥などの有機物からなる有機汚泥からは、微生物による分解で燃料となるメタンガスを含むガスを取り出すことができます(この操作を消化といいます)。また、その後に残った汚泥は、さらに肥料や燃料として利用できます。

汚泥は、その98%が水分といわれており、そのままでは燃えにくく、輸送する場合にはほとんど水を運んでいる状態で、輸送費も大きくなります(図2)。このため、脱水や乾燥が行われます。脱水することで水分の88%以上が取り除かれます。これを脱水汚泥といいます。これを焼却あるいは肥料として利用することも多くありますが、この段階でも固形分の質量に対して4～5倍程度の水分が含まれています。このためこれを乾燥して固体燃料化したり、肥料としたりします。

乾燥には多くの熱エネルギーが必要になるので、消化で取り出したガスや乾燥後の汚泥を燃料に使うなど、熱を有効に利用することが重要です。乾燥機には、溝形撹拌乾燥機(53項参照)などが使われています。なお、下水汚泥などの有機汚泥は、再生可能エネルギーであるバイオマスに位置づけられており、エネルギーの有効利用が進められています。

要点BOX
- ●有機汚泥は家庭や工場の排水から発生
- ●有機汚泥は多量の水分を含む
- ●乾燥することで燃料としても利用可能

図1　下水の処理方法

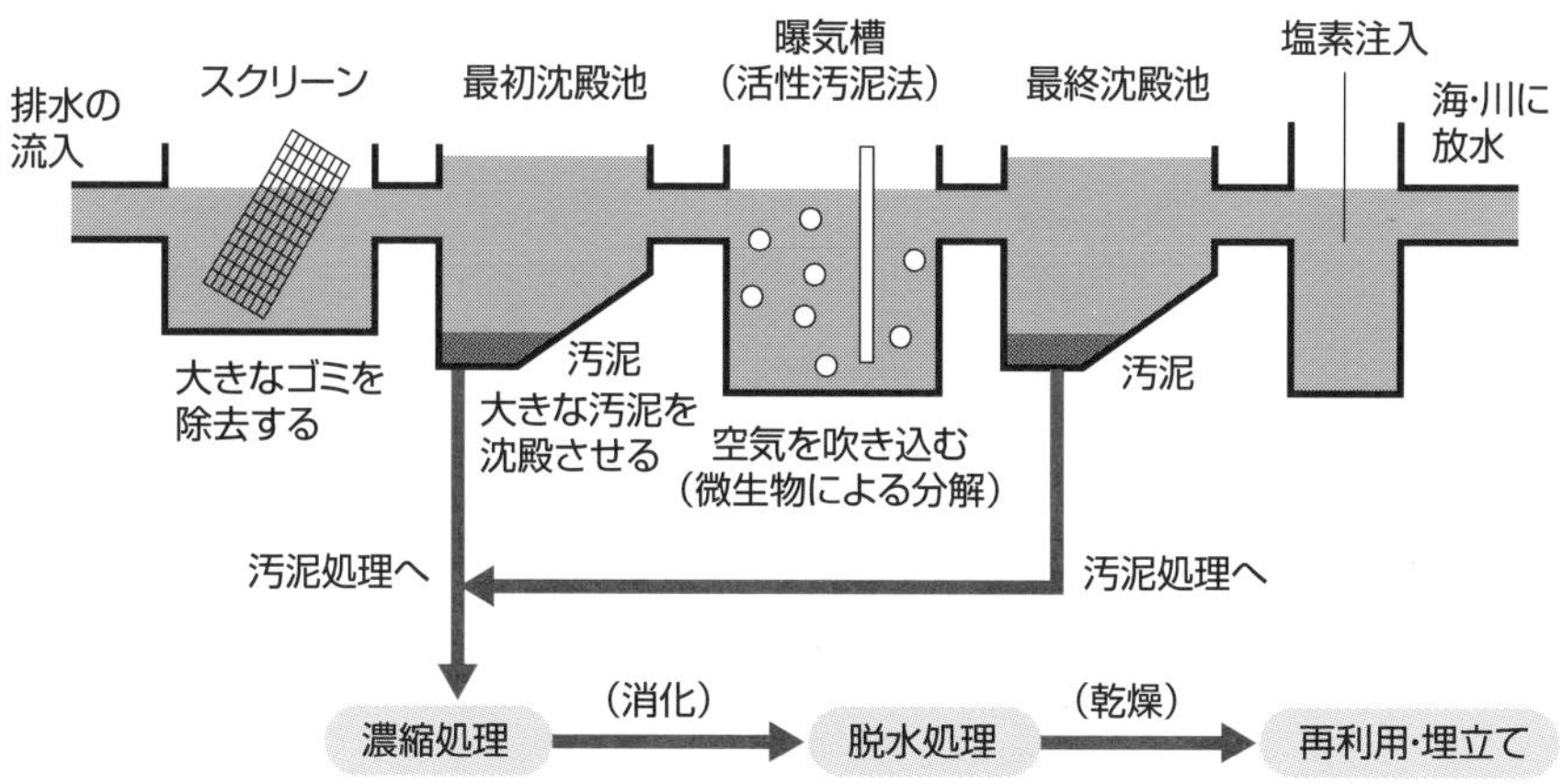

図2　汚泥の質量変化と利用

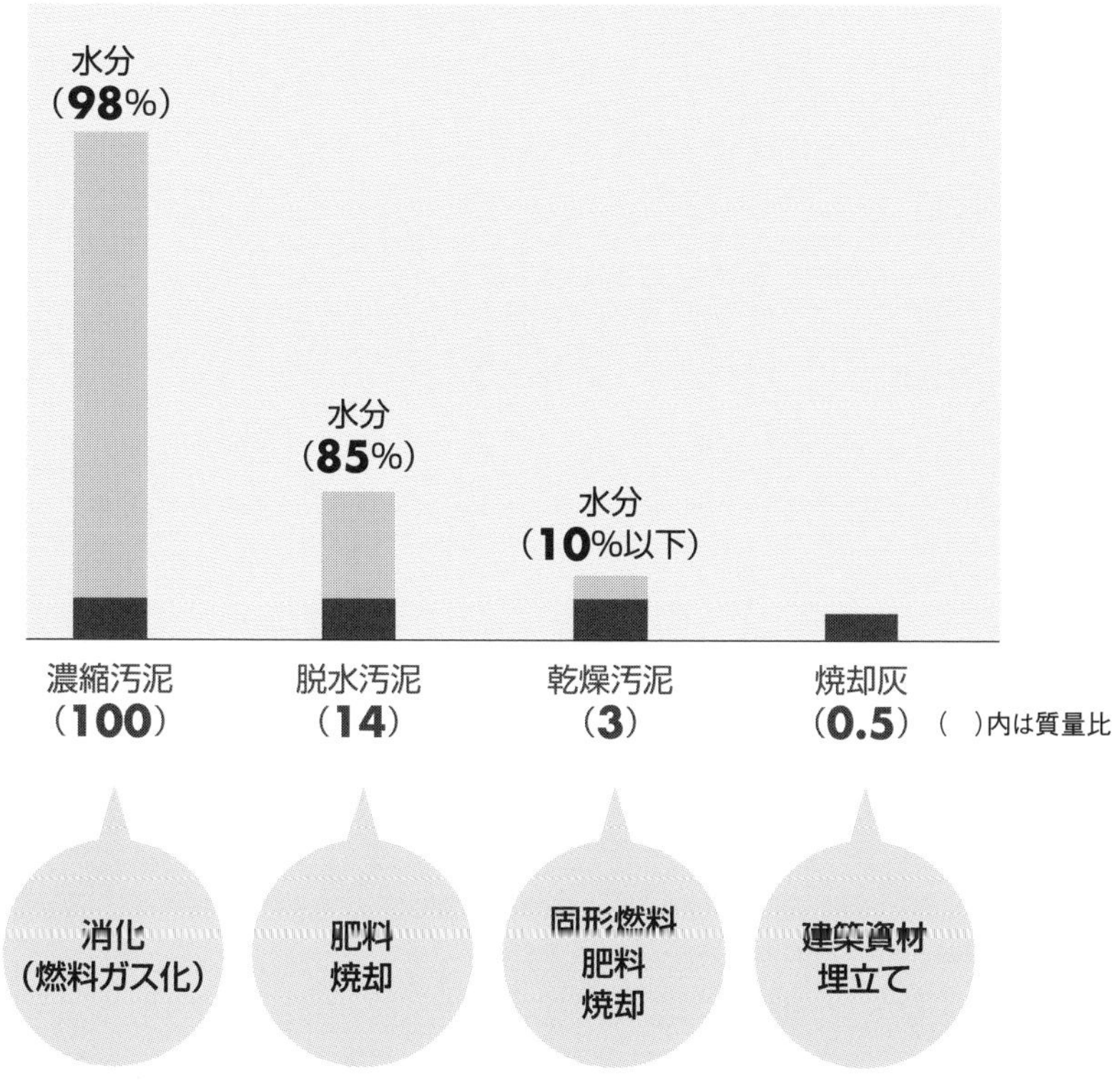

14 衣料品製造工程での乾燥

衣料品を染色するときの乾燥

衣料品は繊維でできています。この繊維には、さまざまな種類があり、大きく天然繊維と化学繊維（合成繊維）に分けられます。天然繊維には、綿や絹（シルク）、羊毛（ウール）があり、化学繊維はさらに無機質繊維と有機質繊維があります。化学繊維のうちで衣料品の原料になるのは、有機質繊維で、ナイロンやポリエステルなどの合成繊維があります。合成繊維は、石油などから作られています。なお、無機質繊維にはガラス繊維や炭素繊維などがあります。

衣料品を製造する工程においても乾燥操作が行われています（図1）。乾燥操作が行われる主な工程として、繊維の原料を洗浄した後の乾燥と衣料品を染色した後の乾燥（図2）があります。衣料品の製造工程では、繊維を糸にし（紡糸）、続いて布（織物、編物）にします（紡織）。その後に染色、仕上げ加工、縫製《ほうせい》へと進みます。染色は、糸や原料（繊維）の段階で行う先染めと、布とした後に行う後染めがあります。

染色液に糸や布をつけて染色する方法を浸染《しんせん》といい、糸や布全体を染めます。染色後の布を乾燥する乾燥機としては、布が長い場合には、紙の場合と同じ多円筒乾燥機が使われています。また、洗濯物と同じく、ドラム内で回転させながら加熱した空気を当てて乾燥する乾燥方式（タンブラー乾燥機）も使われます。一方で染色後の糸はからまないよう乾燥機内に固定して、加熱した空気を当てて乾燥します。また、乾燥前には脱水が行われています。長い布の場合には、紙と同様にロールでプレスして脱水します。短い布や糸の脱水は、遠心脱水（洗濯機の脱水と同じ方法）によってなされます。

布の表面に後から模様をつける染色法を捺染《なっせん》といいます。色糊とよばれる染料を布につけて乾燥後、熱を加え、染料を固着させます。このあとの洗浄後にも乾燥が行われます。洗浄後の乾燥操作は、浸染と同じ方法が使われます。

要点BOX
- ●衣料品は染色するときに乾燥する
- ●染色時の乾燥には、衣料品についた染料液の乾燥と洗浄後の乾燥がある

図1　衣料品の製造工程

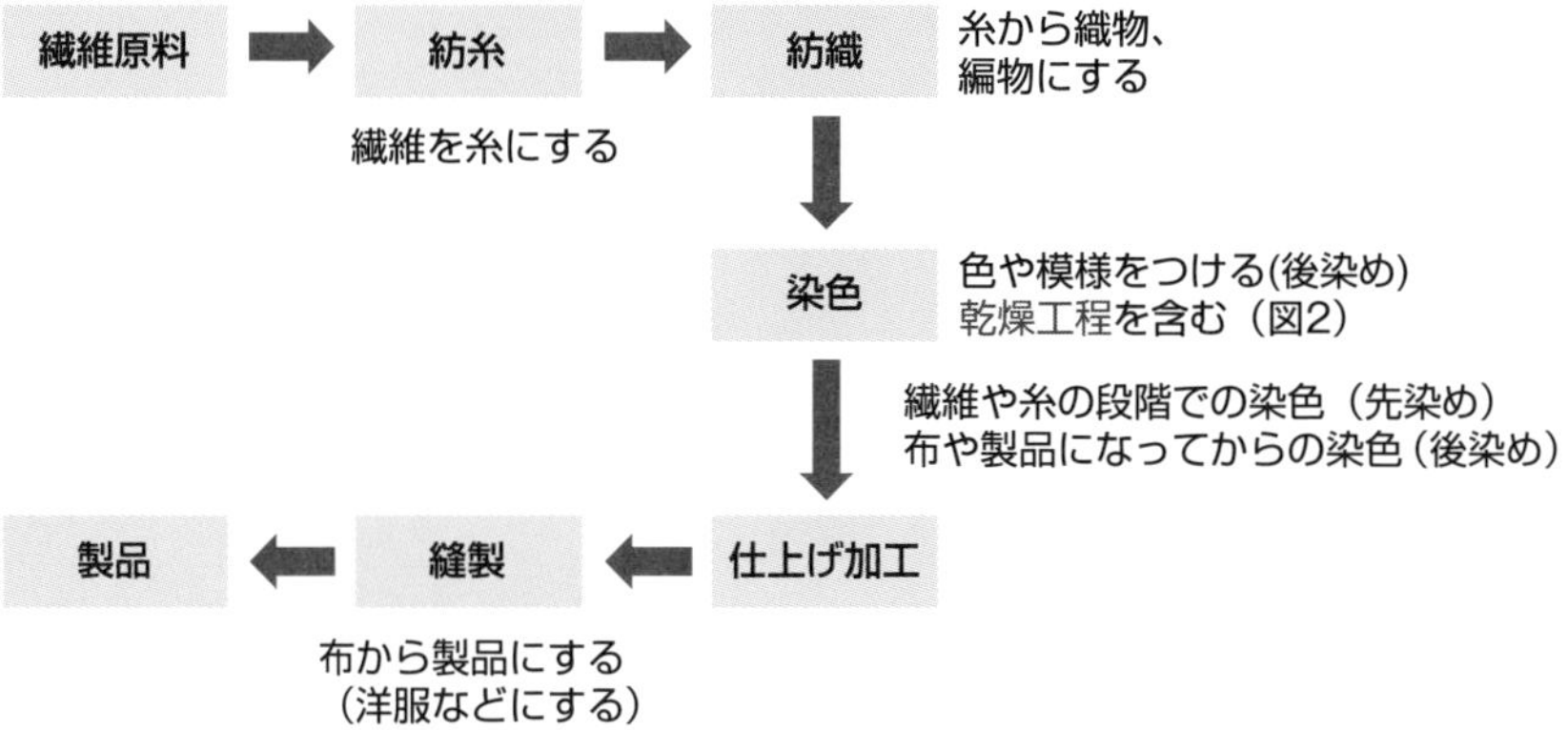

図2　衣料品の染色工程

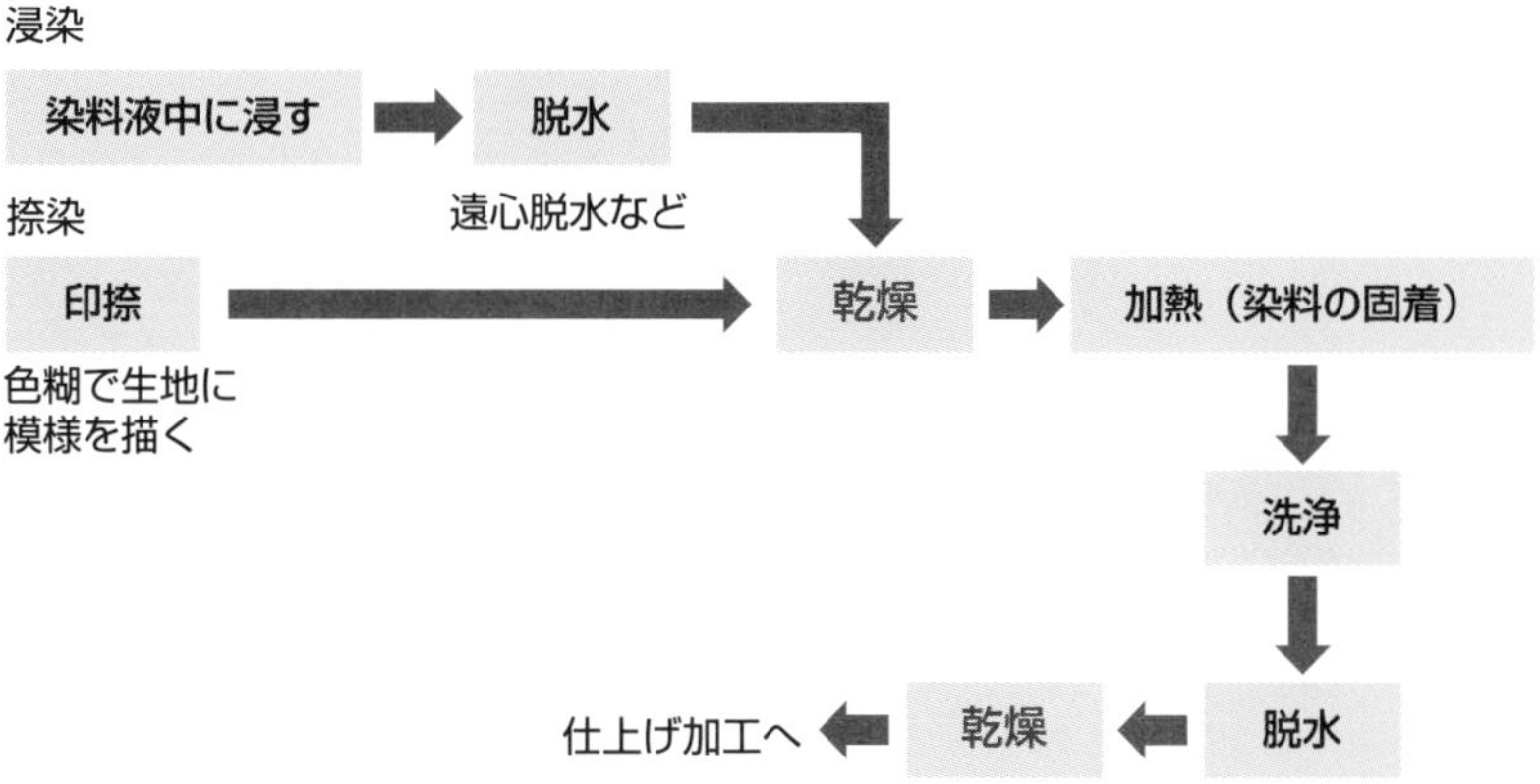

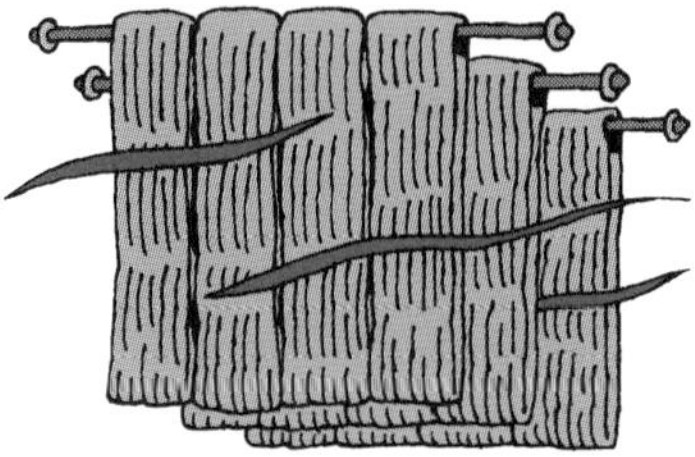

染めた糸を乾燥させる

染めた反物を乾燥させる

Column

食品産業を変えたインスタントラーメン

乾燥食品といったときに思い浮かぶものとしては、インスタントコーヒーやインスタントスープなどがありますが、なかでもインスタントラーメンは日本で発明され、世界中に広がった画期的な技術といえます。

インスタントラーメンは、1958年に安藤百福氏によって発明されました。インスタントラーメンは、原料である小麦粉に水を加えて練り、切り出して麺としたものを蒸し、味付けしたのちに、乾燥します。

このときの乾燥の方法に特徴があり、加熱した油に麺を通して揚げています。油で揚げることで、麺に含まれる水分がごく短時間で蒸発して取り除かれます（ただし、油の一部が麺に入ります）。この油で揚げる方法は瞬間油熱処理（または瞬間油熱乾燥）とよばれています。油で揚げる操作も乾燥操作のひとつと考えられています。乾燥後には高温度になった麺を冷やし、検査・包装して製品とします。

乾燥の方法には、瞬間油熱乾燥のほかに、加熱した空気を当てて乾燥する方法があります。この方法で作られたものは、瞬間油熱乾燥による油揚げ麺に対して、ノンフライ麺とよばれています。加熱した空気を当てて乾燥するノンフライ麺は、乾燥時間が油揚げ麺に比べてかなり長くなります。もちろんノンフライ麺はほとんど油が含まれていません。

1970年代には、これまでの袋に入ったものに対して、カップ型の容器に入ったカップ麺が登場します。カップ麺はカップ型の容器に乾燥した麺と乾燥した具材（かやく）、さらに袋入りの粉末スープをいっしょに入れたものです。かやくの乾燥には、加熱した空気を当てる熱風乾燥が多いのですが、そのほかにも真空凍結乾燥（60項参照）やマイクロ波加熱（22項参照）が使われています。

また、粉末スープの製造にも乾燥が使われています。粉末スープはさまざまな原料を混合して作りますが、原料が液体状の場合には噴霧乾燥機（スプレードライヤー）（52項参照）を使うなど、乾燥する対象物の形状によって乾燥機が使い分けられています（51項参照）。

このように、インスタントラーメンには、さまざまな乾燥技術が使われており、乾燥技術の発展とともに進化しています。

第2章

乾燥操作の基本原理を知る

15 水分量をどのように表すか

含水率の表し方

乾燥では、乾燥する対象物の水分を取り除きますが、そのときに対象物がどれだけの水分を含んでいるか、あるいはどれだけの水分を取り除く必要があるかを知ることは重要です。乾燥する対象物に含まれる水分量を表す数値として含水率が使われています。

含水率とは、乾燥する対象物に含まれる水分の割合で、おもに次の2つの表し方があります（図1）。

1つ目は、乾燥する対象物に含まれる水分の質量を、固体（乾いた固体：乾き固体といいます）の質量で割ったものです。これを、乾量基準含水率といいます。固体の質量に対して水分が何倍含まれているかを表しています。例えば固体と水分が同量のとき、乾量基準含水率は1となります。

乾燥が進行することで、乾燥する対象物に含まれる水分量が減少していきます。はじめに固体量と水分量が同じ（乾量基準含水率が1）であったものが、水分が蒸発して水分量が半分になったとき、乾量基準含水率も半分になります（図2）。

2つ目は、乾燥する対象物に含まれる水分の質量を、乾燥する対象物全体（固体＋水分）の質量で割ったものです。100を掛けてパーセントで表すことが多くあります。これを、湿量基準含水率といいます。

前述の例と同じく固体量と水分量が同じであるときには、湿量基準含水率は50％になります。全体の質量に対してその半分（2分の1）が水分量になっています。また乾燥が進行して水分量がさらに半分（4分の1）になったときには湿量基準含水率は、50％の半分の25％にはならず、33％になります（全体の質量に対して3分の1が水分量になっています、図2）。

これら2つの含水率はいずれも使用されているので、含水率の話をするときにどちらのことを指しているのかを確認する必要があります。

要点BOX
- ●含水率は乾燥する対象物に含まれる水分量を表す
- ●乾量基準含水率と湿量基準含水率がある

図1　含水率の表し方

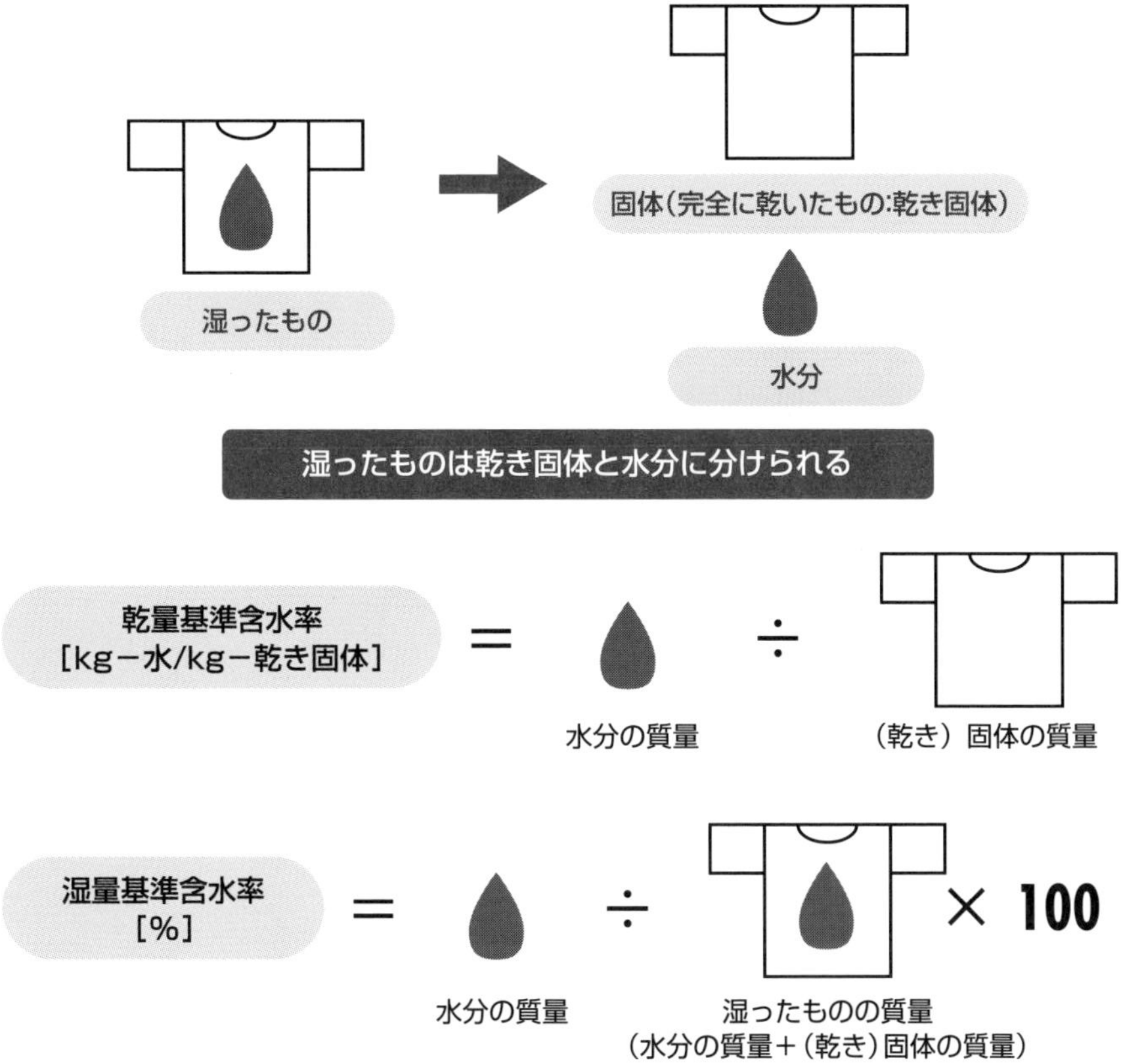

湿ったもの
固体（完全に乾いたもの:乾き固体）
水分
湿ったものは乾き固体と水分に分けられる
乾量基準含水率
[kg−水/kg−乾き固体]
＝
÷
水分の質量
（乾き）固体の質量
湿量基準含水率
[%]
＝
÷
× 100
水分の質量
湿ったものの質量
（水分の質量＋（乾き）固体の質量）

図2　含水率の計算例

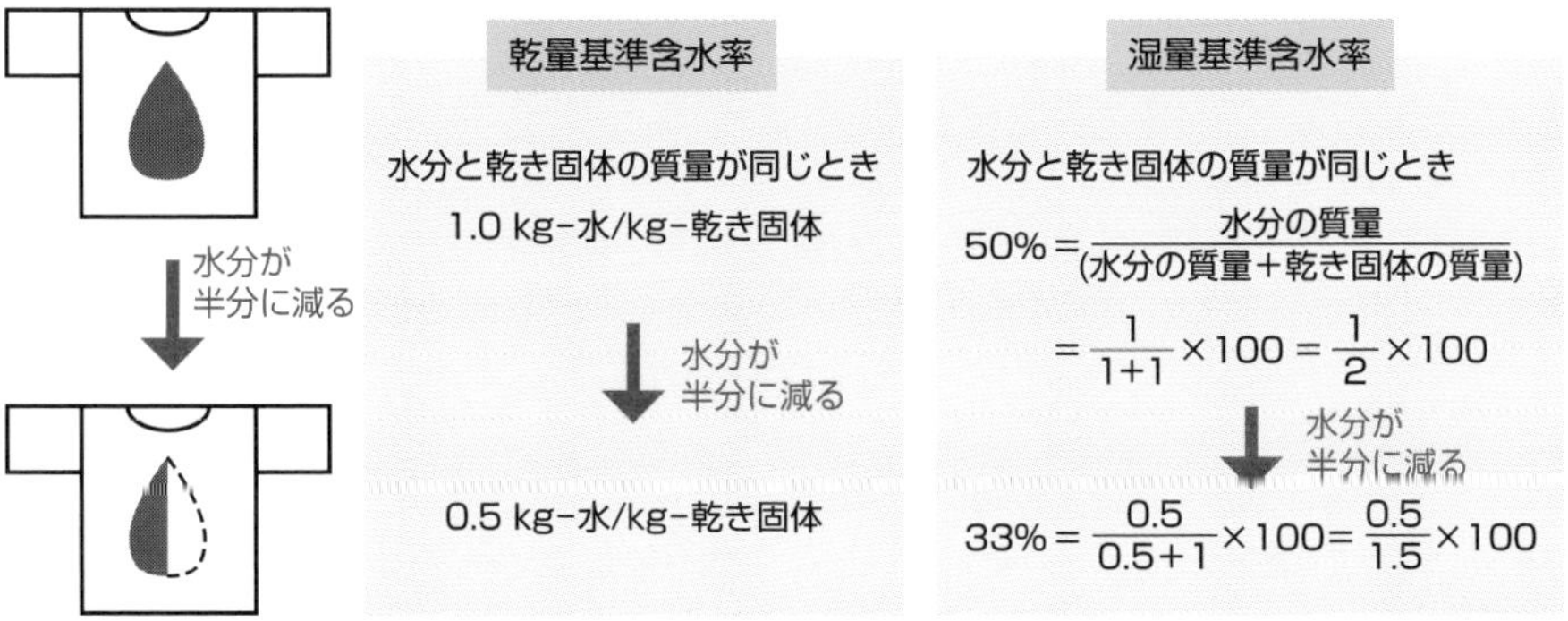

水分が
半分に減る
乾量基準含水率
水分と乾き固体の質量が同じとき
1.0 kg-水/kg-乾き固体
水分が
半分に減る
0.5 kg-水/kg-乾き固体
湿量基準含水率
水分と乾き固体の質量が同じとき
$50\% = \frac{水分の質量}{(水分の質量+乾き固体の質量)}$
$= \frac{1}{1+1} \times 100 = \frac{1}{2} \times 100$
水分が
半分に減る
$33\% = \frac{0.5}{0.5+1} \times 100 = \frac{0.5}{1.5} \times 100$

16 乾燥する対象物の量をどのように表すか

乾燥する対象物には固体（乾き固体）と水分が含まれており、乾燥する対象物の量といえば、固体と水分の合計と考えるのがわかりやすいのですが、乾燥が進行すると、乾燥する対象物に含まれる水分量が減少するために、乾燥前と後で乾燥する対象物の量が変わってしまいます（図1）。

そこで、どれだけの量を乾燥させたのかがあいまいになることを避けるため、乾燥する対象物の量として、乾燥が進行しても変化しない固体（乾き固体）の質量（重さ）と含水率のセットで表現することが多くあります。乾燥操作では、乾燥する対象物の量に加えて、含まれる水分量を知ることも重要になりますので、含水率と合わせて考えるのです。

乾燥する対象物全体（水分を含んだもの）の質量が2.0 kgあるとします（図2）。これを加熱して完全に乾燥します。完全に乾燥した後の質量が、乾き固体の質量です。これが1.0 kgであったとすると、水分量は乾燥する対象物全体の質量から乾き固体の質量を引いたものになり、今回は2.0－1.0＝1.0 kgとなります。このときの含水率を考えると、乾量基準含水率では1（式①）、湿量基準含水率では50％（式②）となります。

乾燥する対象物の量が乾き固体の量で表されているとき、水分量は、（乾量基準含水率）×（乾き固体の質量）で求めることができます。乾き固体の質量は、乾燥が進行しても変化せず、乾燥する前と後で同じ値になります。

また、工業的な乾燥機では、乾燥機に乾燥する対象物を送りこみながら乾燥すること（連続式：50項参照）が多くあります。このときには、乾燥する対象物の量は時間当たり（1秒当たり）に乾燥機に送った量で表します。なお、乾き固体の量と乾量基準含水率がわかっているときの全体の量は、まず（乾量基準含水率）×（乾き固体の量）で水分量を求め、これと乾き固体の量を合計して求めます。

要点BOX
- 乾燥する対象物の量は主に乾き固体量で表す
- 連続的に乾燥する場合には時間当たりの量で表す

図1　乾燥する対象物全体（水分を含んだもの）と乾き固体の質量の変化

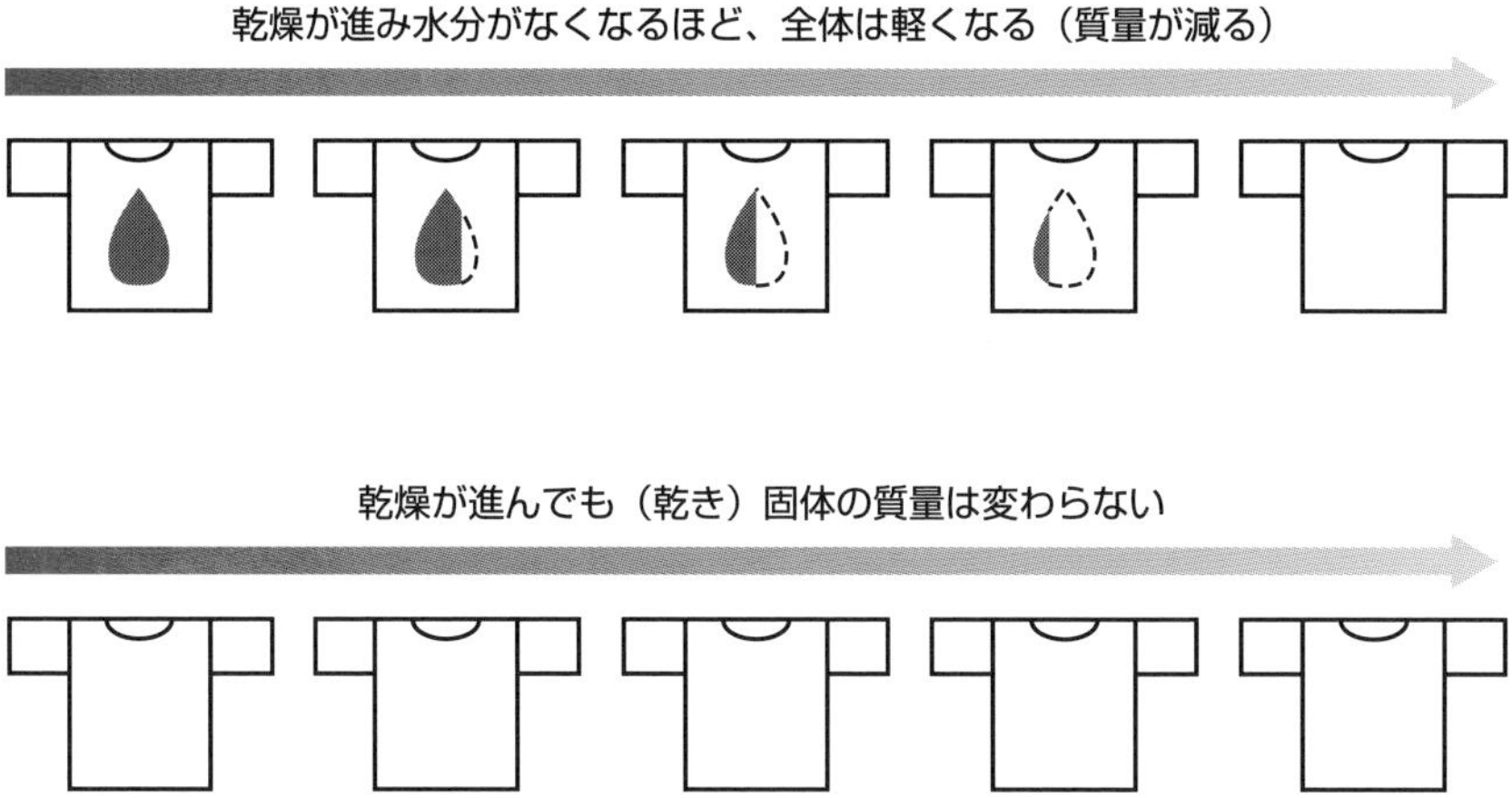

乾燥する対象物の量として、乾燥が進んでも変わらない乾き固体の質量とするのが便利

図2　乾燥する対象物の量と含水率の例

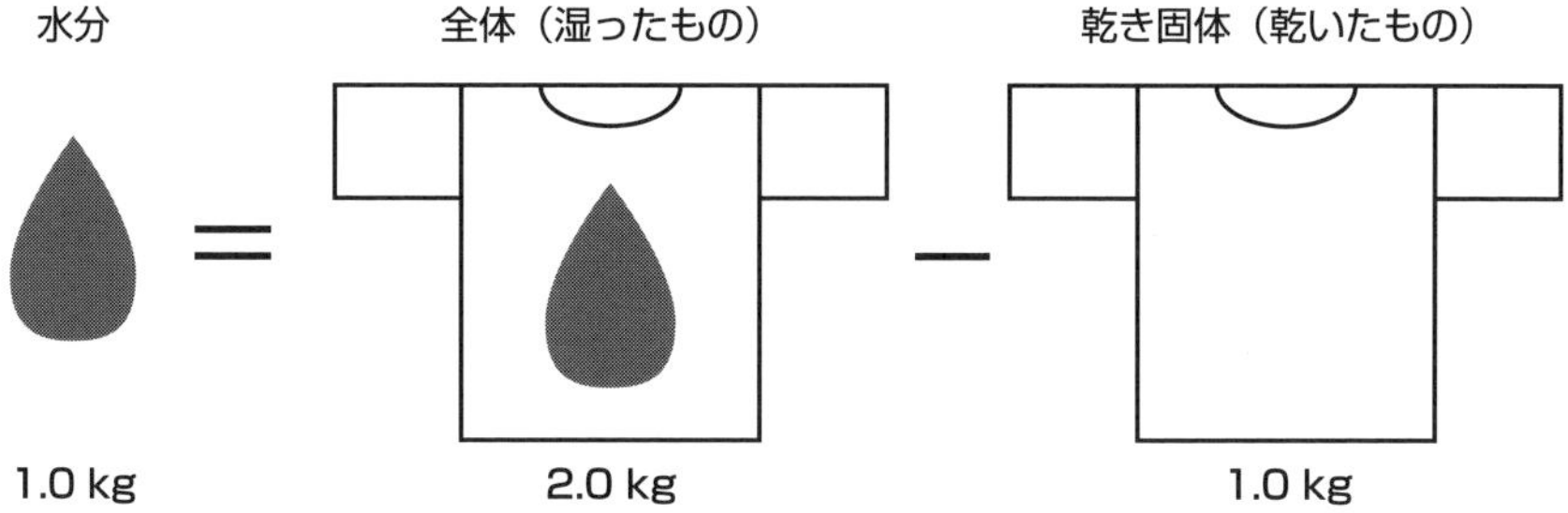

（計算例）

乾燥する対象物の量（乾き固体の量で表すとき）＝1.0 kg

乾量基準含水率＝水分量（1.0 kg）÷乾き固体量（1.0 kg）

＝1.0 kg 水/kg 乾き固体 ……………… 式①

湿量基準含水率＝水分量（1.0 kg）÷全体量（2.0 kg）×100＝50% …… 式②

17 乾燥の速さをどのように表すか

乾燥が短い時間で行われるかどうかを表すために乾燥速度を用います。乾燥速度の表し方にはいくつかありますが、よく使用されるのは、1秒間に1㎡の面積から蒸発した水分量で表す乾燥速度です（図1）。

乾燥速度を求めるには、乾燥する対象物を加熱して水分を蒸発させつつ（乾燥しつつ）、質量の変化を測定します（図2）。このとき固体の質量は減少しませんので、質量の減少は水分が減ったためということになります。この質量の1秒当たりの減少量をまず求めます。例えば10分間（600秒間）で質量が6g減少した、すなわち6gの水が蒸発したとき、1秒当たりの水分減少量は6÷600=0.01g－水/sとなります（sは秒を表します）。これを水分蒸発が起こった面積（蒸発面積）で割ることで乾燥速度となります。

例えば、2㎡の面積から蒸発した場合には、0.005g－水/（s・㎡）（式①）となります。質量は一般にgではなくてkgで表しますので、乾燥速度の単位は一般に[kg/（s・㎡）]と表記します。

水分蒸発が起こる面積は、例えば同じ洗濯物でもたたんだまま干すか、広げて干すかで変わり、乾燥にかかる時間も広げたほう、すなわち蒸発が起こる面積が広いほうが短いことをみなさんは実際に経験しています（図3）。そのことからも1秒当たりに蒸発した水分量は乾燥速度[kg・（s・㎡）]×蒸発面積[㎡]となり、蒸発面積が広いほど蒸発水分量[kg/s]が多くなることがわかります。

別の表し方として、水分蒸発が起こる面積の代わりに、乾いた固体の質量で割ったものを乾燥速度[kg－水/（s・kg－乾き固体）]とすることがあります。これは、乾燥が進むにつれて収縮するなどして蒸発が起きる面積が変わる場合などに用いられます。

要点BOX

- ●乾燥速度＝水分減少量÷かかった時間÷水分蒸発が起こった面積
- ●全体の水分減少量＝乾燥速度×蒸発面積

図1　乾燥速度の表し方

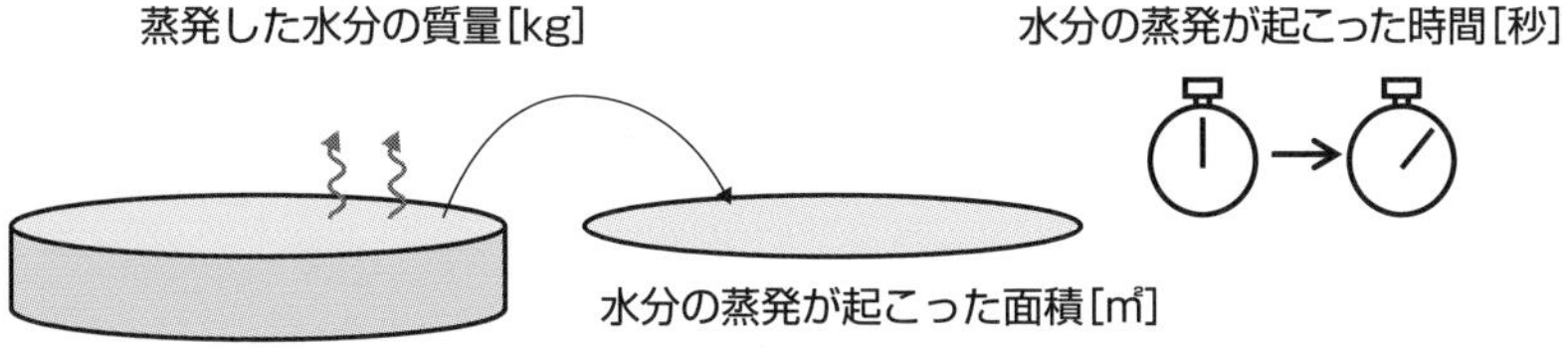

乾燥速度は、1秒間に1㎡の面積から蒸発した水蒸気の質量で表す

図2　乾燥速度の求め方

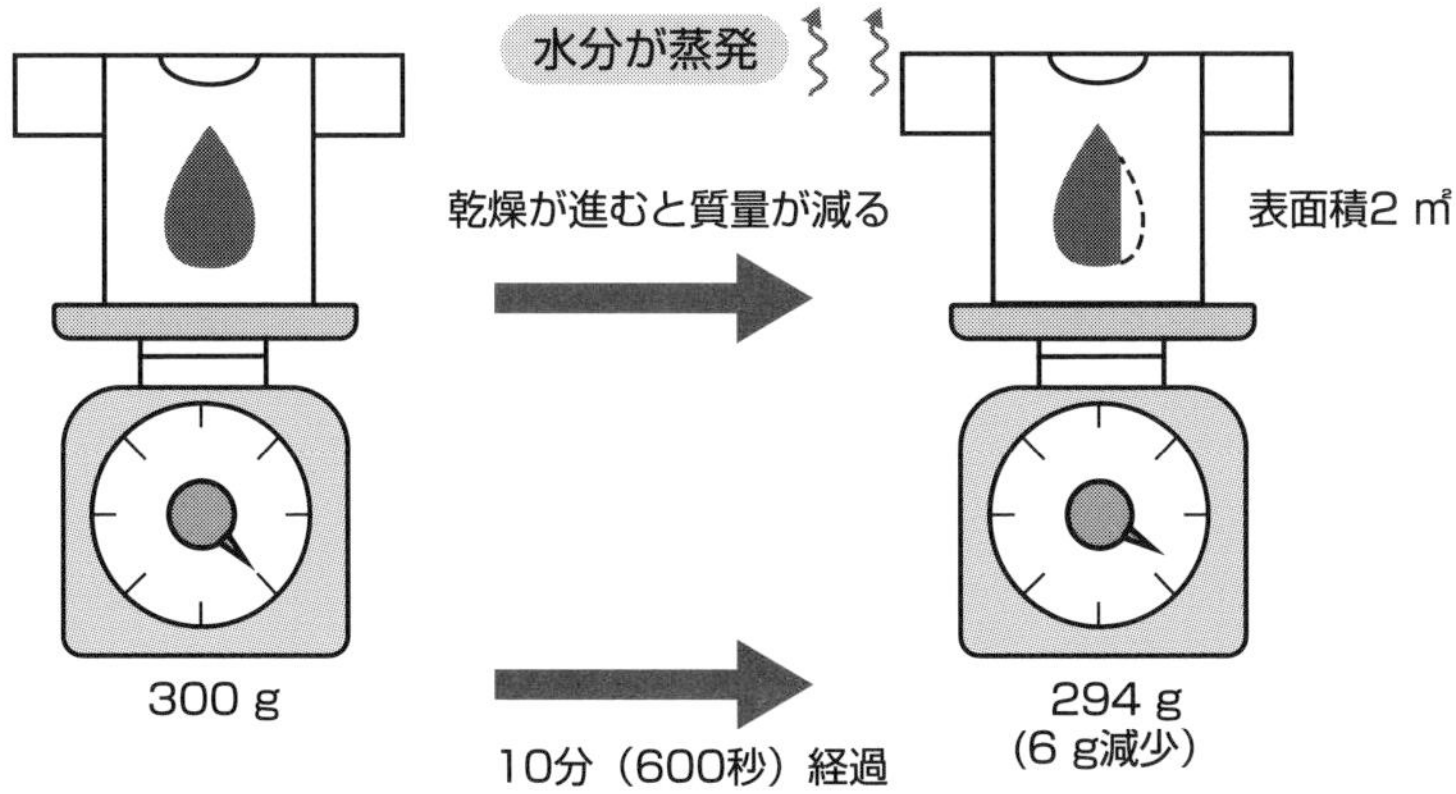

（計算例）　乾燥速度 = 水分減少量÷かかった時間÷水分蒸発が起こった面積
= （300−294）g÷600秒÷2 ㎡
=0.005 g−水/（s・㎡）……………………………… 式①

図3　蒸発面積と水分蒸発量の変化

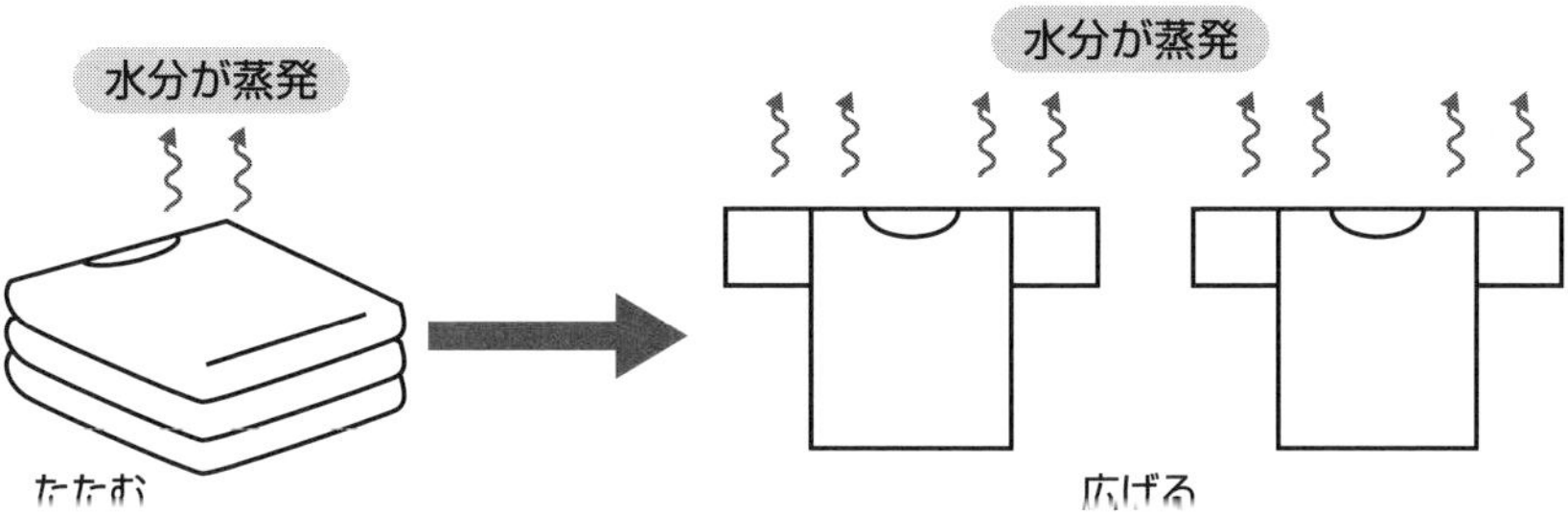

面積当たりの蒸発速度（乾燥速度）が同じでも、
広げたほうが蒸発する面積が広くなり、同じ時間で多くの水分が蒸発する

18 乾燥には熱が必要

蒸発熱

乾燥操作では、水分を蒸発させて取り除きます。例えば、室温（20℃）の水を鍋に入れてガスコンロで加熱する場合を考えます（図1）。加熱をはじめると、まずは液体の水の状態で温度が上昇していきます。さらに加熱を続けると小さな泡が発生しはじめ、やがて大きな泡が多数発生し、沸騰した状態になります。この泡は、水分が蒸発した水蒸気によるものです。鍋の中はお湯と水蒸気の混じりあった状態であり、このときのお湯の温度は沸点（１００℃）に達しています。お湯が蒸発してなくなるまでこの沸点からお湯の温度は上がっていきません。

ここで、ガスコンロで加えた熱は、はじめは水の温度を上昇させるのに使われ、沸騰が始まってからは、お湯から水蒸気になるのに使われます。後半の液体であるお湯から気体である水蒸気になるときに使われる熱を蒸発熱といいます。乾燥操作では、少なくともこの蒸発熱を乾燥する対象物に加える必要があります。

先の例では、１００℃で水が蒸発していましたが、水は実際には、それよりも低い温度でも蒸発します（洗濯物を干して乾かすときに、洗濯物の温度は１００℃になっていません）。この理由については、第３章（29項参照）で述べます。20℃の水１gが蒸発するのに必要な蒸発熱は２４５４Ｊとなります（表１）。家庭用の電気ケトル（１２００Ｗ）で考えると（図２）、５００mL（約５００g）の水を蒸発させるのに、約17分かかることになります（実際には外に逃げる熱がありますがここでは考えません）。なお、同じ電気ケトルで、20℃の水５００mLが１００℃のお湯になるまでの時間は2分30秒ほどですので、蒸発熱がいかに大きいかがわかります。

乾燥機では、これだけの熱をいかにして乾燥する対象物に加えるか、いかに効率よく熱を加えて無駄のないようにするかが重要になります。

要点BOX

- ●蒸発熱は水を蒸発させるのに必要な熱
- ●蒸発熱は非常に大きい
- ●乾燥では少なくとも蒸発熱分の熱が必要

図1　加熱したときの水の温度

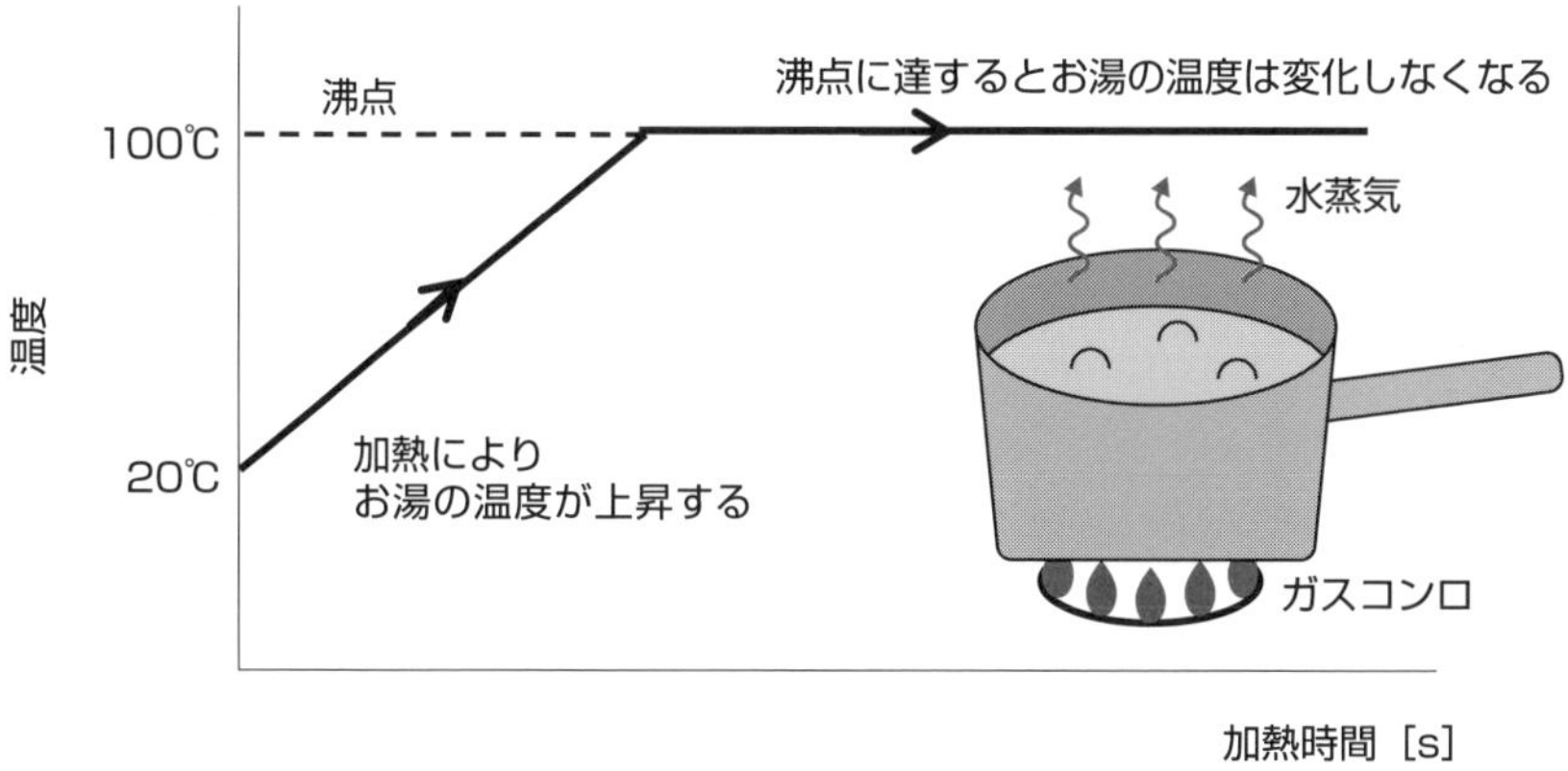

表1　水の蒸発熱

温度[℃]	0	20	40	60	80	100
水1gを蒸発させるのに必要な熱量［J］	2502	2454	2407	2359	2309	2257

図2　電気ケトルによる水の蒸発

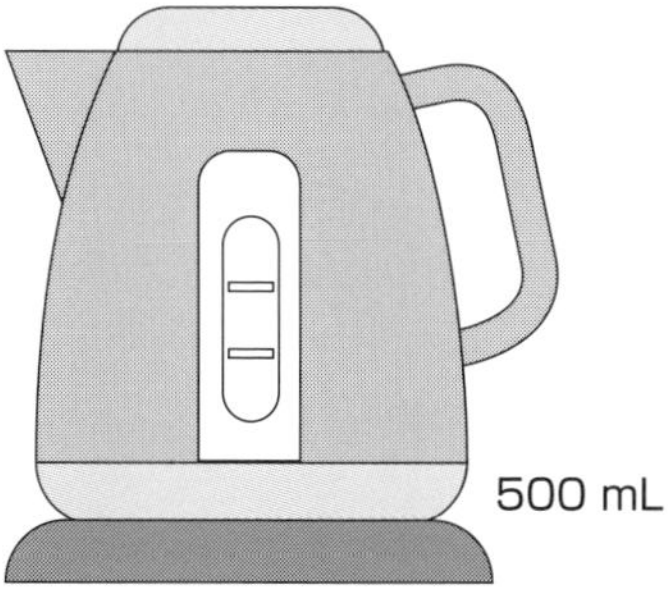

電気ケトル（例：1200 W）

- 電気ケトル（1200 W）を使って20℃の水(500 mL)を100℃のお湯にする
  → 約2分30秒
- 100℃のお湯(500 mL)を蒸発させる（100℃の水蒸気）
  → さらに15分以上必要

↓

蒸発熱がいかに大きいかがわかる

19 加熱方法①加熱した空気を当てて加熱

対流伝熱による加熱

乾燥操作では、少なくとも乾燥する対象物に蒸発熱を加える必要があります。したがって、乾燥する対象物をどのようにして加熱するかが乾燥操作において重要です。加熱の方法としては、主に対流伝熱、伝導伝熱および放射伝熱があります。ここでは対流伝熱について見ていきます。

熱は、温度の高いほうから低いほうへ移動します。したがって、加熱するということは熱を与えるもの（熱源）として温度の高い物体を用意し、これを温度の低い物体（加熱されるもの）と接触させることが基本になります。接触することで熱源から加熱されるものに熱が伝わるのです。ただし、放射伝熱は接触がなくても熱が伝わります（21項参照）。

乾燥操作では、ここでいう温度の低い物体（加熱されるもの）が乾燥する対象物になります。対流伝熱は、熱源が空気（気体）や温水（液体）などの流れるもの（これを流体といいます）であり、この流体からおもに、固体の表面に熱が伝わります（図1）。乾燥操作では、対流伝熱の熱源は空気であることがほとんどです。例えばヘアドライヤーは典型的な対流伝熱を使った乾燥機で、加熱した空気をぬれた髪に当てて乾燥します。

加熱した空気と乾燥する対象物とが接触するとき、空気から乾燥する対象物（加熱される物体）に熱が伝わる速さは、空気の温度と乾燥する対象物の表面温度との差に比例します（図2）。また、伝わる熱の量（伝熱量）は、接触する面積が広いほど多くなります（式①）。この熱が伝わる面の面積を伝熱面積といい、乾燥ではほとんどの場合、水分蒸発が起こる面積と同じになります。

式①中の熱伝達係数（単位は[W/（㎡・K）]または[W/（㎡・℃）]）は、熱の伝わりやすさを表しており、加熱される物体表面に当たる空気の流速によって変わり、空気の流速が速いほど大きくなります。

要点BOX
- 対流伝熱は流体から物体表面に熱が伝わる機構
- 伝熱量は伝熱面積と温度差に比例

図1　対流伝熱による加熱

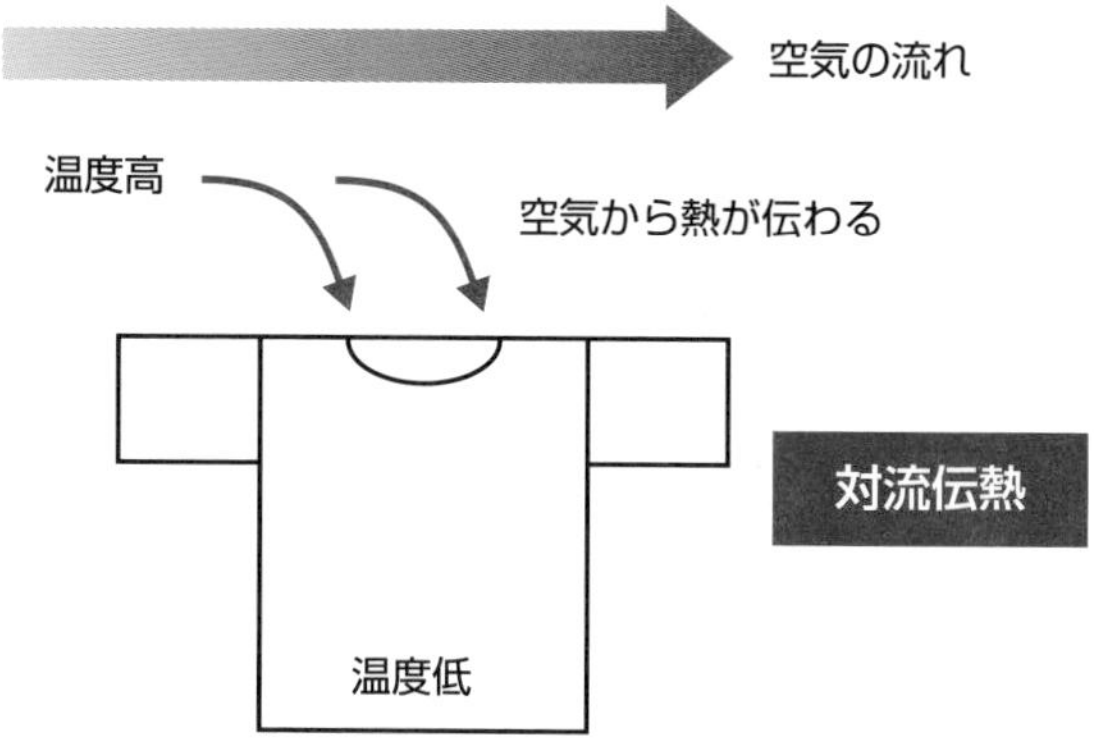

図2　対流伝熱量の表し方

対流伝熱量 ＝ 熱伝達係数 × 伝熱面積Ⓐ
× 熱源と加熱される物体表面の温度差Ⓑ ……… 式①

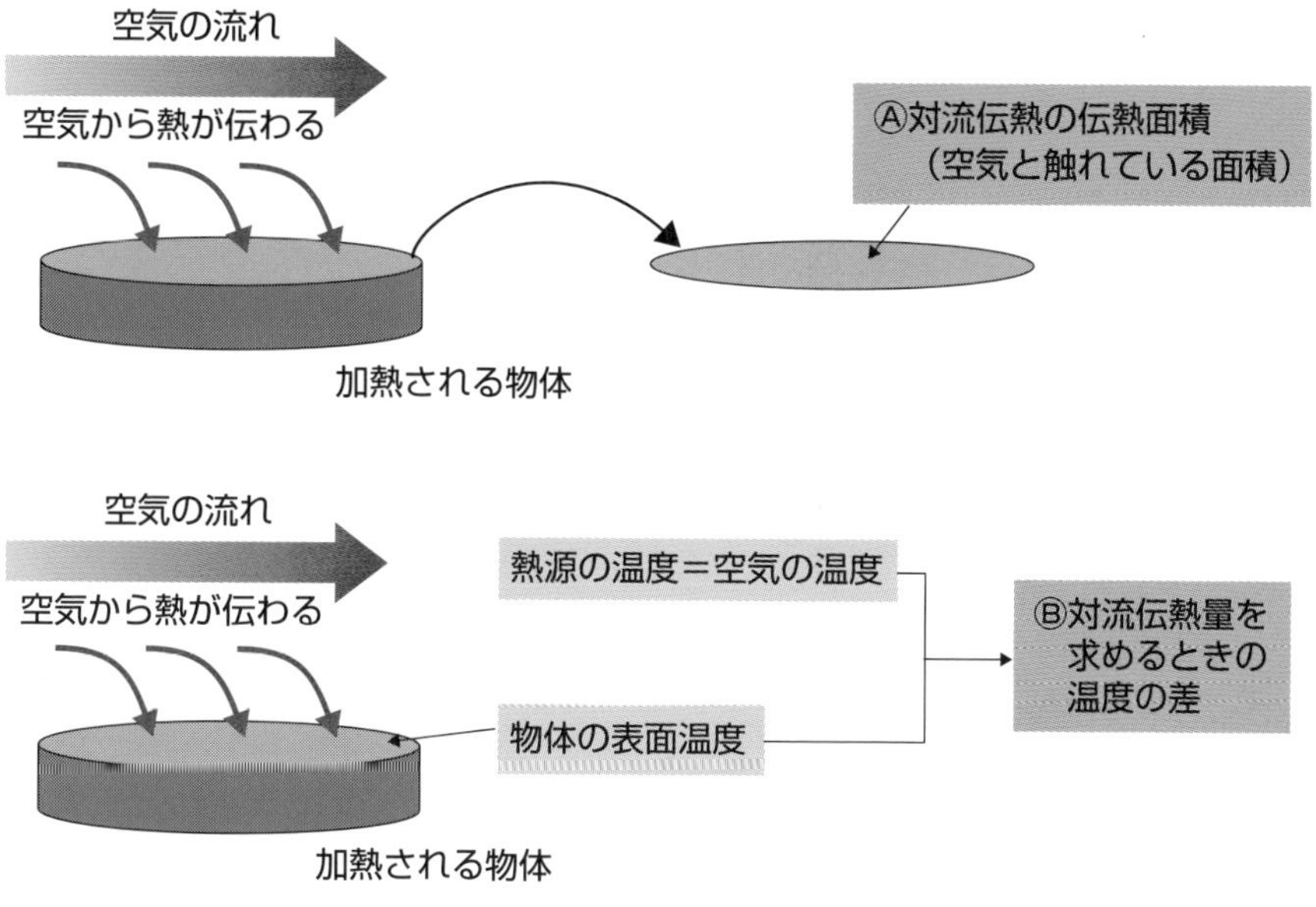

20 加熱方法② 加熱した棚や壁と接触させて加熱

伝導伝熱による加熱

伝導伝熱による加熱では、対流伝熱のように流れをともなわず、温度の高い物体（固体）と、乾燥する対象物などの加熱される物体（温度の低い物体）を接触させたときの熱の移動を意味します。伝導伝熱でも熱は温度の高いほうから低いほうへ流れるので、温度の高い物体から温度の低い物体（加熱される物体）へと熱が流れます。例えば、フライパンで肉を焼く場合（図1）、加熱されたフライパンと肉が接触することで伝導伝熱によってフライパンから肉に熱が伝わるのです。

対流伝熱では、気体（加熱した空気など）や液体（温水など）が加熱される物体に接触することでその表面が加熱されるということでしたが、伝導伝熱では、物体の内部を熱が伝わります。例えば、金属の棒の一方の端を加熱すると、やがて加熱していない反対側の端の温度も上がっていきます。これが伝導伝熱によって熱が伝わった結果です。

乾燥操作において、加熱した空気を乾燥する対象物に当てて乾燥する場合、表面の加熱は対流伝熱によるものですが、乾燥する対象物の内部の温度が上がっていくのは伝導伝熱によるものです（式①）。

熱伝導度（単位は[W/(m·K)]または[W/(m·℃)]）は物体の種類によって決まるものです。例えば、金属では熱伝導度が高く熱が伝わりやすいのに対して、発泡スチロールなどは熱伝導度が低く熱が伝わりにくいことになります。熱伝導度の低い物体が保温容器の材料として使われます。

伝導伝熱は固体だけでなく、気体や液体中でも起こりますが、流れ（対流）があると、流れによっても熱が運ばれます（対流伝熱）。空気は熱伝導度が低いので、空気が流れないように閉じ込めた材料も熱が伝わりにくくなり、保温効果が高くなります（図2）。壁の保温断熱材やセーターなどがこの特性を使っています。

要点BOX
- ●伝導伝熱は物体内部に熱が伝わる機構
- ●伝熱量は伝熱面積と温度勾配に比例
- ●熱伝導度は物体の熱の伝わりやすさを表す

図1　伝導伝熱による加熱

フライパンで肉を焼くとき
- ●加熱されたフライパンと肉が接することで伝導伝熱によって熱が伝わる
- ●また、肉の内部で伝導伝熱によって熱が伝わり、肉全体が焼ける（ガスの炎からフライパンには対流伝熱や放射伝熱で熱が伝わる）

伝導伝熱量 ＝ 熱伝導度 × 伝熱面積 × 物体内の温度勾配………式①

※物体内の温度勾配は、2点の温度差÷2点の間の距離

金属棒の加熱

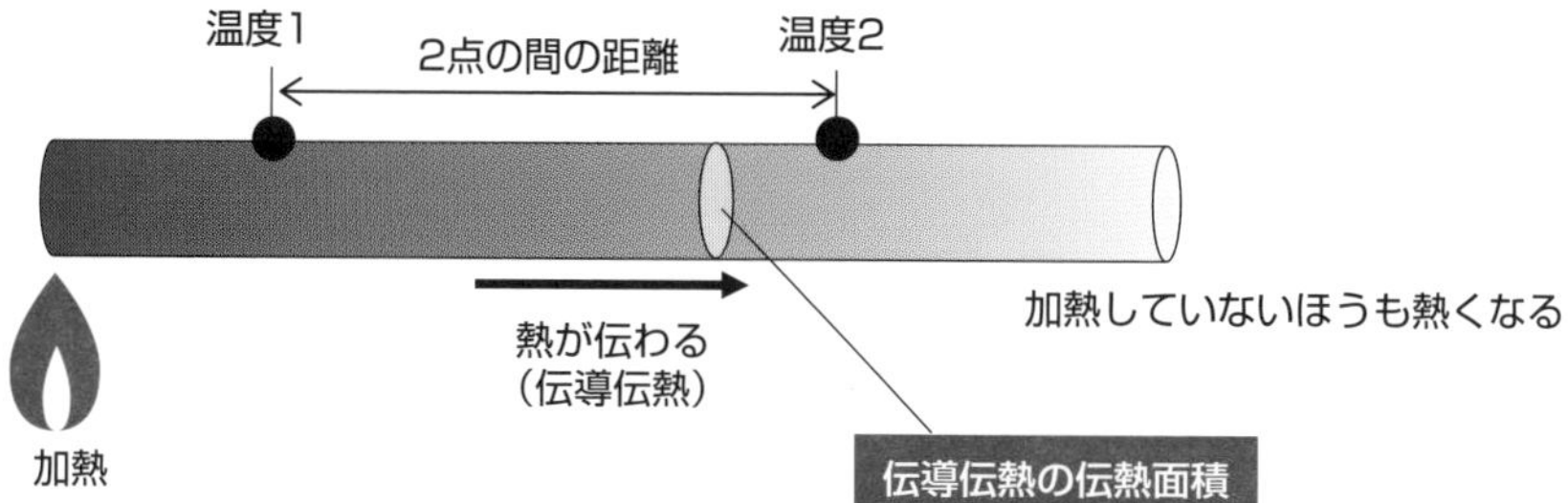

図2　熱を伝えにくいもの（熱伝導度が低い）

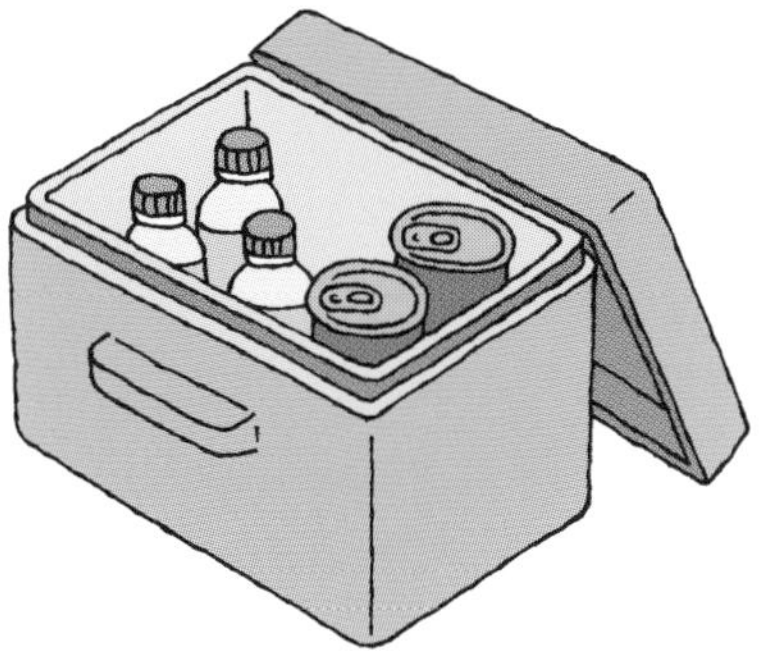

クーラーボックス
（発泡スチロール）

セーター

空気は熱伝導度が低いので、空気を閉じ込めたものも熱伝導度が低い（保温効果が高い）

21 加熱方法③ 加熱した物体から出る熱線で加熱

放射（ふく射）伝熱による加熱

放射（ふく射）伝熱による加熱では、温度の高い物体から出る熱線（熱放射線・ふく射線）を温度の低い物体に当てて加熱します。ここでいう熱線はあらゆる物体から出ており、温度に差がある物体同士で、温度の高い物体から低い物体へと熱を伝えます。なお、熱線は放射線ともよばれますが、いわゆる放射能や放射性物質から出る放射線とは別のもので、熱線には赤外線や遠赤外線といったものがあります。身近な例として、太陽の熱が地球に伝わるという例があります（図1）。太陽光（熱線）の当たった物体の表面が加熱されます。積極的に熱線によって加熱する装置としては、赤外線ヒーターや遠赤外線ヒーターがあり、ストーブやオーブントースターなどに使われています（図2）。乾燥操作においてもこれらのヒーターを加熱に用いる装置があります。

（放射伝熱量［W］）＝（比例定数①）×（比例定数②）×（伝熱面積）×（高温物体の表面温度の4乗－低温物体の表面温度の4乗）

このときの温度は、絶対温度（単位［K］）です。比例定数が2つありますが、ひとつは、ステファンーボルツマン定数とよばれ、5.67×10^{-8}W/（m^2・K^4）と数値が決まっています。もう一方の比例定数は、総括吸収率（単位はありません）とよばれます。総括吸収率は、物体の表面の状態や色、熱の伝わる物体同士の距離などの位置関係によって決まります。地球に比べて太陽から遠い天体は、地球に比べてはるかに温度が低いことがわかっています。すなわち距離が近いほうが加熱されやすいのです。熱線の放射や吸収のしやすさは、物体表面の色によって大きく変わり、黒いものは熱が伝わりやすく、金属光沢があるものや白いものは熱が伝わりにくくなります。夏場に白い服が好まれるのは白い色が熱線を吸収しにくく、日差しによる加熱を防ぐことができるためです（図3）。

要点BOX
- ●放射伝熱は熱線によって熱が伝わる機構
- ●伝熱量は伝熱面積と温度の4乗の差に比例
- ●物体の色によって熱の伝わりやすさが変わる

図1　太陽からの熱線で加熱（放射伝熱）

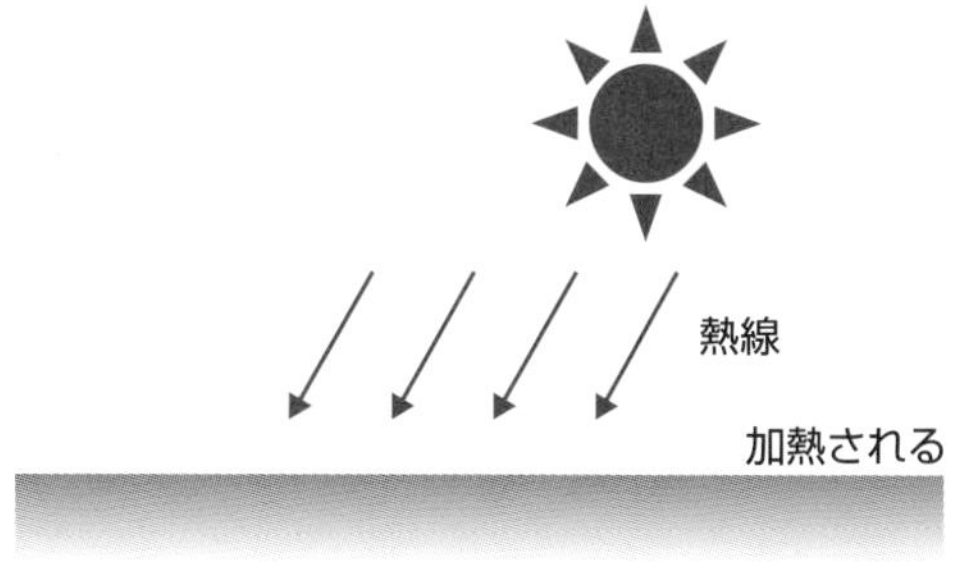

図2　放射伝熱を使用した家電製品

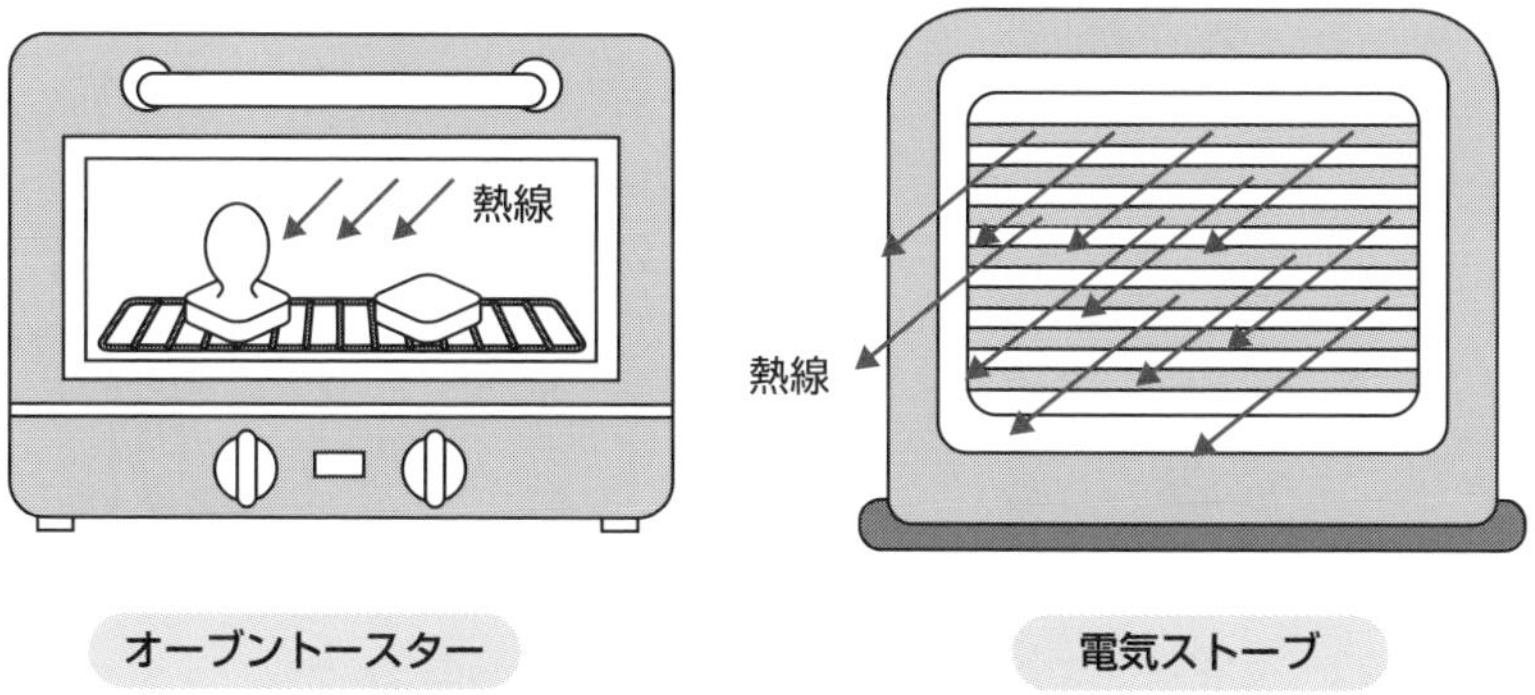

図3　色によって加熱のされ方が変わる

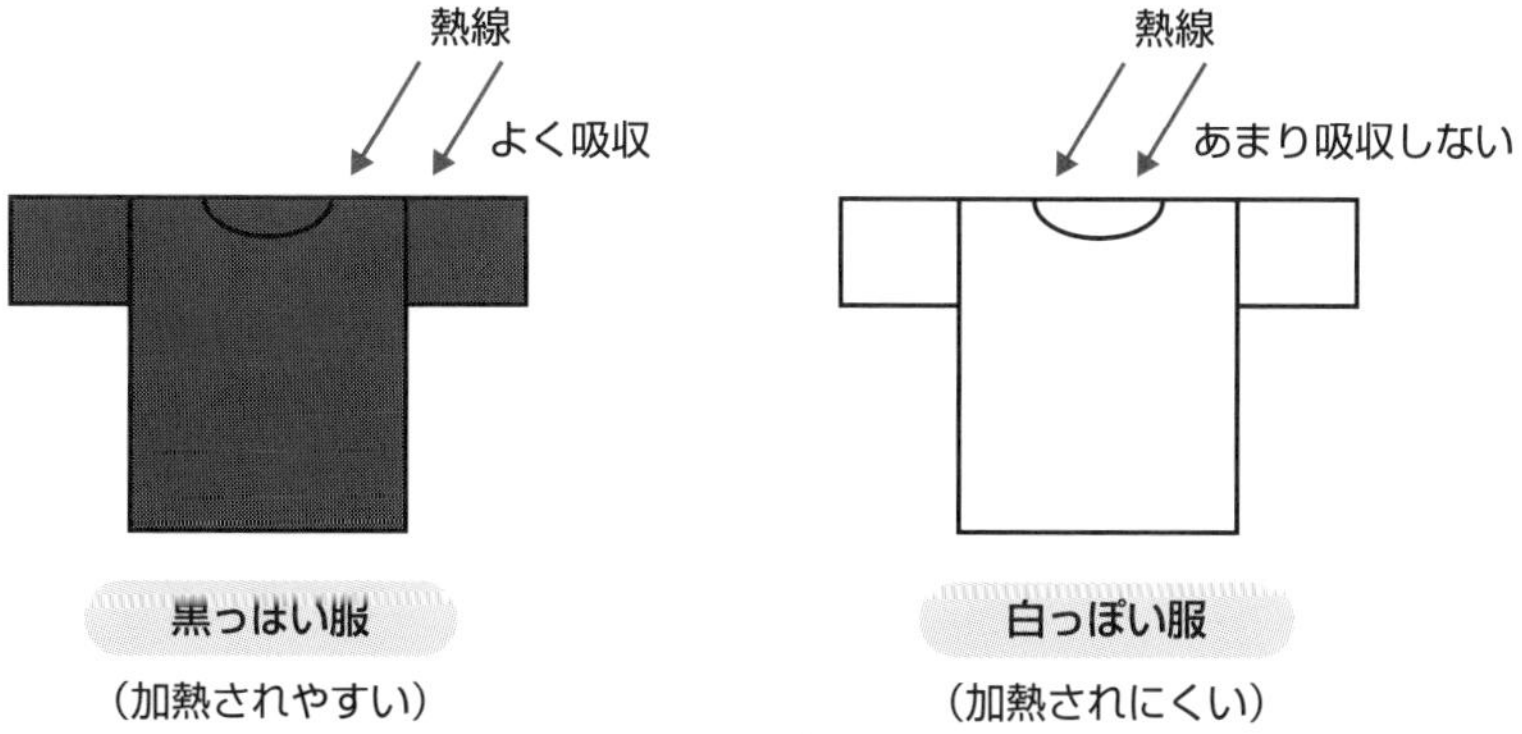

22 加熱方法④ 電子レンジやニクロム線の加熱

マイクロ波加熱、通電加熱

マイクロ波は電磁波の一種で、周波数が３００MHzから３００GHzのものをいいます。日本国内では加熱用に２４５０±50MHzの電磁波が使われます。マイクロ波を使用した加熱装置としては電子レンジがあります（図1）。マイクロ波は物体に当たると、反射、透過あるいは吸収されます。ここでマイクロ波を吸収しやすいものがマイクロ波で加熱されやすいものということになります（図2）。水がマイクロ波を吸収しやすいことから乾燥操作にマイクロ波が使われています。水はマイクロ波を当てると分子振動を起こし、この振動によって発生した熱によって水の分子そのものが加熱されます。

マイクロ波は、金属表面では反射します。ただし、金属表面の電子の動きが活発になることが放電（火花）の原因となることがあります。乾いたプラスチックや陶磁器などは基本的にはマイクロ波を透過します。ちなみに水と同じ成分の氷は、マイクロ波によって加熱されにくい物質です。ただし、マイクロ波を透過する物質でも、まったくマイクロ波を吸収しないというわけではないので次第に加熱されます。

次に通電加熱について見てみましょう。ニクロム線に電流を流すと発熱し、これが電気ヒーターとして使われています（図3）。電気抵抗があり、かつ電流が流れる物質（導体）に電流を流すと電気エネルギーが熱エネルギーとなって発熱するという原理を使っています。このようにして熱を発生させて加熱する方法を通電加熱またはジュール加熱といいます。

水分は一般に電気を通すので、水分をある程度含んだ物質に電流を流すことで加熱ができます。おもに食品分野で使われ、短い時間で効率よく加熱できるという利点があります。水分を十分に含んでいるうちは加熱されますが、乾燥が進んで水分が少なくなると加熱が進まなくなることがあります。調理用の加熱方式としての用途が多くなっています。

要点BOX
- マイクロ波加熱は電子レンジが代表例
- 水はマイクロ波によって加熱されやすい
- 通電加熱では電流を流すことで発熱

図1　電子レンジの加熱(マイクロ波加熱)

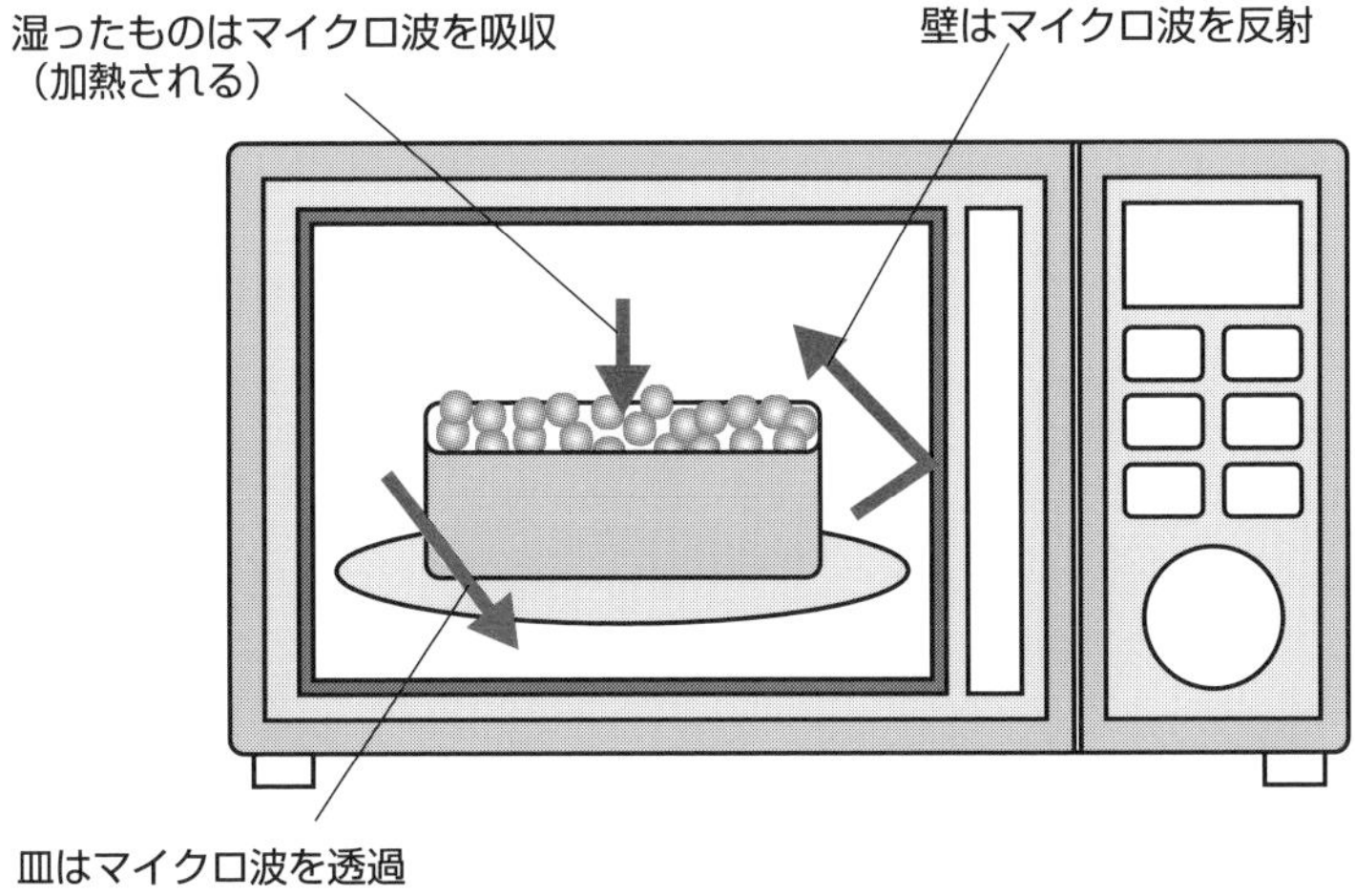

図2　マイクロ波の吸収しやすさ(加熱されやすさ)

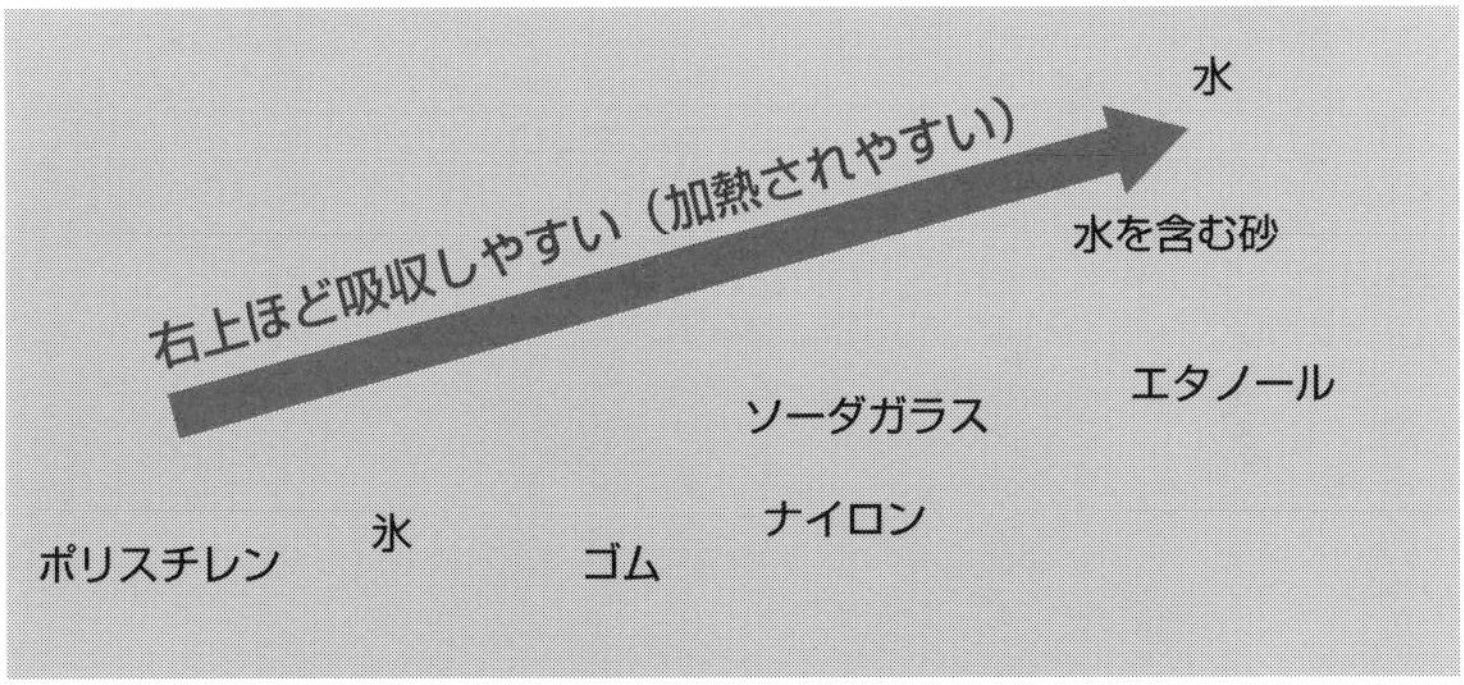

図3　通電加熱の原理(ニクロム線の発熱)

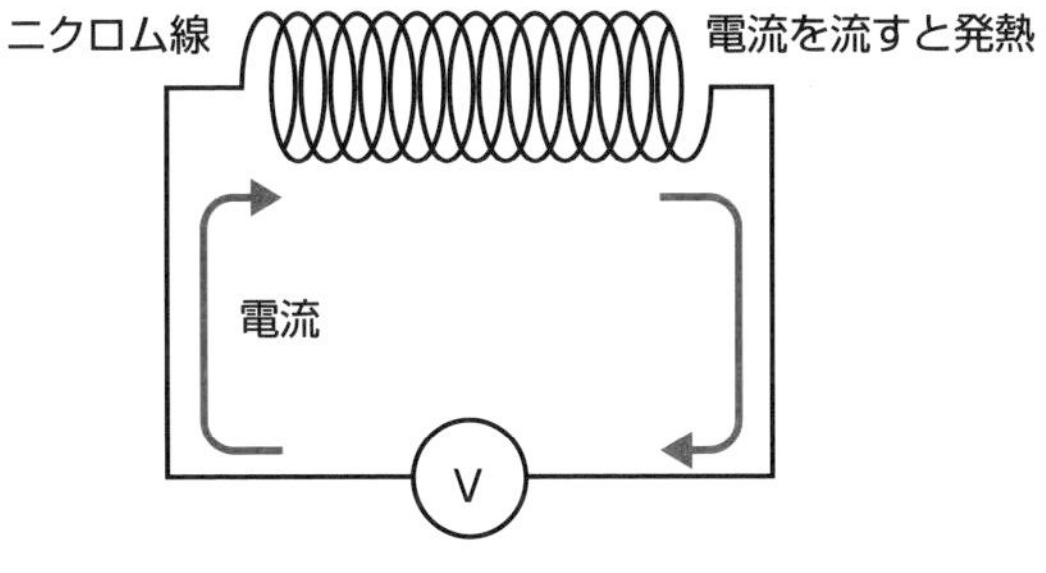

23 乾燥はどのように進むのか？

質量と温度の変化

乾燥にどれだけの時間がかかるかを知ることは、製品の製造管理上重要です。また、乾燥しているときの乾燥する対象物の温度は製品の品質に大きく影響します。ここでは、乾燥が進行するときの質量と温度の変化を見ていきましょう。

乾燥が進行するときの状態を知るために、乾燥する対象物の質量と温度の測定が行われます（図1）。ここでは、乾燥する対象物に加熱した空気（熱風）を当てて乾燥します。

乾燥がはじまると、最初は質量の変化はゆるやかで、その間に温度が急激に上昇します（図2の①）。この期間では、水分の蒸発はあまり起こっていません。この期間を予熱期間といいます。

乾燥が進むと、質量が時間に対して直線的に減少するようになります（図2の②）。このときには乾燥する対象物の温度は一定の値となっており、表面付近と中心の温度がほぼ同じになっています。この期間を定率乾燥期間（または恒率乾燥期間）といいます。

さらに乾燥が進むと、再び質量の減少がゆるやかになります（図2の③）。この期間では、温度が再び上昇しはじめ、表面付近が中心よりも先に上昇をはじめます。この期間を減率乾燥期間といいます。

測定が終わった後、乾燥する対象物を完全に乾燥し、乾燥した固体（乾き固体）の質量を求めます。含水率（乾量基準含水率：15項参照）と乾燥速度（17項参照）を測定結果から求めることができます。

質量の測定結果から求めた乾量基準含水率を横軸に、乾燥速度を縦軸にとったグラフを乾燥特性曲線といいます（図3）。この図は乾燥の進行を評価するグラフとしてよく使われます。定率乾燥期間では、乾量基準含水率の変化に対して乾燥速度が一定となっています。また、減率乾燥期間に入ると、含水率が低くなるにつれて乾燥速度が下がっています。

要点BOX

- 乾燥が進行すると予熱期間・定率乾燥期間・減率乾燥期間が現れる
- 乾燥特性曲線は乾燥速度と含水率の関係

図1　乾燥のようすを確認する実験

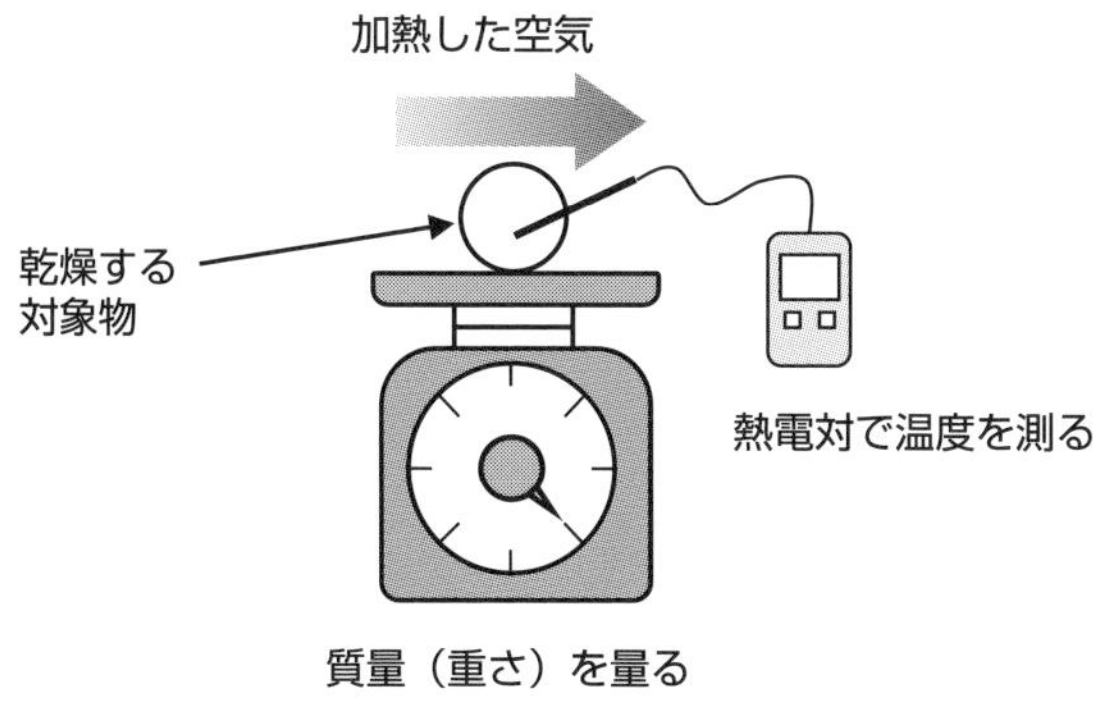

図2　乾燥する対象物の質量と温度の変化

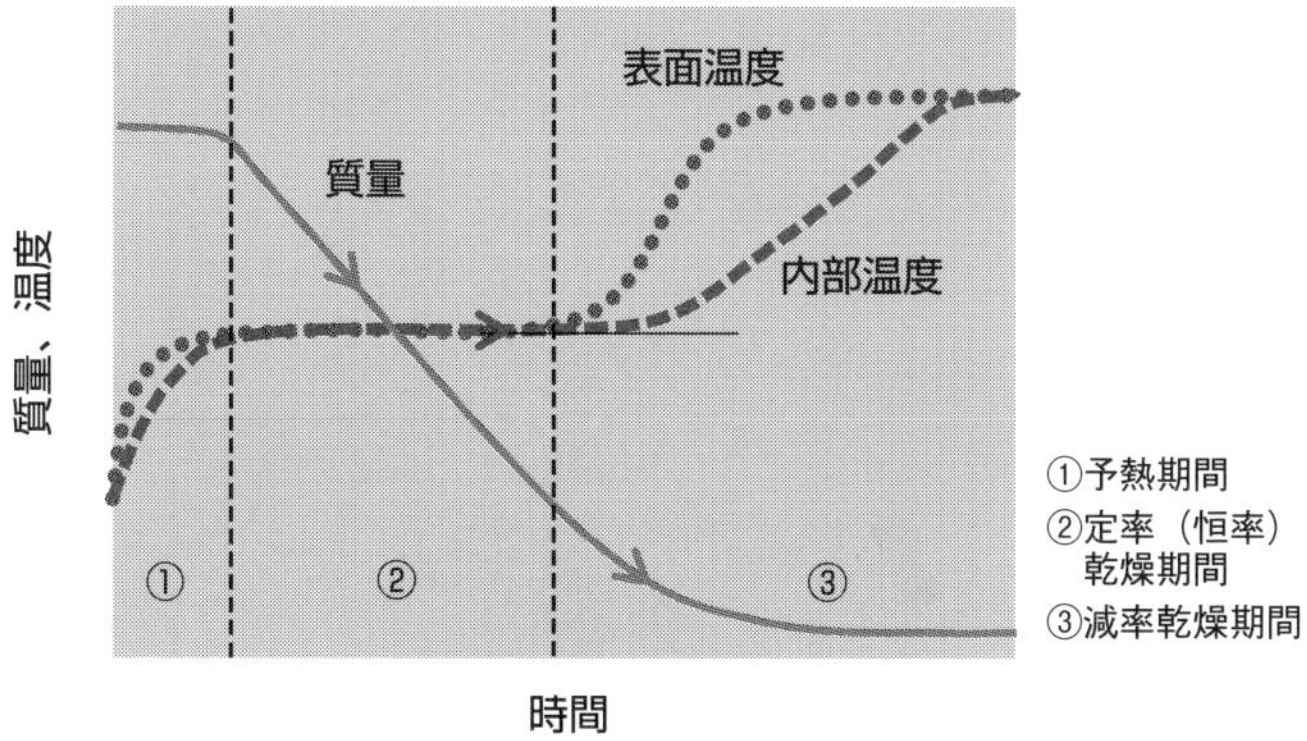

図3　乾燥特性曲線

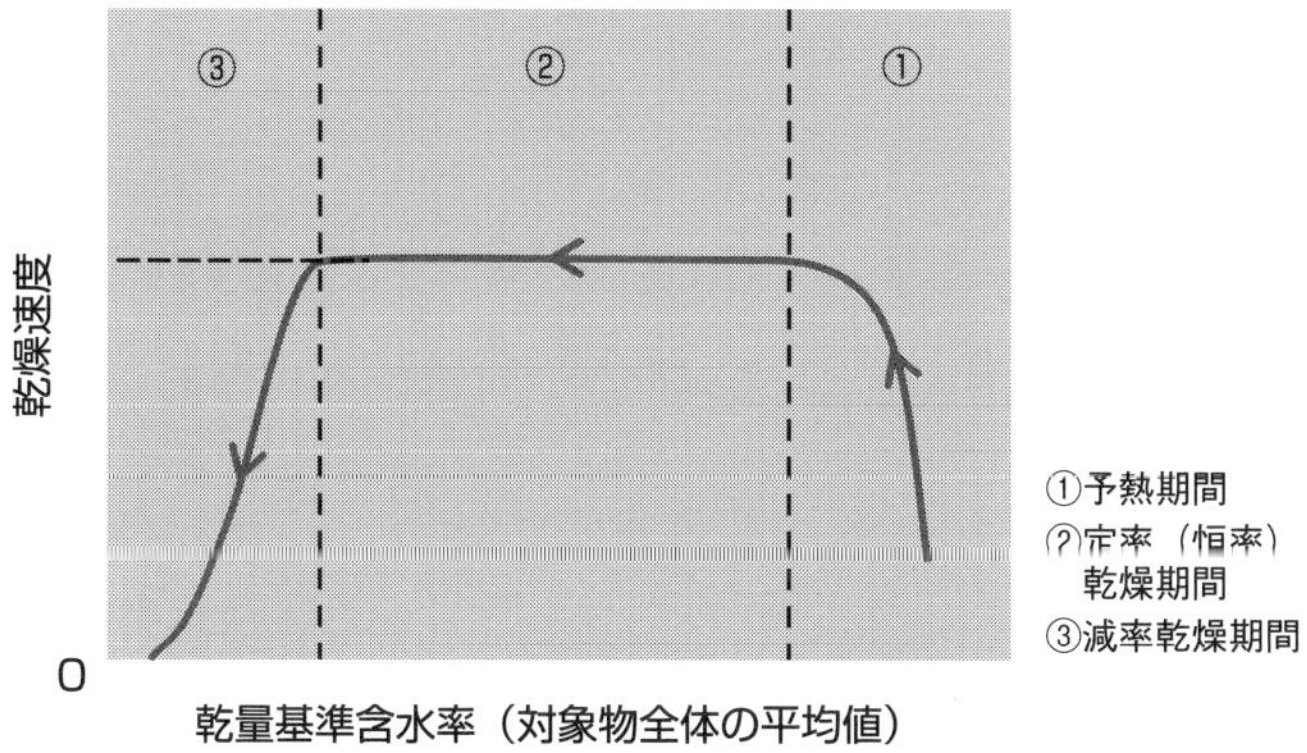

24 乾燥する対象物の表面で水分が蒸発

定率（恒率）乾燥期間

乾燥は予熱期間、定率（恒率）乾燥期間、減率乾燥期間を経て進みます。各期間の特徴を理解することで、乾燥にかかる時間や乾燥時の対象物の温度を予測することができます。ここでは定率（恒率）乾燥期間について見てみましょう。

定率乾燥期間は、乾燥の初期段階で乾燥する対象物の表面で水分が蒸発する期間といえます。定率乾燥期間では、含水率の変化に対して乾燥速度が一定になり、また乾燥する対象物の温度が一定になります（図1）。加熱した空気を当てて乾燥するときには、この一定になる温度が湿球温度（33項参照）と等しくなり、温度は表面でも内部でもどこでもほぼ同じになります。英語では、この期間をConstant-drying rate periodと表します。Constant（一定）、すなわち乾燥速度が一定の期間ということを意味しているのです。

定率乾燥期間では、乾燥する対象物に入る熱と水分の蒸発に使われる熱（蒸発熱）が等しくなっています（図2）。つまり、乾燥する対象物に入る熱のすべてが水分の蒸発に使われます。その結果、乾燥する対象物の温度が一定となるのです。定率乾燥期間では、乾燥する対象物の表面のみでの蒸発であることから、乾燥速度や対象物の温度は乾燥する対象物の種類によらず、乾燥の条件（加熱した空気の温度、湿度、流速など）で決まります。例えば、同じ形のレンガと木材を湿らせて、同じ条件で乾燥すると、レンガと木材の乾燥速度、温度が等しくなります（図3）。

乾燥が進むと乾燥する対象物の表面の水分が蒸発によって減少しますが、それと同時に乾燥する対象物の内部の水分が表面に向かって移動してきます。表面の蒸発速度に対して水分の移動が追いつかなくなると表面の水分がなくなり、定率乾燥期間が終了し、減率乾燥期間に移ります。

要点BOX
- 定率乾燥期間は表面で水分が蒸発する期間
- 定率乾燥期間では、含水率の変化に対して乾燥速度が一定、温度が一定かつ一様

図1　定率乾燥期間

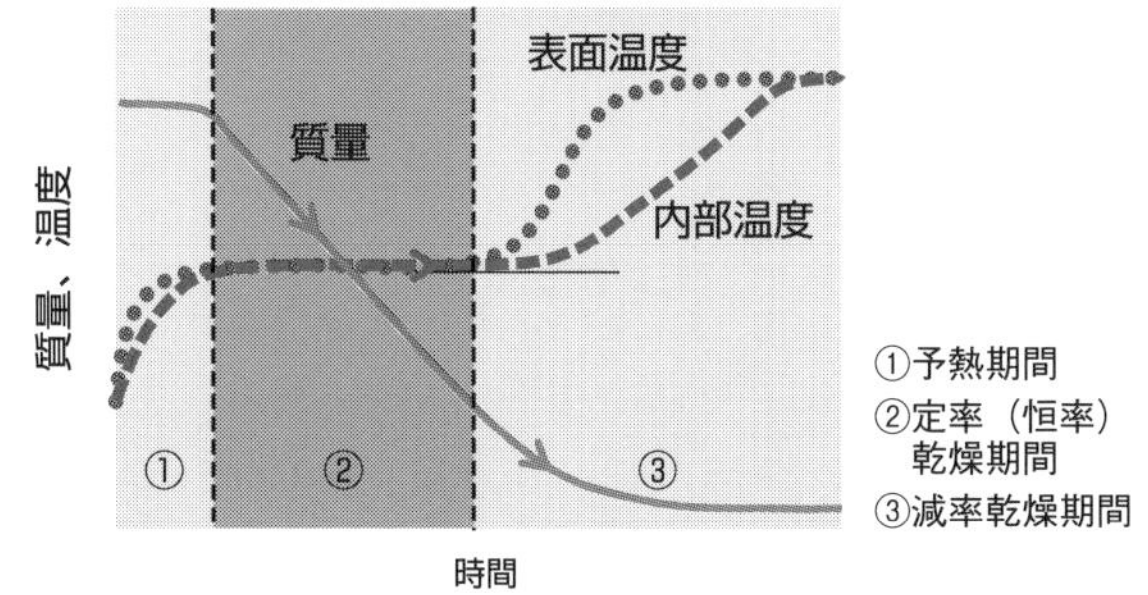

定率乾燥期間：質量が同じ割合で減少（乾燥速度が一定）
温度が一定かつ乾燥する対象物中のどこでも同じ（湿球温度）

図2　定率乾燥期間に起こる現象

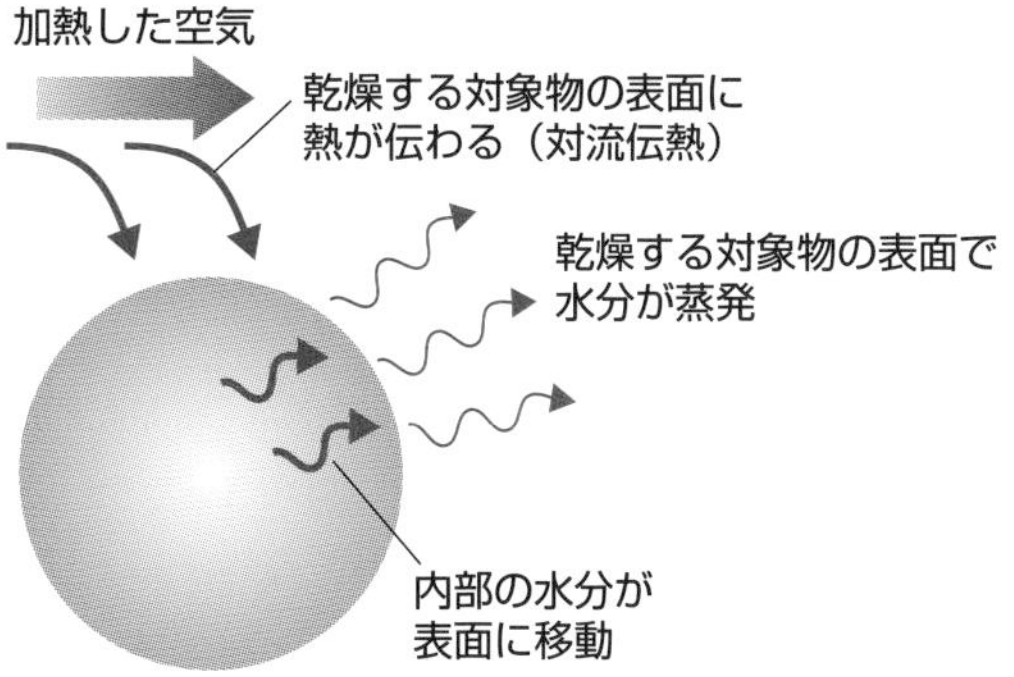

図3　対象物の性質と定率乾燥期間の乾燥速度の関係

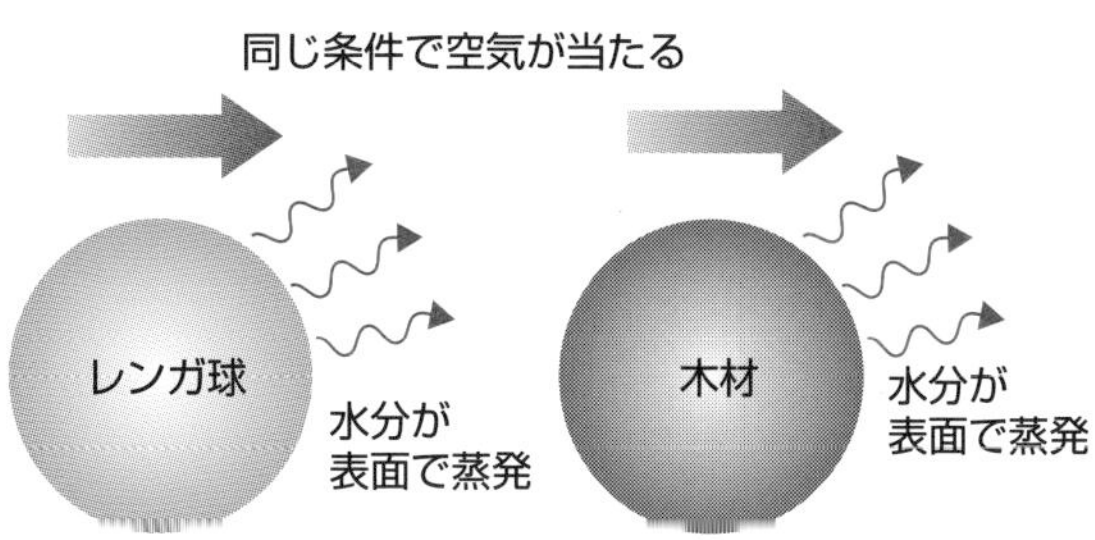

定率乾燥期間では条件（加熱した空気の温度、湿度、流速）が同じならば
対象物によらず乾燥速度は同じ

25 乾燥する対象物の内部で水分が蒸発

減率乾燥期間

乾燥が進行し、乾燥する対象物の表面の水分が少なくなると、定率乾燥期間から減率乾燥期間に移行します（図1）。減率乾燥期間ではおもに乾燥する対象物の内部で水分が蒸発します。乾燥速度は含水率とともに減少していきます。英語では減率乾燥期間をFalling-drying rate periodと表します。Falling（降下）、すなわち乾燥速度が降下する期間ということを意味しているのです。乾燥する対象物の温度は、表面から順番に上昇します。

乾燥する対象物の表面の水分が少なくなると、表面からの蒸発が遅くなり、一方で乾燥する対象物の内部からも蒸発が起こるようになります（図2）。その後、表面から順番に乾燥が終了し、乾燥が進むにつれて水分の蒸発が内部のより深いところで起こるようになります。水分の蒸発は水分が加熱されることによって起こりますので、内部の水分が熱をもらう必要があります。

加熱した空気を当てて乾燥する場合を考えると、まず乾燥する対象物の表面で対流伝熱によって表面が加熱されます。その後、熱は水分のある内部に移動します。伝導伝熱によって移動する距離が長くなるほど、熱の移動速度は遅くなります。つまり、水分がより深いところにあるほど熱が伝わりにくくなります。内部で蒸発した水蒸気は、今度は乾燥する対象物の乾燥した部分を通過して外部へと出ます。このときにも移動距離が長いほど移動しにくくなります。これらの結果から、乾燥が遅くなります。

乾燥する対象物が大きいほどあるいは厚いほど、減率乾燥期間において熱や水蒸気が移動する距離が長くなり、乾燥速度が遅くなります。

乾燥する対象物の内部における熱や水蒸気の移動のしやすさが乾燥速度に影響するため、減率乾燥期間における乾燥速度は乾燥する対象物の種類によって大きく変わります（図3）。

要点BOX

●減率乾燥期間は内部で水分が蒸発する期間
●減率乾燥期間では、含水率の変化に対して乾燥速度が下がり、温度が表面から順に上がる

図1　減率乾燥期間

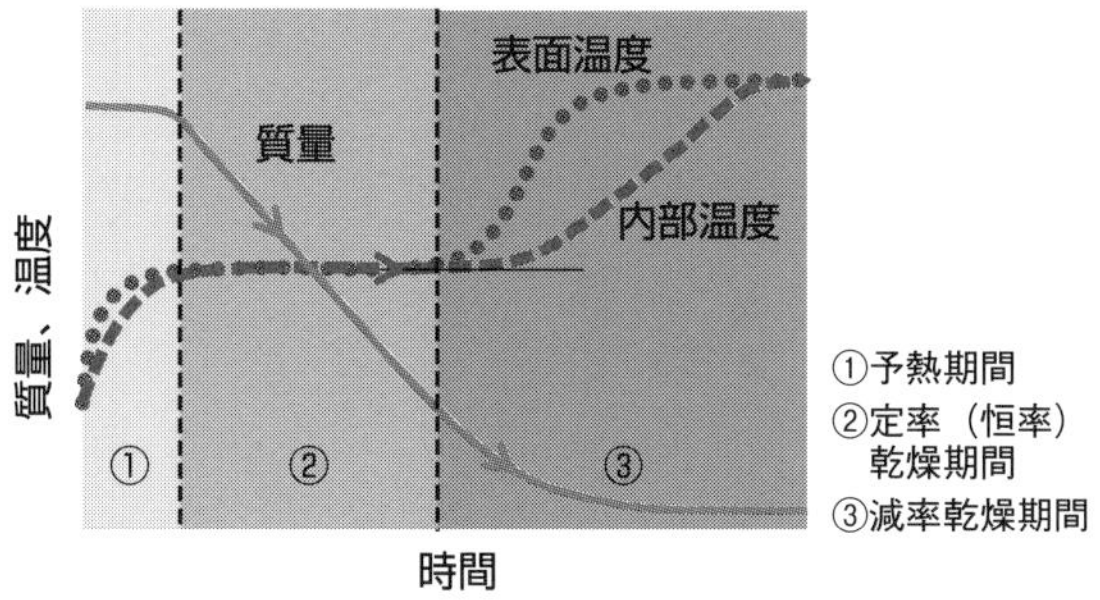

減率乾燥期間：質量の減少が時間とともにゆるやかになる（乾燥速度が減少）
表面から順番に温度が上昇する

図2　減率乾燥期間に起こる現象

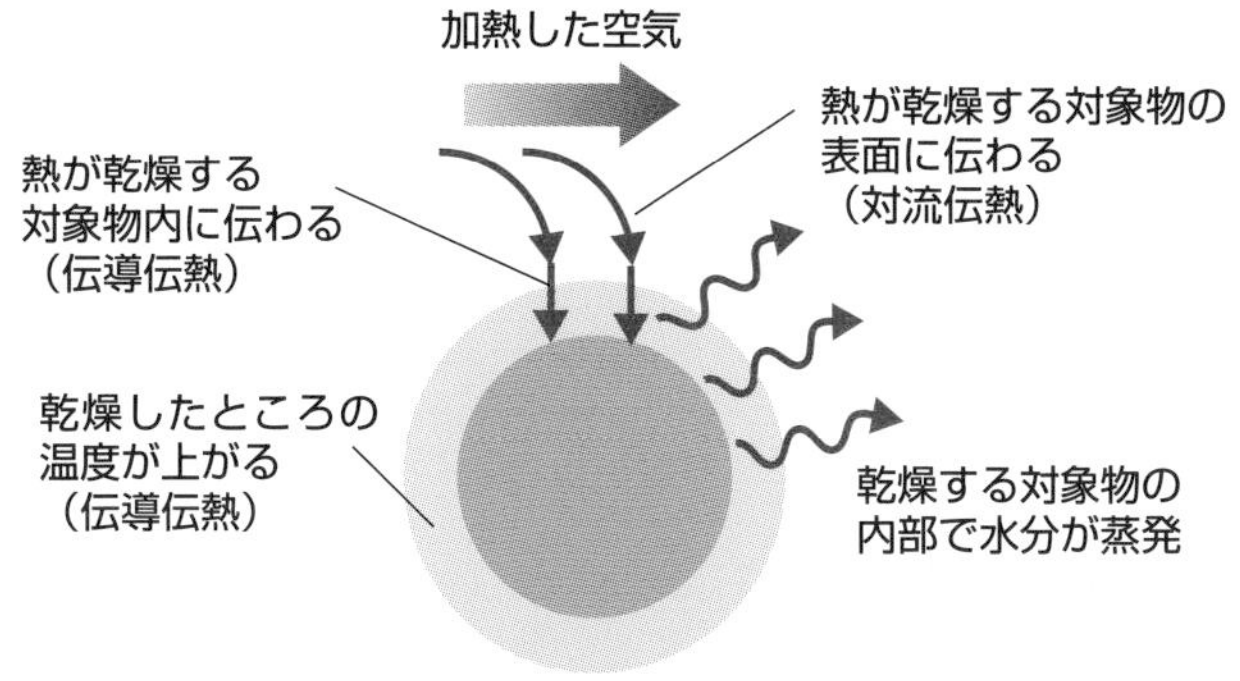

図3　対象物の性質と減率乾燥期間の乾燥速度の関係

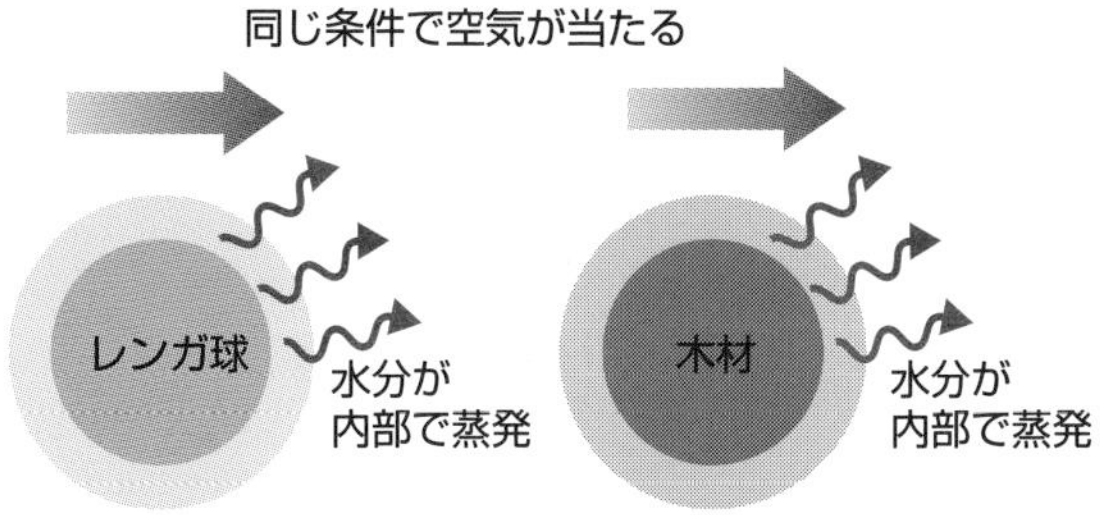

減率乾燥期間では条件（加熱した空気の温度、湿度、流速）が同じでも
対象物によって乾燥のしかたが変わる

26 定率乾燥期間と減率乾燥期間の境界の含水率

乾燥操作が進行すると、はじめは乾燥する対象物の表面で水分が蒸発する定率乾燥期間があり、その後におもに材料内部の水分が蒸発する減率乾燥期間へと続きます。この境界の含水率を限界含水率といいます。乾燥速度を縦軸に、（乾量基準）含水率を横軸にとった乾燥特性曲線から限界含水率を読むことができます（図1）。含水率が減少するにつれて（グラフを右から左に読んでいくと）、乾燥速度が一定となっている部分（定率乾燥期間）から、減少し始めるようになります（減率乾燥期間）。この境界の含水率が限界含水率です。

限界含水率とは、言い換えれば、乾燥が進行して乾燥する対象物の表面がほぼ乾いたときの乾燥する対象物全体の平均含水率といえます（図2）。乾燥が行われているとき、乾燥する対象物の中の含水率は、乾燥する対象物内の場所ごとにちがいます。それを乾燥する対象物全体で平均化して含水率を出しているので平均含水率としています。

限界含水率は、乾燥する対象物の性質や乾燥の条件によって変わります。水分が内部で移動しやすいものでは、定率乾燥期間が低い含水率まで続き、限界含水率が低くなります。また、乾燥する対象物の表面積が体積（大きさ）に対して広いとき（例えば、薄いあるいは小さいとき）には限界含水率が低くなります。

乾燥の条件についてみますと、乾燥速度が速い条件では限界含水率も高くなります（図3）。これは、乾燥が速いために、乾燥する対象物の内部から表面に水分が移動する速度よりも表面で蒸発する速度のほうが速く、はやい段階で表面が乾燥するためです。限界含水率が高いということは、より多くの水分を内部に残した状態で減率乾燥期間に入ることになり、予想よりも乾燥時間が長くなることがあります（45項参照）。

要点BOX
- ●限界含水率は表面がほぼ乾いたときの含水率
- ●限界含水率は乾燥する対象物の性質や乾燥の操作条件によって変わる

図1　乾燥特性曲線(限界含水率の位置)

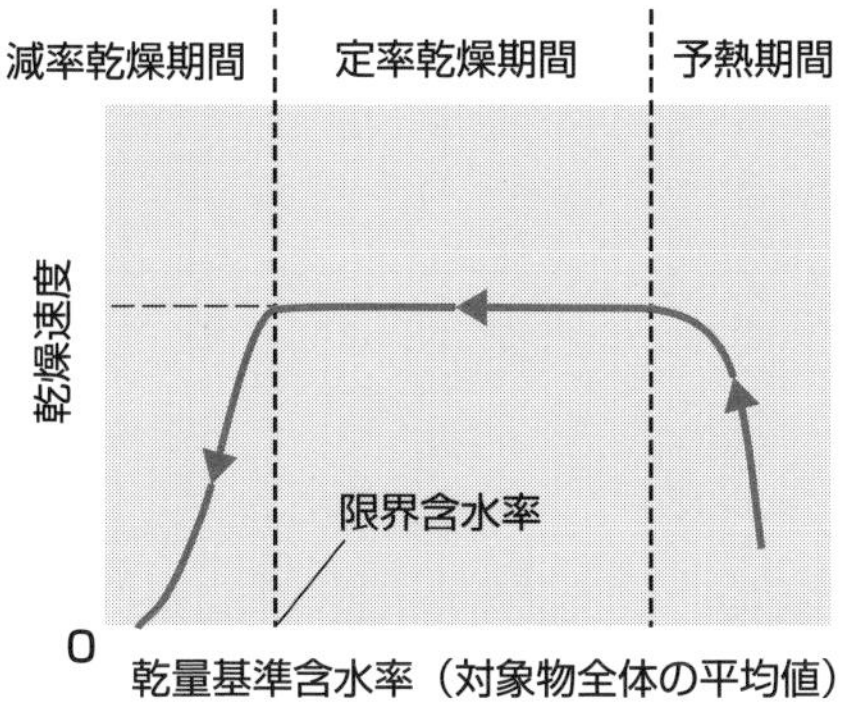

図2　限界含水率のときの状態

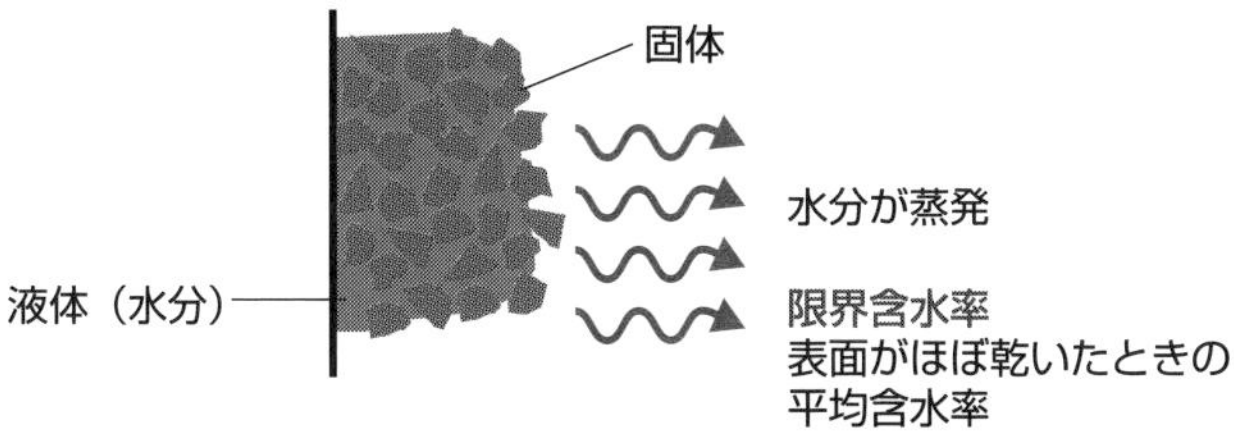

図3　乾燥速度と限界含水率の関係

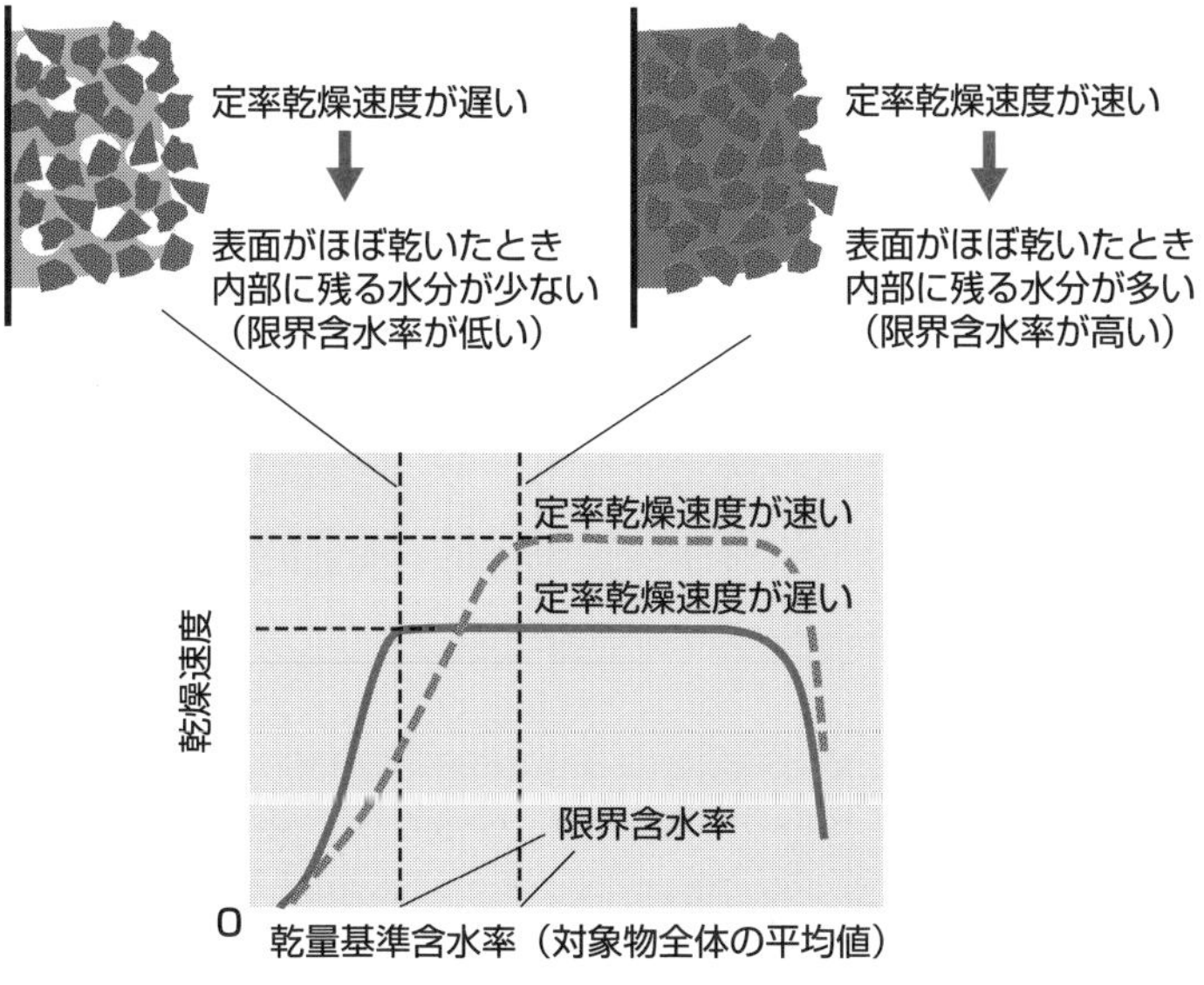

27 水分を完全になくすことは難しい

平衡含水率

乾燥するときの条件によっては、いくら時間をかけても乾燥する対象物の中に水分が残ります。このように乾燥によって取り除けない水分量を表す含水率を平衡含水率といいます。乾燥特性曲線では、含水率が0になっていないにもかかわらず乾燥速度が0になっており、これ以上乾燥が進まなくなっています（図1）。乾燥操作によって取り除くことができる水分を自由水といいます。

乾燥が進まなくなったときには、次のような水分が乾燥する対象物の中に残っています（図2）。①乾燥する対象物の隙間の空気に含まれる水蒸気量に相当する水分、②乾燥する対象物の固体内に閉じ込められている水分、③乾燥する対象物と化学的に結びついている水分。

乾燥する対象物を完全に乾燥する場合には、水の沸点よりも高い温度で十分に長い時間をかけて乾燥します。それでも残る水分はあるので、現実には水分が多少残った状態でも完全に乾燥した固体とみなすということがあります。

平衡含水率は乾燥する条件によって変わります。具体的には温度が低く、湿度が高いほど平衡含水率は高くなります。一度乾燥したものであっても、その後に接する空気の湿度などの条件によって再び水分を含むようになることがあります。例えば、袋から出したお菓子が湿けるという現象があります。

この湿ける性質を積極的に利用して空気中の水分を取り除くものが乾燥剤です。例えば、押し入れの湿気取りやお菓子などに入っている乾燥剤（シリカゲル）は、空気中の水分を取り込み、布団やお菓子が湿らない（湿けらない）ようにする働きがあります（吸湿）。乾燥剤も、高い温度で加熱することで水分を取り除くこと（乾燥すること）ができます。これを再生といい、工業的には、吸湿と再生をくり返して乾燥剤を繰り返し使用しています。

要点BOX

- ●平衡含水率は乾燥で取り除けない水分の含水率を表す
- ●乾燥条件により平衡含水率が変わる

図1　乾燥特性曲線（平衡含水率の位置）

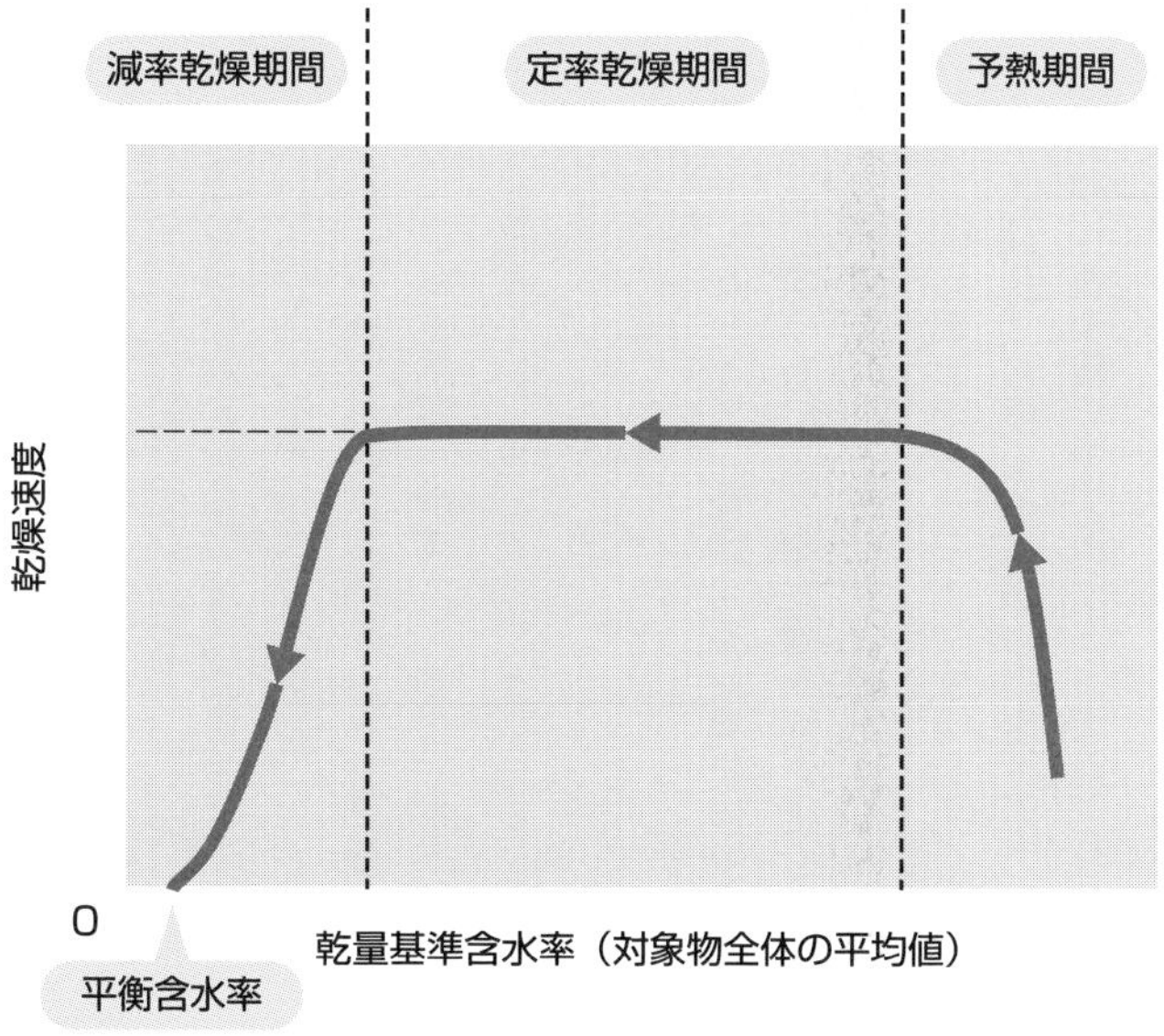

図2　平衡含水率のときに含まれる水分（乾燥で取り除かれない水分）

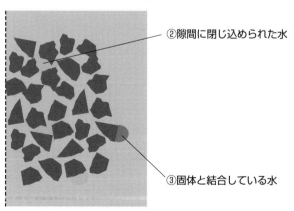

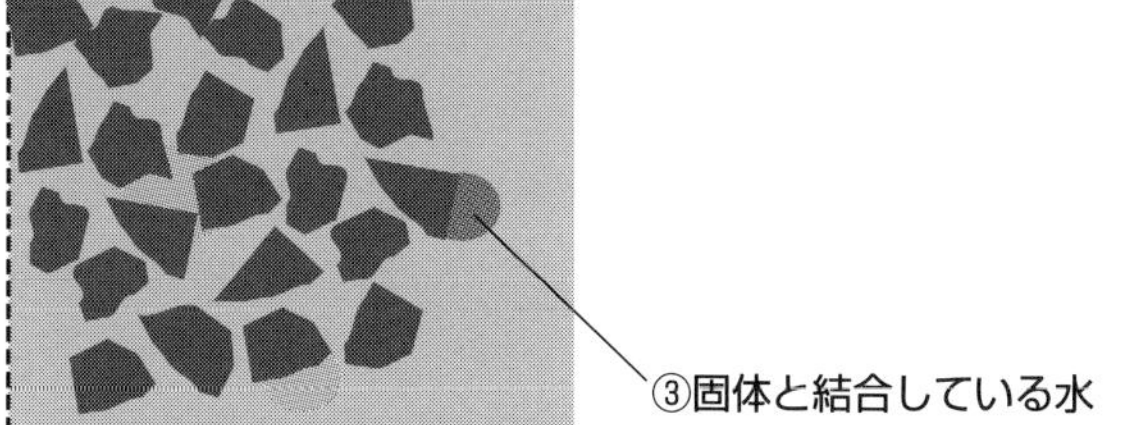

28 定率乾燥期間が長く続くものはどのようなものか

定率乾燥期間か減率乾燥期間か

ここまでで定率乾燥期間と減率乾燥期間について見てきましたが、乾燥する対象物から見たときには、定率乾燥期間が長く、ほぼ定率乾燥期間のみで乾燥する対象物から、定率乾燥期間がほとんどなく減率乾燥期間で乾燥が進むものがあります。そのちがいは何でしょうか。

定率乾燥期間は、乾燥する対象物の表面で水分が蒸発しています。したがって、乾燥する対象物の表面に水分が多く存在するものは定率乾燥期間が長く続きます。

乾燥する対象物の形状から考えると、小さいものや薄いものは、表面付近に多くの水分が存在するために定率乾燥期間が長く続きます（図1）。また、噴霧乾燥（52項参照）のように液滴を乾燥するようなときには、液滴の表面につねに水分があると考えてよいので、おおむね定率乾燥期間で乾燥が進むといえます。

一方で、大きいものや厚いものは、減率乾燥期間が長くなります（図1）。表面が乾燥した後には、乾燥する対象物の内部の水分が蒸発してきますので、水分（水蒸気）の移動する距離が長いものは減率乾燥期間が長くなります。はじめから含まれる水分が少ないものも減率乾燥期間がおもな乾燥期間となります。材質から見ると、水分が移動しにくいものは減率乾燥期間が長いものとなります。例えば、水分が乾燥する対象物と化学的に結合しているようなもの（吸湿剤などのゲル：押し入れの除湿剤や紙おむつの吸収剤など）、水分を細胞内に取り込んでいるもの（農作物など）はおもに減率乾燥期間で乾燥が進みます（図2）。

定率乾燥期間がおもなものは、乾燥しやすいものであり、減率乾燥期間がおもなものは乾燥しにくいものといえます。また、同じものでも広げて薄くのばせば、定率乾燥期間が長くなります。

要点BOX

- 定率乾燥期間でおもに乾燥する対象物は乾燥しやすい
- 乾燥する対象物の形状が大きくかかわる

図1　定率乾燥期間と減率乾燥期間のどちらが長く続くか（形状のちがいによる分類）

定率乾燥期間が長く続くもの

小さい

薄い

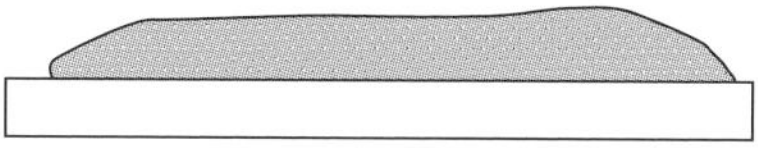

減率乾燥期間が長く続くもの

大きい

厚い

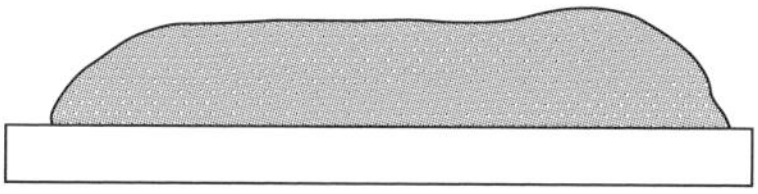

図2　減率乾燥期間がおもなもの（水分が移動しにくいもの）

除湿剤など

（水分と化学的に結合）

野菜などの農作物

（細胞内に水分を保持）

Column

食品の腐敗しやすさを表す「水分活性」

食品の中には、単に食品の固体の隙間に入り込んでいるだけで、簡単に蒸発する水（自由水）と食品中の固体と強く結びついていて蒸発しにくい水（結合水）があります。水分活性は、食品に含まれる水分のうちで自由水の割合を意味しています。微生物が増殖するときに使う水は自由水であることから、水分活性は、微生物の増殖しやすさを示す指標として使われています。

密閉した容器の中に十分な量の水を入れると、水が蒸発していき、やがて容器内の空気には含むことのできる最大限の水蒸気が含まれるようになります。つまり、相対湿度100％となります（31項参照）。一方で、ぁる程度乾燥したものを同じく密閉容器に入れると、そこに含まれる水分が少なければ、容器内の空気の相対湿度が低く保たれます。このように密閉容器に入れるものの含水率によって容器内の空気の相対湿度が変わります。この相対湿度を100で割ったものを水分活性と定義づけています。

食品の種類にもよりますが、一般的な細菌は水分活性が0・90以上で増殖し、酵母は0・88以上で、カビは0・80以上で増殖します。さらに低い水分活性でも増殖する乾燥に強い微生物もいますが、水分活性が0・60よりも小さければ微生物は増殖しないとされています（生存できる微生物はいますが、増殖はしません）。

生野菜や生肉は水分活性が0・98を超えています。またパンやソーセージでも0・90以上あります。小麦粉や穀類、ジャム、味噌や醤油などは0・60～0・85のため一般的な細菌は増殖しませんが、カビや酵母は増殖します。スナック菓子、乾麺は、水分活性が0・60よりも小さく、この状態では微生物の増殖は起こりません。

第3章

乾燥操作と空気の性質の関係を知る

29 乾燥のしやすさと空気はどのようにかかわっているか

洗濯物を干して乾かすときには、日によって乾きやすさが変わります。洗濯物の乾きやすさを示す指標として民間会社が発表している洗濯指数があり、天気予報などでも報道されています。特に一般財団法人日本気象協会が発表しているものが有名で5段階で表しています（図1）。どのような日に洗濯物が乾きやすいといえるかどうかは、その日の空気の温度と湿度、さらに日照時間などが関係しています。

乾燥のしやすさと乾燥する対象物のまわりの空気の性質は密接に関係しています。水の沸点は大気圧では100℃ですが、洗濯物を干すときにはそれよりも低い温度で乾燥します（図2）。実際には、水は沸点よりも低い温度でも一部が水蒸気となっています。空間内に水蒸気として存在できる水の量が決まっており、この量を満たしていない条件下に水が置かれれば、水が蒸発します。逆に存在できる水蒸気量を超えた水蒸気は水にもどります。水蒸気が水にもどることを凝縮あるいは結露といいます。この空間内に存在できる水蒸気の量は温度によって変わります。沸点は、すべての水が空間内で水蒸気として存在できる温度ともいえます。

ここでは空間ということばを使いましたが、通常、空間にはすでに空気が存在しています。したがって、真空などの特殊な場合でなければ空間に存在できる水蒸気の量を、空気中に含むことのできる水蒸気の量と言い換えても差し支えありません。

空気の温度が高ければ、空気中に含むことができる水蒸気の量が増加し、また、乾燥する対象物の加熱速度が速くなるため、乾燥が速くなります。大気中の空気はもともと水蒸気を含んでいます。梅雨時の空気は湿っており、冬には太平洋側には乾いた空気が流れ込むといった表現がされます。空気中に含まれる水蒸気の量を表す指標として湿度が用いられます。

要点BOX

- ●空気は一定量の水蒸気を含むことができる
- ●空気の温度と湿度が乾燥のしやすさに影響する

図1　洗濯指数（日本気象協会）と気象条件の関係

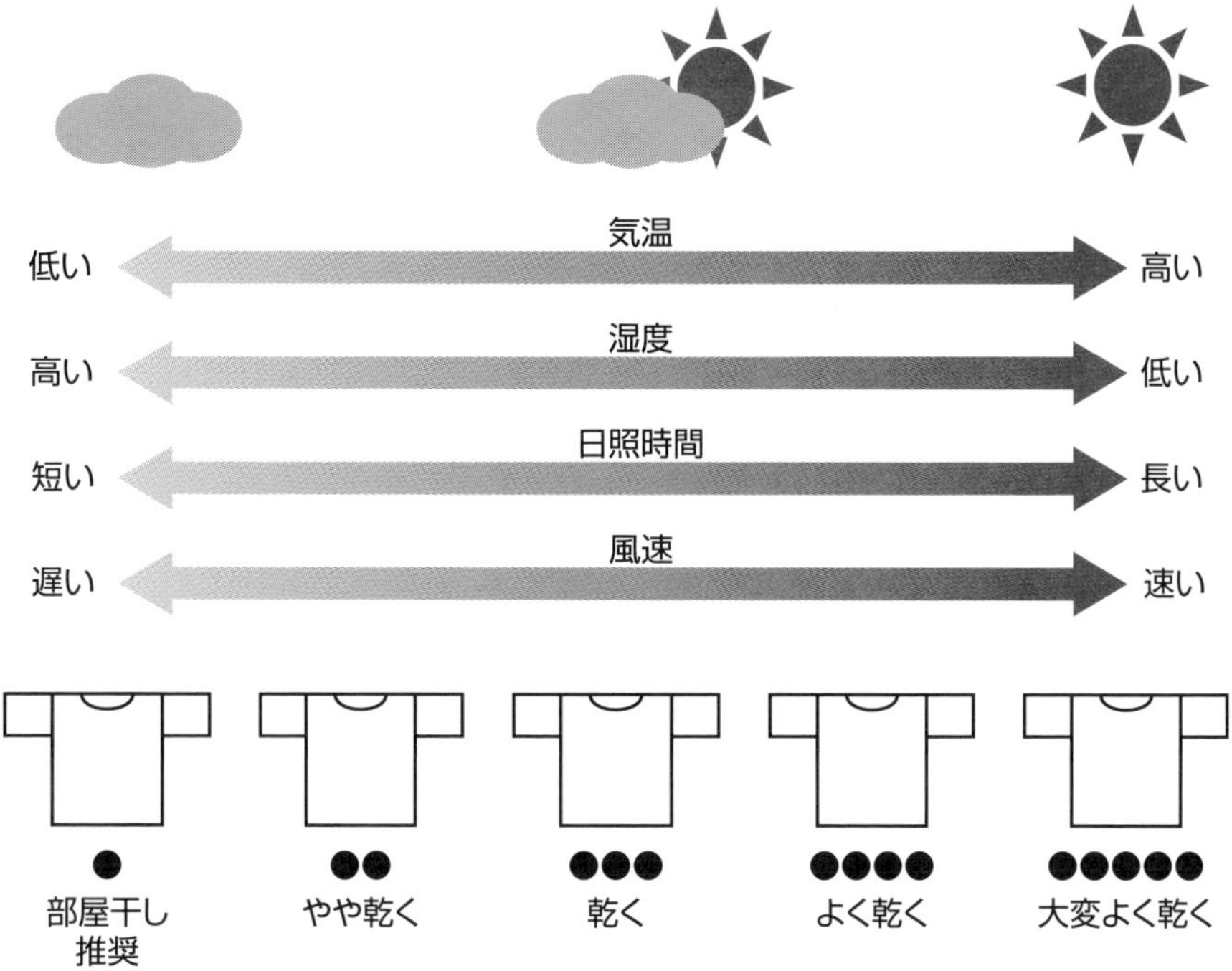

図2　空気中（空間）への水蒸気移動

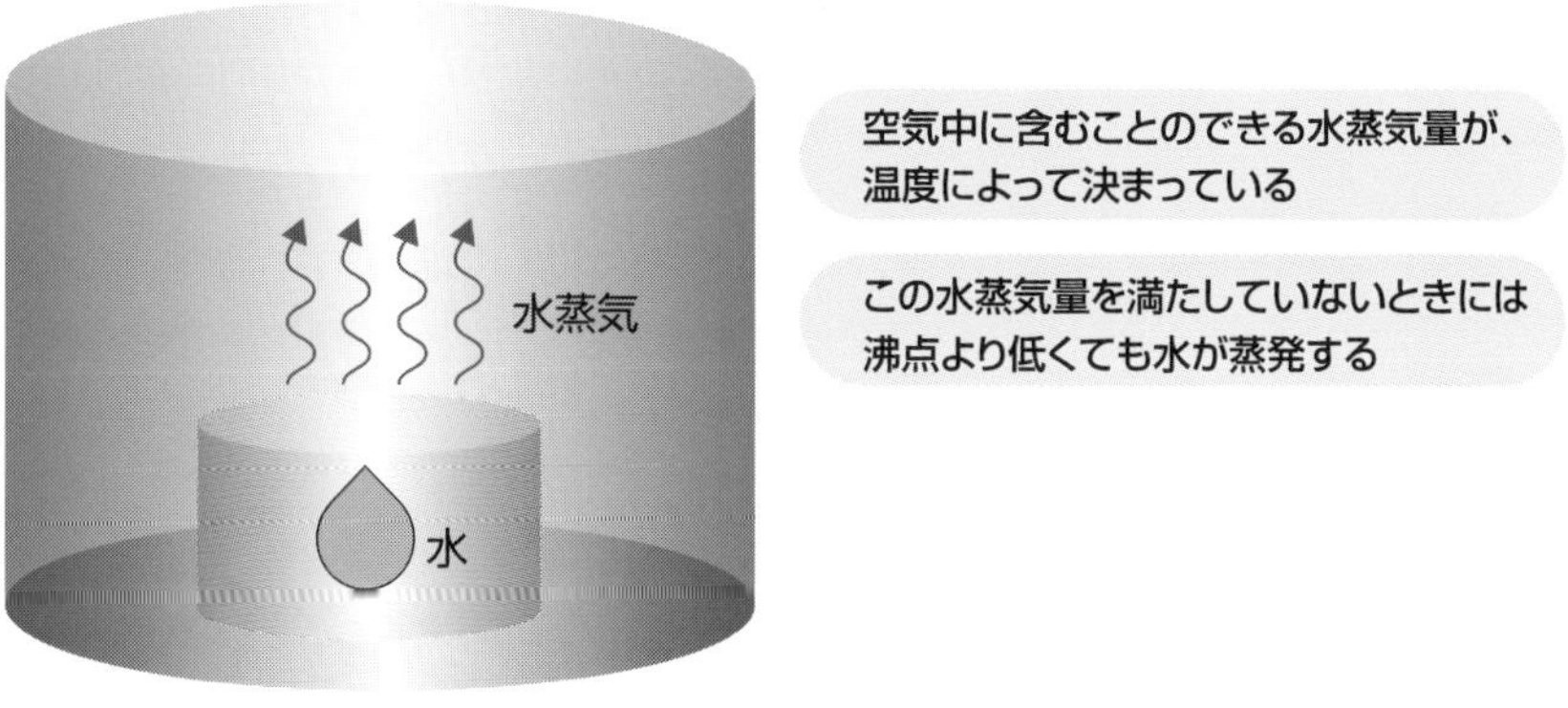

30 空気中に含むことのできる最大限の水蒸気量

飽和水蒸気圧

密閉した空間に十分な量の水を置き、空間の中の温度を一定に保ちます（図1）。このとき、水の一部が蒸発して水蒸気となります。やがて、空間内の水蒸気の量が一定となります。正確には、水面で水が水蒸気になって出ていく一方で水蒸気が水にもどるという現象が常に起こっており、この出ていく量ともどる量が等しくなるため、空間内の水蒸気量が一定になっています。このような状態を平衡状態といいます。水の蒸発は低い温度でも起こります。

空間内の気体の量を表すのに圧力が使われます。例えば、空間内に水蒸気などの気体が全く存在しなければ圧力は0になりますが、水蒸気が発生することで圧力が上がります。この圧力は水蒸気の量（正確には水蒸気中の水分子の数）が多いほど高くなります。つまり、圧力はその空間に含まれる気体の量を表すことができます。天気予報でも用いられる大気圧は通常1013hPa（ヘクトパスカル）（＝101・3kPa）ですが、富士山頂ではこれが630hPa（＝63・0kPa）といわれます。圧力でいうと平地に比べて約70％になっており、高所では空気が薄いといわれますが、実際に富士山頂では平地に比べて空気の量が約70％まで少なくなっています。

空間内に置かれた水に話しをもどします。空間内の水蒸気の量が一定になったとき、この条件（温度）で最大量の水蒸気が蒸発したことになります。このときの空間内の水蒸気の圧力を飽和水蒸気圧といいます。空間内に空気（水蒸気を含まない乾いた空気：乾き空気といいます）と水蒸気が存在するときには、乾き空気の量に応じた圧力と水蒸気の量に応じた圧力の合計が空間内全体の圧力になります。飽和水蒸気圧は空気中に含むことのできる最大水蒸気量を表す値としても用いられます。また、飽和水蒸気圧は温度が高いほど高くなります（図2）。つまり、温度が高い空気ほどより多くの水蒸気を含むことができます。

要点BOX
- ●水蒸気の量は圧力で表す
- ●飽和水蒸気圧を空気中に含むことのできる最大水蒸気量として用いる

図1　空気中に含まれる水蒸気

空間に十分な水があれば、
空間内の空気には含めるだけの最大量の水蒸気が含まれる（飽和）

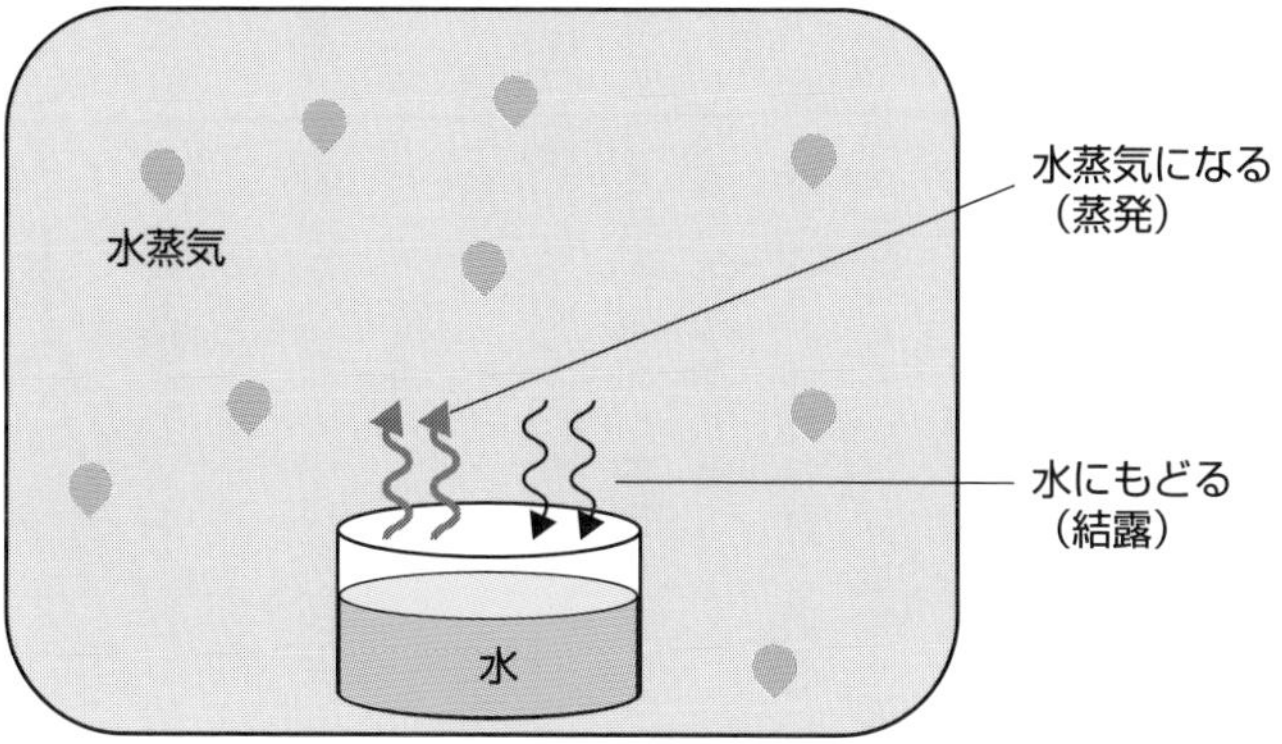

平衡状態：水蒸気になる量と水にもどる量が同じ
→空気中の水蒸気量が変化しなくなる

図2　飽和水蒸気圧曲線

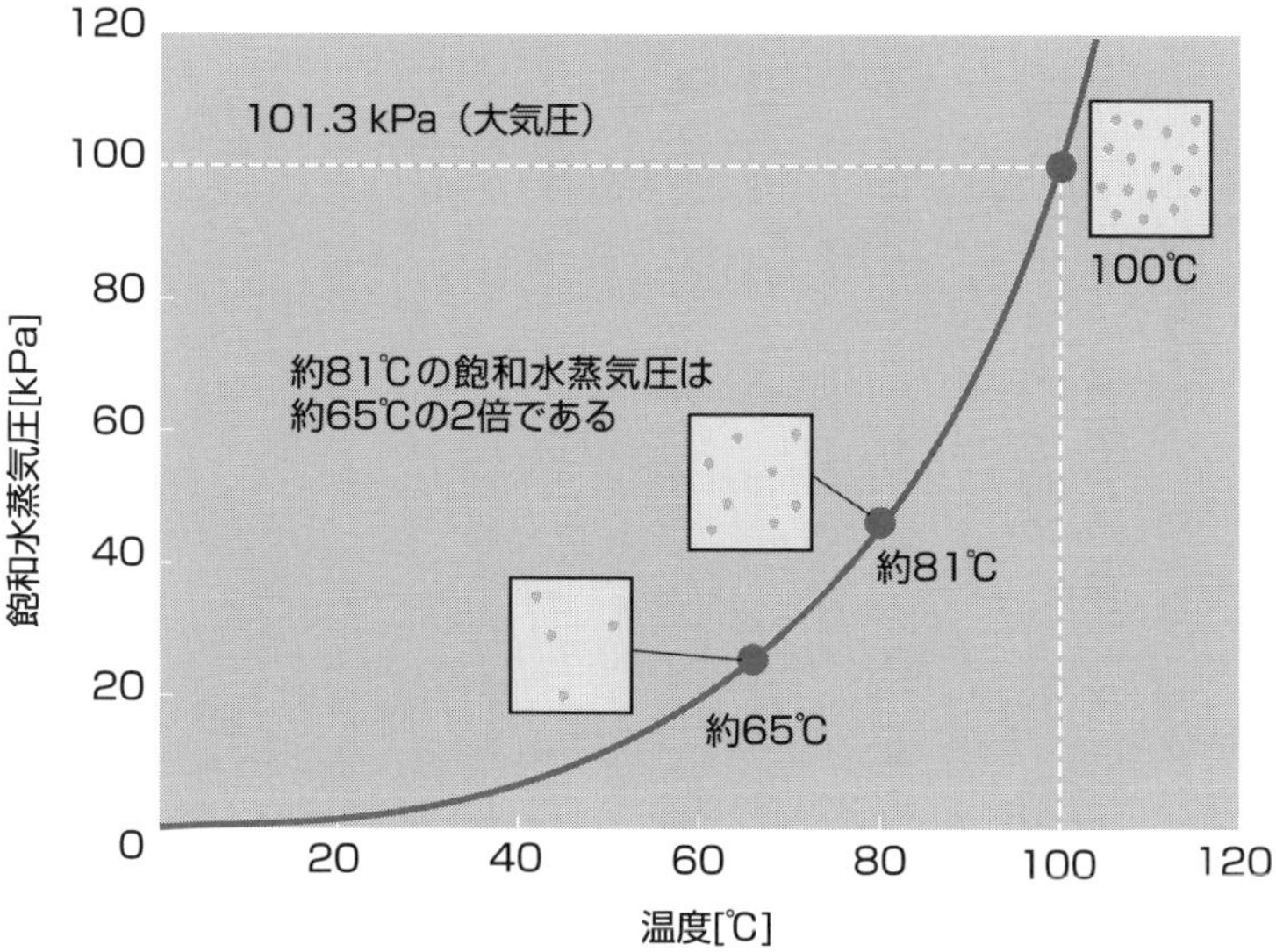

温度が高い → 飽和水蒸気圧が高い → 空気中に含むことのできる水蒸気量が多い

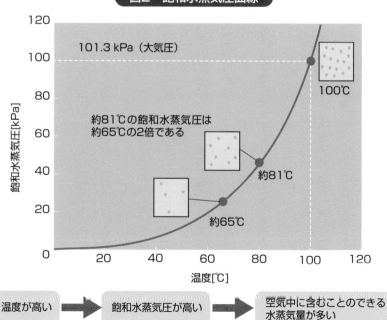

31 日常的に用いられる湿度

相対湿度（関係湿度）

空気中に含まれる水蒸気量を表すものとして湿度があります。ここでは、天気予報などでも用いられるいわゆる湿度、相対湿度（あるいは関係湿度ともいいます）について見ていきます。

空気中に水蒸気が含まれているとき、この空気の中の水蒸気の圧力（水蒸気の分圧）を水蒸気圧といいます。空気が含みうる最大量の水蒸気を含んでいるときの水蒸気圧が前項の飽和水蒸気圧です。

相対湿度［%］は、空気中の水蒸気圧が飽和水蒸気圧に比べてどの程度の割合になっているかを表します（図1）。例えば、空気中の水蒸気圧が飽和水蒸気圧に等しいときは、相対湿度100%となり、水蒸気圧が飽和水蒸気圧の半分であったならば、50%となります。

相対湿度は、英語でRelative Humidityとよばれることから、頭文字をとって［%RH］と表されることがあります。相対湿度は、一般的に広く用いられており、多くの湿度計が相対湿度を表示しています。

広く用いられる相対湿度ですが、乾燥操作を考えるときにはあまり使いやすくありません。同じ量の水蒸気を含む空気であっても温度によって相対湿度が変化するためです。これは飽和水蒸気圧、すなわちその空気中に含むことができる最大水蒸気の量が温度によって変化するためです。例えば65℃で相対湿度100%の空気は、81℃に温度が上がると相対湿度50%に、100℃になると相対湿度25%になります（図2）。乾燥機内では空気の温度が変わります。空気を加熱してから乾燥に使いますし、また空気を乾燥する対象物に当てると、乾燥する対象物に熱が伝わって温度が上がる一方で空気の温度は逆に熱がうばわれることで下がります。この結果、相対湿度は仮に同じ量の水蒸気を含んだ空気であっても乾燥操作の途中で変わってしまい、どれだけの水蒸気を含んでいるかがわかりにくくなるのです。

要点BOX

- 相対湿度は空気に最大限含むことのできる水蒸気量に対する今の水蒸気量の割合を表す
- 相対湿度は温度によって変わる

図1　相対湿度の表し方

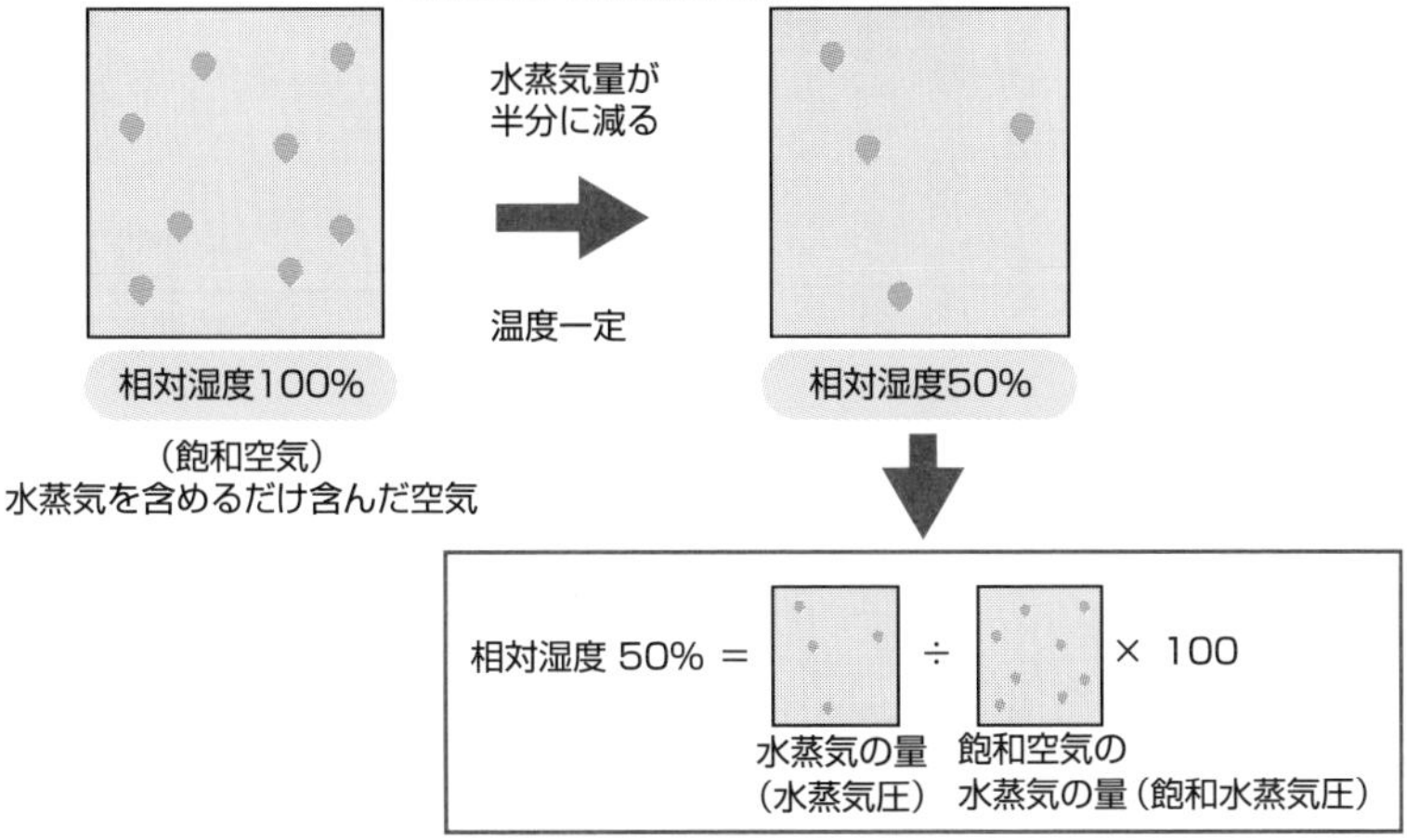
水蒸気量が
半分に減る
温度一定
相対湿度100%
（飽和空気）
水蒸気を含めるだけ含んだ空気
相対湿度50%
相対湿度 50% ＝ ÷ × 100
水蒸気の量
（水蒸気圧）
飽和空気の
水蒸気の量（飽和水蒸気圧）

図2　相対湿度の計算例

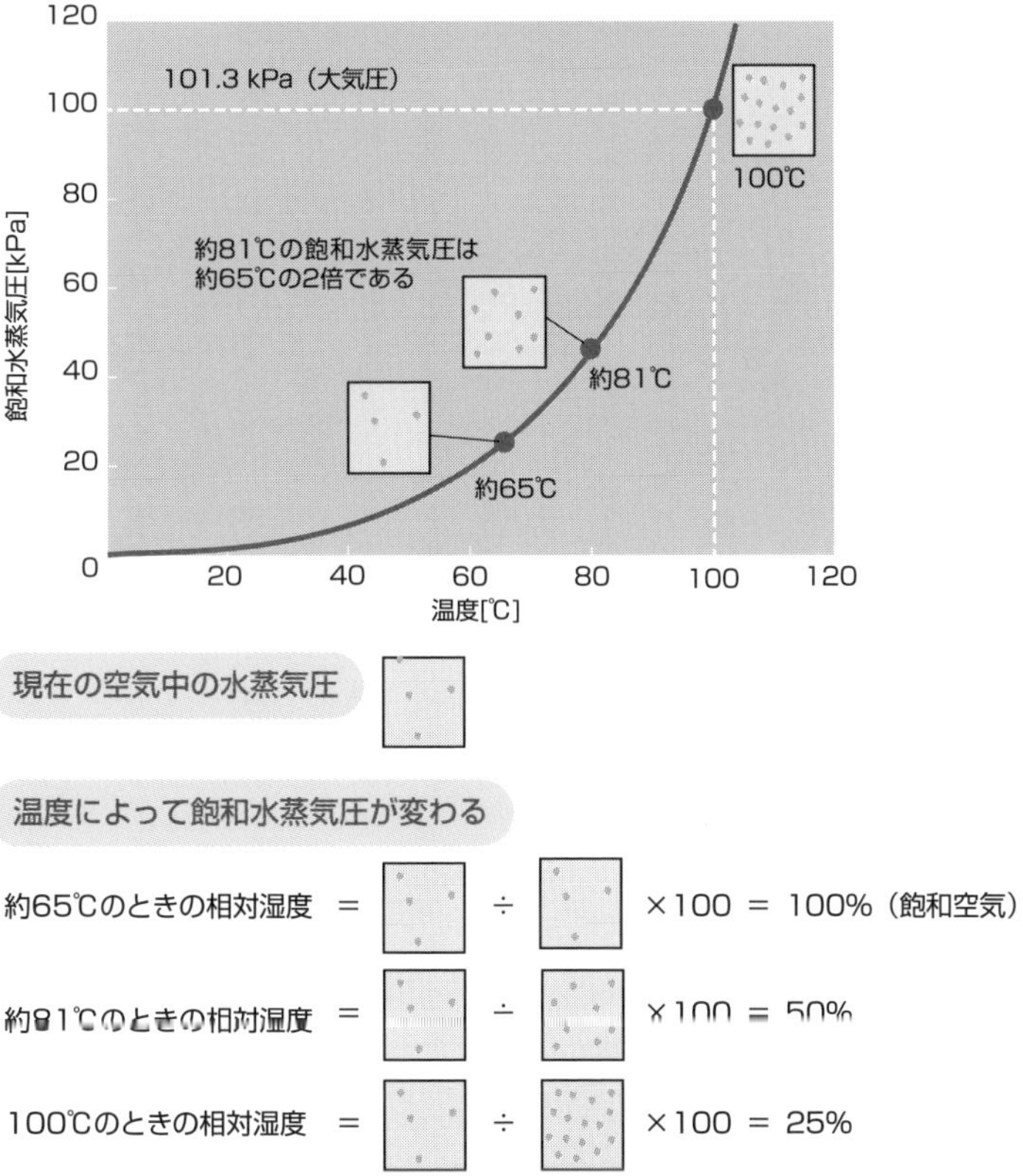
120
100
80
60
40
20
0
101.3 kPa（大気圧）
100℃
約81℃の飽和水蒸気圧は
約65℃の2倍である
約81℃
約65℃
飽和水蒸気圧[kPa]
20
40
60
80
100
120
温度[℃]
現在の空気中の水蒸気圧
温度によって飽和水蒸気圧が変わる
約65℃のときの相対湿度 ＝ ÷ ×100 ＝ 100%（飽和空気）
約81℃のときの相対湿度 ＝ ÷ ×100 ＝ 50%
100℃のときの相対湿度 ＝ ÷ ×100 ＝ 25%

32 乾燥操作でよく用いられる湿度

絶対湿度

広く一般に用いられる相対湿度に対して、乾燥操作でよく用いられる湿度に絶対湿度があります。この絶対湿度の中にさらに2つの表し方があります。

1つ目は、1㎥の容器に含まれる水蒸気の質量[g]で表す絶対湿度[g／㎥]で、これを容積絶対湿度ということがあります。

2つ目は、水蒸気の質量と水蒸気を含まない乾いた空気（乾き空気といいます）の質量との比で表す絶対湿度［kg－水蒸気／kg－乾き空気］です（図1）。これは重量絶対湿度ともよばれますが、本書ではこの重量絶対湿度を単に絶対湿度とよびます。乾燥操作では、この重量絶対湿度を用います。

気体は温度が変わると体積が変わりますが、質量は変わりません。このため、質量の比で表された絶対湿度は温度によって変化しません。これは乾燥操作にとって都合がよいので、絶対湿度が乾燥操作に用いられるのです。

絶対湿度は、乾き空気の質量に対して、水蒸気の質量が何倍含まれるかを表しています。例えば絶対湿度が0・10の空気には、乾き空気1kgに対して0・10kgの水蒸気が含まれていることになります。この表現法は、乾量基準含水率と同じです（図1）。乾量基準含水率は、水の質量と乾いた固体（乾き固体）の質量との比でした（15項参照）。このように乾燥操作では、水分あるいは水蒸気量を乾いた物体（乾き固体あるいは乾き空気）の質量との比で表します。

乾燥する対象物の量を乾き固体の質量で表現する（16項参照）のと同様に乾燥機に送り込む空気の量も乾き空気の質量で表すことが多くあります（図2）。絶対湿度に乾き空気の質量を掛けることで、空気中に含まれる水蒸気量を求めることができます。これは乾量基準含水率に乾き固体の質量を掛けることで、乾燥する対象物に含まれる水分量を求めることができたのと同様の関係です。

要点BOX
●絶対湿度は水蒸気と乾き空気の質量比
●絶対湿度は温度によって変化しない
●乾燥操作では絶対湿度が便利

図1　絶対湿度と乾量基準含水率の表し方

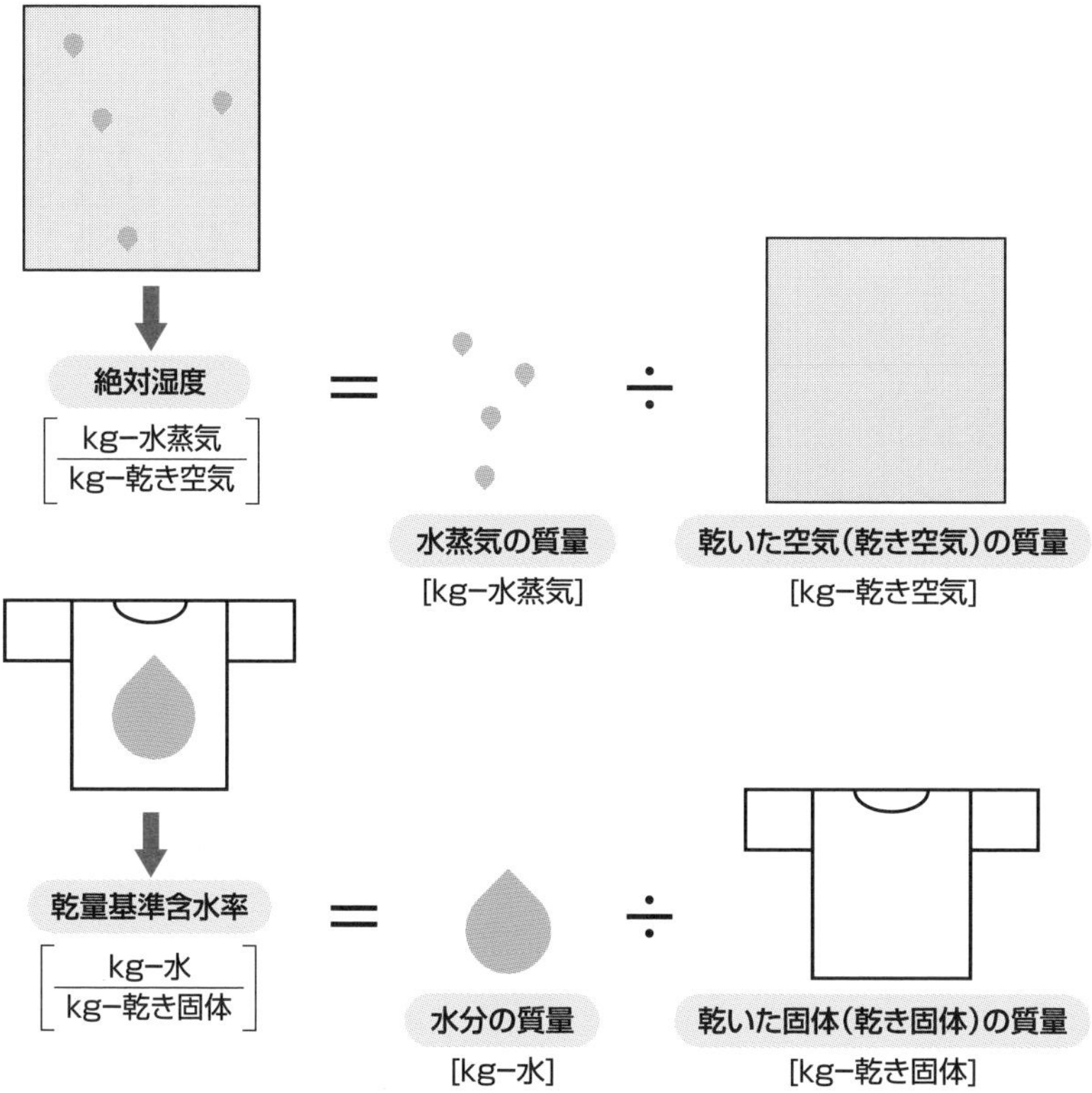

図2　乾燥機に送り込む空気量

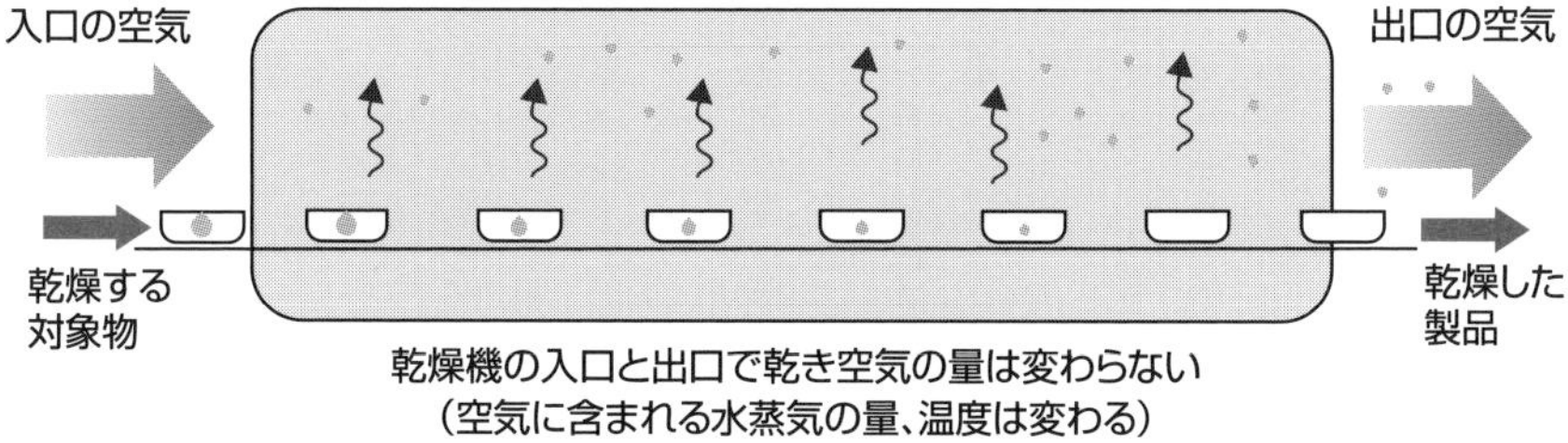

- 空気量は、乾き空気の量と絶対湿度で表す
- 乾燥する対象物の量は、乾き固体の量と乾量基準含水率で表す

33 空気中におかれた水塊を出入りする熱量のバランス

湿球温度

湿球温度に関係する身近な例としては、人が汗をかくことによる体温調節があります。汗をかくと、その水分が蒸発して蒸発熱が使われ、体の表面温度が下がります。このときの体の表面温度がほぼ湿球温度になっていると考えられます。湿球温度は、湿度が高いほど高くなります。このため、湿度が高いほど水分蒸発がしにくく、体の表面温度が高くなり、蒸し暑く感じます。

湿球温度は乾燥操作において重要な温度です。加熱した空気を当てて乾燥する熱風乾燥では、定率乾燥期間において乾燥する対象物の温度が湿球温度になるためです（24項参照）。

湿球温度がどのような温度かを考えるために、空気中におかれた水塊を考えます（図1）。水塊には、空気から熱が加わります（対流伝熱）。一方で、水塊の表面では蒸発が起こり、蒸発熱として熱が使われます。空気から水塊に加えられる熱量や蒸発する水分量は、空気の温度や湿度および水塊の温度などによって決まり、空気から水塊に加えられる熱量と水分の蒸発によって使われる熱量がつり合うような水塊温度で落ち着きます。このときの温度が湿球温度です。

乾湿球温度計は、湿度計としても使われます。乾球温度と湿球温度の2つの温度を測定します。乾球温度は、空気の温度です（図2左側）。一方、湿球温度の測定部分をみると、ガーゼを水に浸して湿らせた部分の温度を測っています（図2右側）。

乾湿球温度計の湿球温度測定部の湿ったガーゼは、水塊と同じように、対流伝熱によって加えられる熱量と水の蒸発によって使われる熱量がつり合っています。乾湿球温度計は、乾球温度と湿球温度という2つの温度を同時に測り、これらから空気の湿度を求めることができるのです（37項参照）。

要点BOX
- ●湿球温度は空気から入る熱量と水の蒸発に使われる熱量がつり合うときの水の温度
- ●湿球温度は空気の温度と湿度で決まる

図1　湿球温度が決まる原理

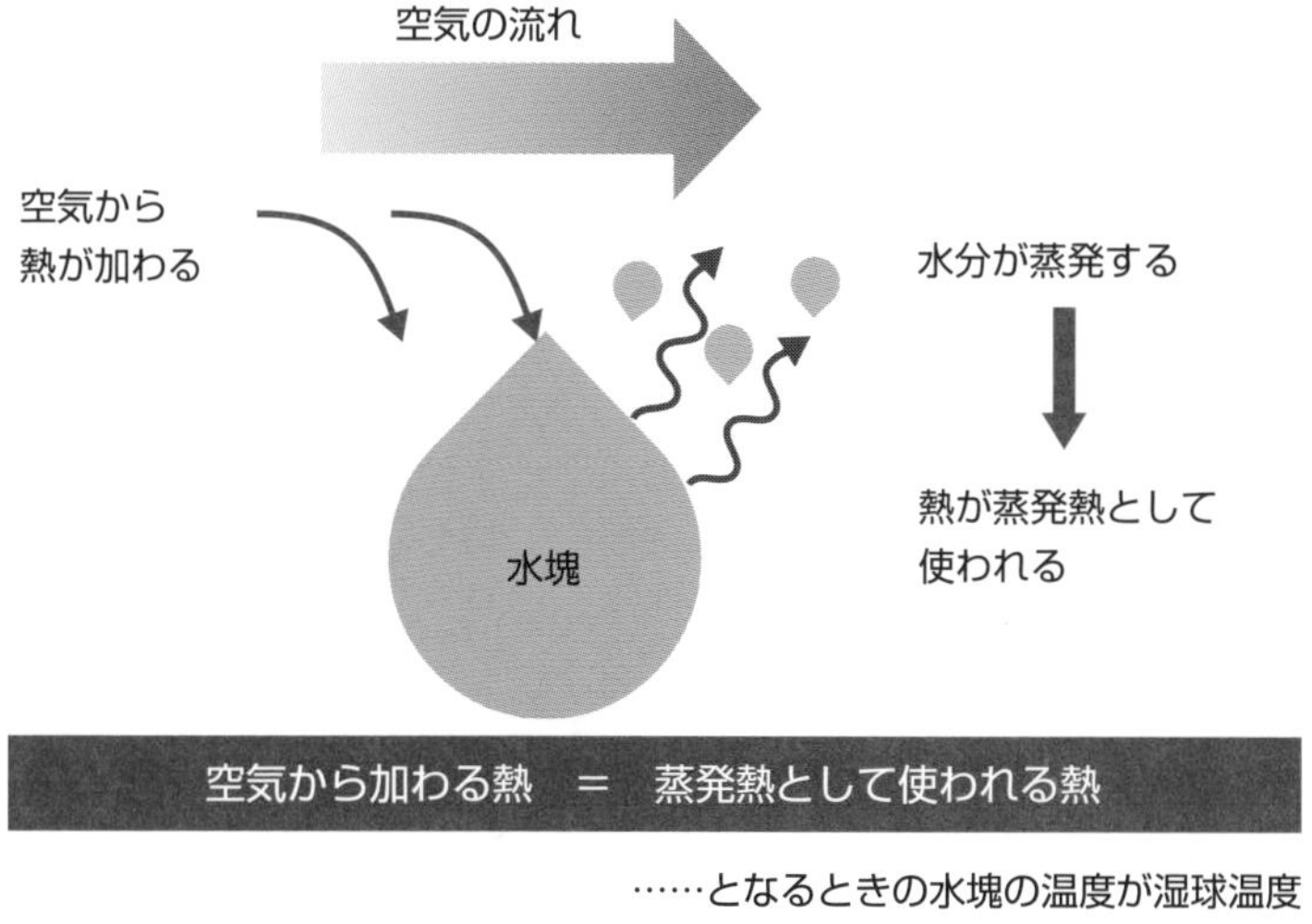

図2　乾湿球温度計

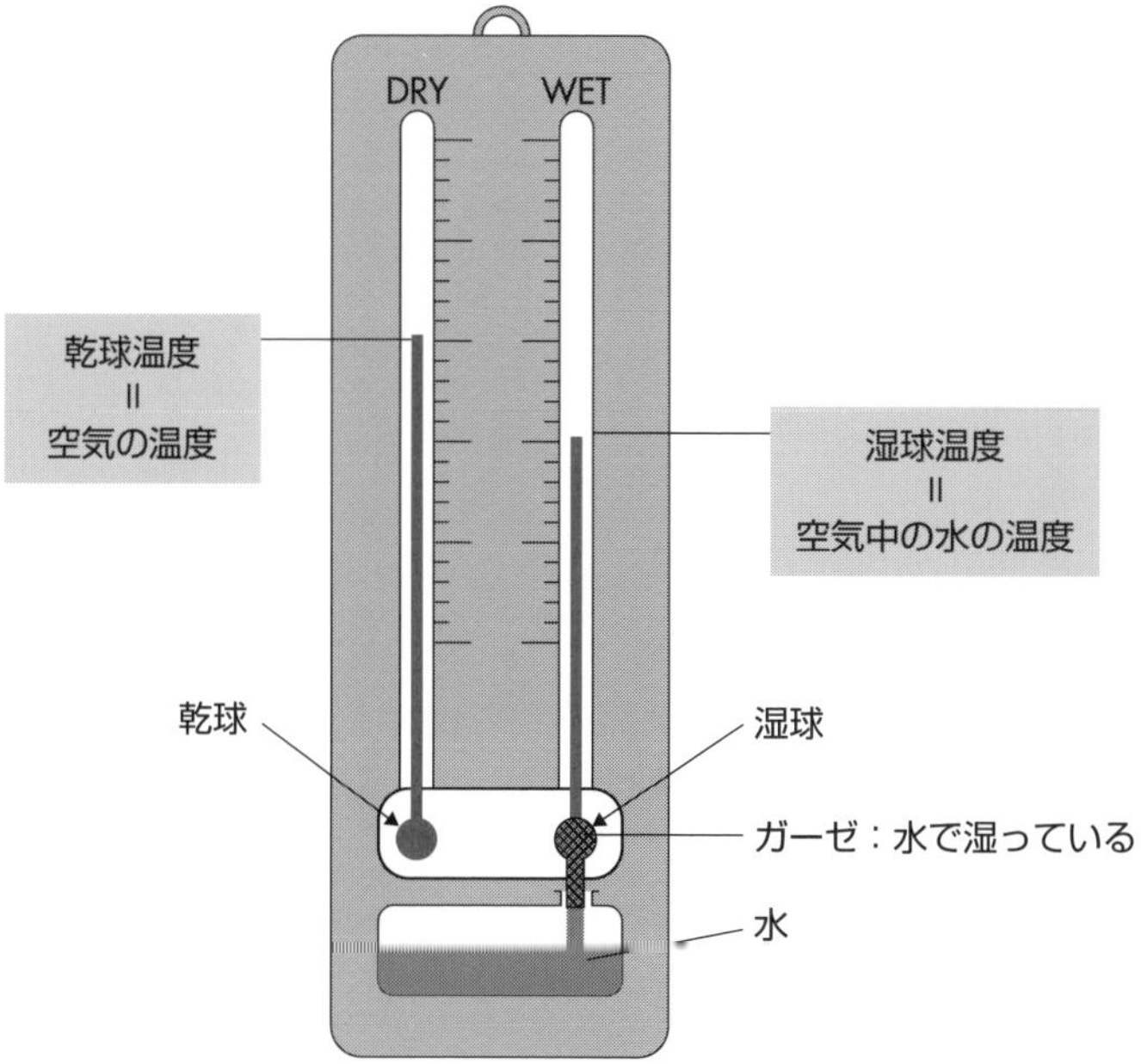

34 水蒸気を含む空気を冷やすと結露する

夏場に冷蔵庫で冷やしたペットボトルのお茶を出すと、ペットボトルの表面に水滴がつきます(図1)。この水滴はどこから来たのでしょうか。この水滴は空気中に含まれていた水蒸気が水にもどったものです。空気中に含むことのできる水蒸気の量には上限があり、温度が高い空気はより多くの水蒸気を含むことができます(30項参照)。

ここで、水蒸気を含んだ空気を冷やしたときに起こる現象を考えます(図2)。ある量の水蒸気を含んだ空気があったとします。この空気の温度を下げていくと、空気中に含むことのできる水蒸気量が減少していきます。温度が下がっていくと、やがて空気中に含まれている水蒸気量をちょうど含める状態、つまり相対湿度100%になるような状態になります(図2ⓓ)。このときには、空気中の水蒸気圧が飽和水蒸気圧になっています(30項参照)。ここからさらに温度が下がると、水蒸気の一部が空気中に入りきれなくなり、水にもどります(図2ⓔ)。この水が水滴となって現れるのです。空気中の水蒸気が水にもどる現象を結露といいます。

露点とは、今回のように水蒸気を含む空気の温度を下げていったときに水滴が発生する境目の温度(図2ⓓとなるときの温度)です。図1のペットボトルでは、ペットボトルの表面温度がまわりの空気の温度よりも低く、ペットボトルの表面近傍の空気の温度が露点よりも低くなったために空気中の水蒸気がペットボトルの表面に水滴としてついたのです。

露点は、空気の湿度によって変わります。同じ30℃の空気があった場合、相対湿度50%の空気の露点は約18℃であるのに対して、相対湿度80%の空気の露点は約26℃となります。湿度の高い空気のほうがより高い温度で水滴が発生します。乾燥操作では、この結露が起こると乾燥する対象物が逆に湿ってしまうので、避けなければなりません。

露点

要点BOX
- ●露点は空気の温度を下げたときに空気中に含まれる水蒸気が結露しはじめる温度
- ●露点は湿度が高いほど高い

図1　冷やしたペットボトルのお茶につく水滴(結露)

図2　空気中の水蒸気が水にもどる(結露する)原理

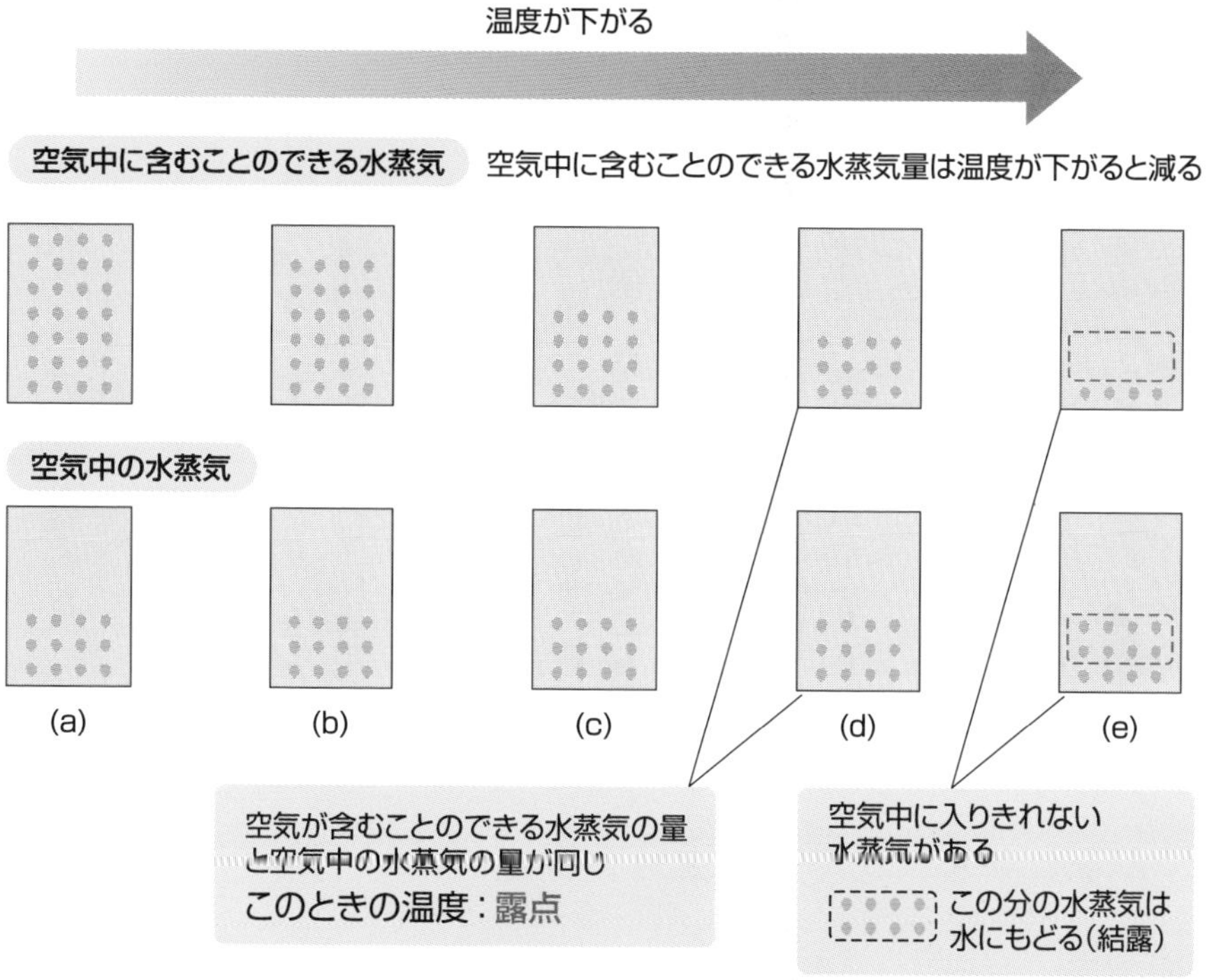

35 空気の性質を図表で表す

乾燥する対象物に当たる空気の性質が乾燥挙動に大きく影響するので、空気の温度や湿度の変化を知ることは重要です。湿度図表を読むことでこの変化を予測できます。湿度図表は、空気の温度、相対湿度（関係湿度）、絶対湿度、湿球温度などの関係を図表で表したものです。湿度図表を読むことで空気の温度が変化したときの相対湿度の変化や、湿球温度、露点を読み取ることができます。これらについては次項以降で説明していきます。図の中には、温度や相対湿度、絶対湿度のほかにもさまざまな空気の性質に関係する値があります。

水1kgを蒸発するのに必要な熱量[kJ]が蒸発熱[kJ／kg]です（18項参照）。蒸発熱は水の温度によって変わります。

水蒸気を含む空気の温度を1℃（または1K）上げるのに必要な熱量[kJ]を、乾き空気（水蒸気を含まない乾いた空気）1kg当たりの値として表したものが湿り比熱容量[kJ／(kg－乾き空気・K)]です。

湿った空気の体積［m³］を乾き空気1kg当たりの値として表したものが湿り比容積［m³／kg－乾き空気］です。

ある絶対湿度、温度の空気と水を熱の出入りがない容器（断熱容器）内に入れます。このとき、容器内の熱が水の蒸発熱に使われて、水蒸気が発生し、湿度（絶対湿度と相対湿度ともに）が増加します。一方で、熱が使われたことで容器内の空気の温度が下がります。このような空気の温度と湿度の変化を表したものが断熱冷却線です。湿度図表中に多数ある右下がりの直線がそれにあたります。

水塊が湿球温度を示すときには、水塊に空気から入る熱量と、水分の蒸発熱として使われる熱量が等しくなります。湿球温度と、空気の温度および絶対湿度の関係を湿度図表上に記載したものが等湿球温度線です。断熱冷却線とほぼ一致しています。

要点BOX
- ●湿度図表は空気の性質を表す線図
- ●湿度図表から湿球温度や露点を読み取ることができる

図1　湿度図表

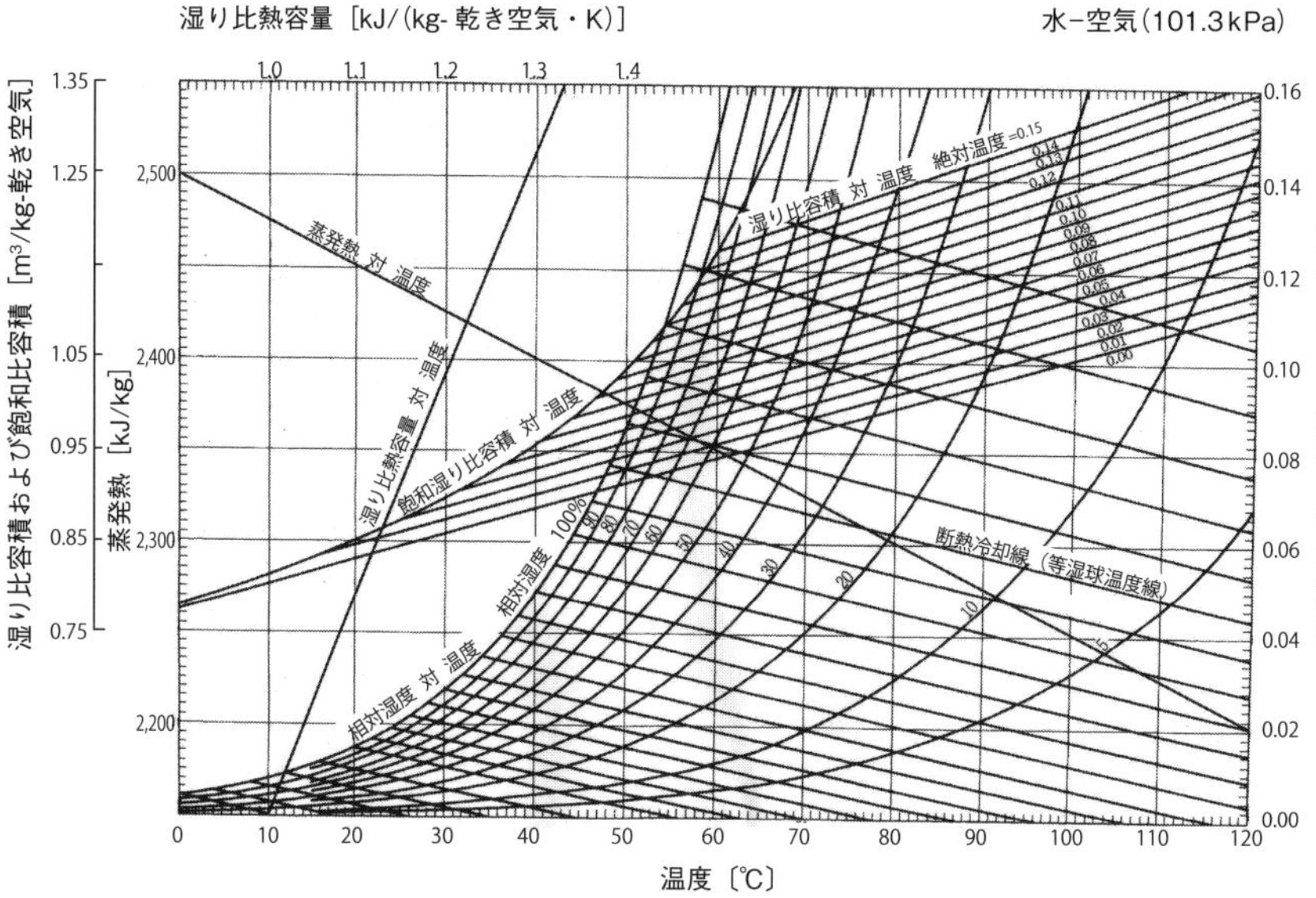

湿度図表とは、空気の温度、相対湿度、絶対湿度など空気の性質を図表で表したもの

36 温度変化にともなう湿度の変化を読み取る

温度と湿度の関係を湿度図表で求める

ヘアドライヤーでは、まわりの空気を吸い込んでヒーターで加熱し、これをぬれた髪に当てて乾かします。一般に髪に当たる熱風の温度は90℃程度とされています。

それでは、温度30℃、相対湿度80％の室内の空気を90℃に加熱したときに相対湿度と絶対湿度がどのようになるかを湿度図表から読みましょう。

まず、図1の湿度図表上で現在の温度30℃、相対湿度80％の位置に点を打ちます。横軸が温度ですので30℃の位置から上に垂直に線をのばしていきます。相対湿度は、右上がりのなめらかな曲線です。一本一本に数字が入っており、この数字が相対湿度を表していますので、今回は相対湿度80％の曲線を見つけます。この曲線と、先ほどの30℃から垂直に上に伸ばした直線との交点が、温度30℃、相対湿度80％の空気の状態を表す点になります。

右の縦軸は絶対湿度を表しています。先ほどの点から右方向に横軸に平行に直線を引き、右の縦軸の数字を読みます。約0・023kg－水蒸気／kg－乾き空気と絶対湿度が読みとれます。

続いて図2の湿度図表で、温度を90℃に上げたときの点を求めます。現在の空気の点から、右方向に横軸の温度が90℃になるところまで横軸に平行にたどります。この点が温度30℃、相対湿度80％の空気を90℃に加熱したときの状態を表す点です。相対湿度を表す曲線がちょうどその点にかさなっており、その曲線の表す相対湿度が5％であることが読み取れます。つまり、90℃に加熱したときの相対湿度は80％から5％にまで下がっていることがわかります。

続いて、この空気の絶対湿度を読みます。横軸に平行に右にたどっていくと結局加熱前の空気と同じ絶対湿度0・023kg－水蒸気／kg－乾き空気が読み取れます。絶対湿度は温度によって変わらない値であることがわかります（32項参照）。

要点BOX

- ●湿度図表上で現在の空気の状態を読み取る
- ●湿度図表上で空気の温度を変えたときの湿度変化を読み取る

図1　温度30℃、相対湿度80%の空気の絶対湿度

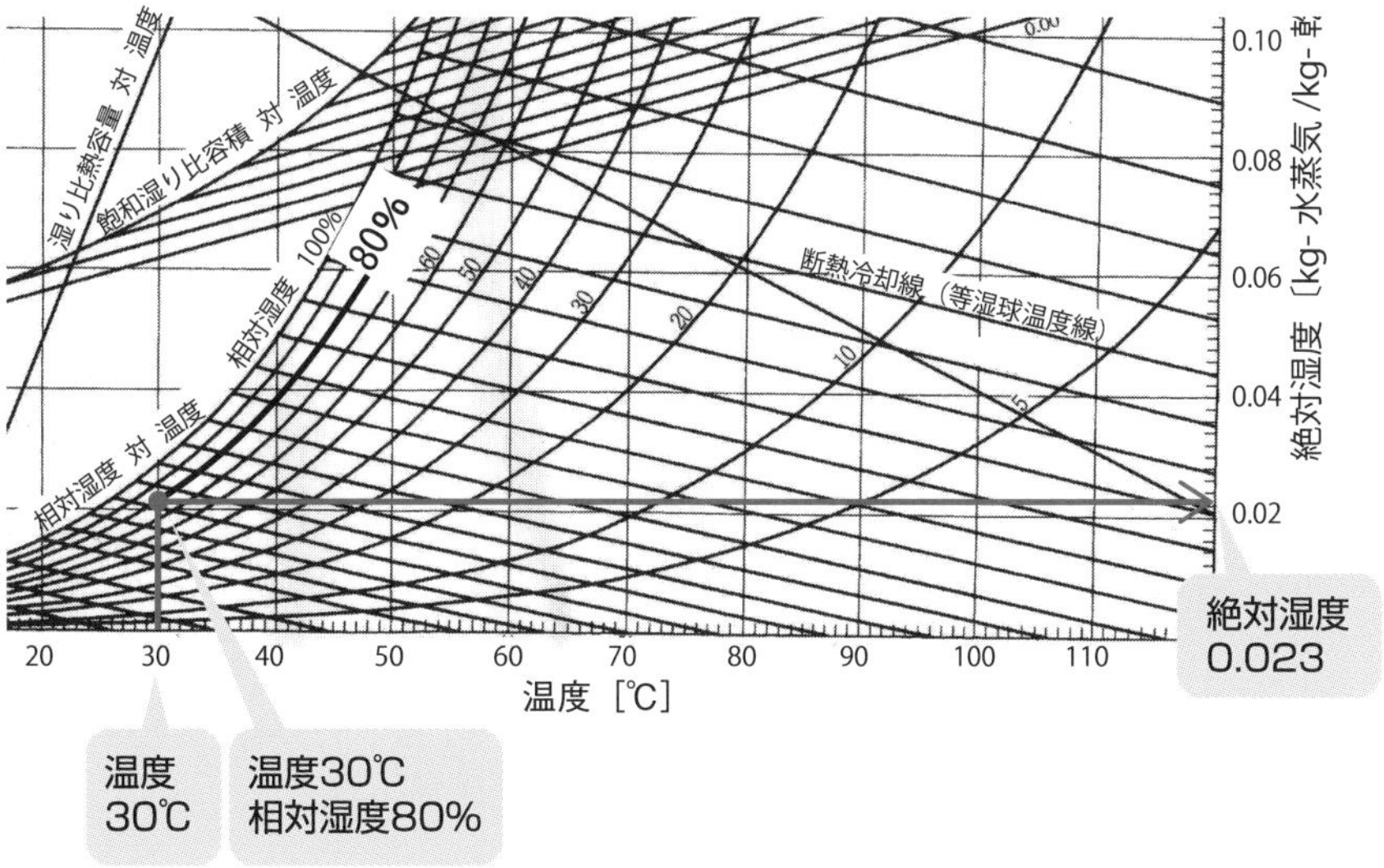

図2　温度30℃、相対湿度80%の空気を90℃に加熱したときの相対湿度

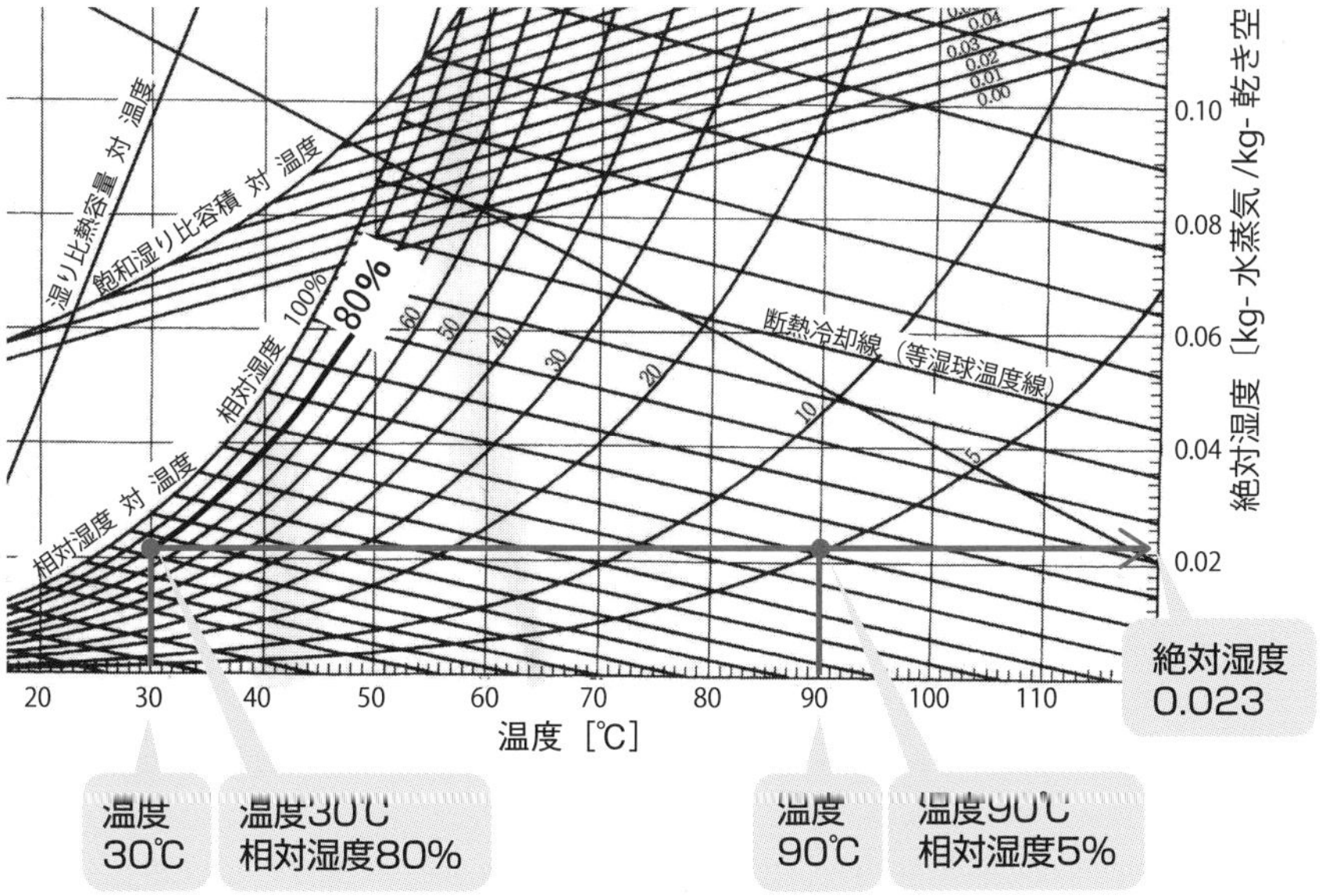

37 湿球温度を読み取る

湿球温度を湿度図表で求める

湿球温度（33項参照）は、加熱した空気を当てて乾燥する場合の定率乾燥期間における乾燥する対象物の温度でもあります。湿球温度は空気の温度、湿度によって決まります。

温度90℃、相対湿度5％の空気の湿球温度を湿度図表から求めてみましょう（図1）。まず、温度90℃、相対湿度5％の空気を表す点を求めます（36項参照）。湿球温度は、等湿球温度線上にあります。等湿球温度線は多数ある右下がりの直線です。温度90℃、相対湿度5％の点上を通る等湿球温度線に沿って左上へたどっていきます（図1①）。相対湿度が100％の曲線にぶつかったところから、垂直に下に直線をおろして、横軸の温度を読みます（図1②）。これが湿球温度です。今回は約38℃と読むことができます。

乾湿球温度計（33項参照）では、乾球温度（空気の温度）と湿球温度から、湿度を求めることができます。これと同じく湿度図表を用いて乾球温度と湿球温度からその空気の湿度を求めることができます。例えば、乾球温度が70℃、湿球温度が30℃であったとき、湿度図表から湿度を求めてみましょう（図2）。まず、温度が30℃（湿球温度）で相対湿度が100％の点を取ります（温度30℃から横軸と垂直な直線を引き、相対湿度100％の曲線と交わった点、図2①）。この点から、等湿球温度線に沿って右に下がっていきます（図2②）。横軸の温度が70℃（乾球温度）になるところまでたどります。温度70℃で先ほどの等湿球温度線上にある点がこの空気の温度および湿度を表す点になります。あとはこの点を通る相対湿度の曲線から相対湿度を読みます。今回は相対湿度5％の曲線が通っていますので、相対湿度は5％と読み取れます。また、横軸に平行に右に進み、右の縦軸を読むことで絶対湿度が求められます。今回は0・010kg－水蒸気／kg－乾き空気と読み取れます。

要点BOX
- ●湿度図表上で湿球温度を読み取る
- ●湿度図表上で乾球温度と湿球温度から湿度を読み取る

図1　温度90℃、相対湿度5%の空気の湿球温度

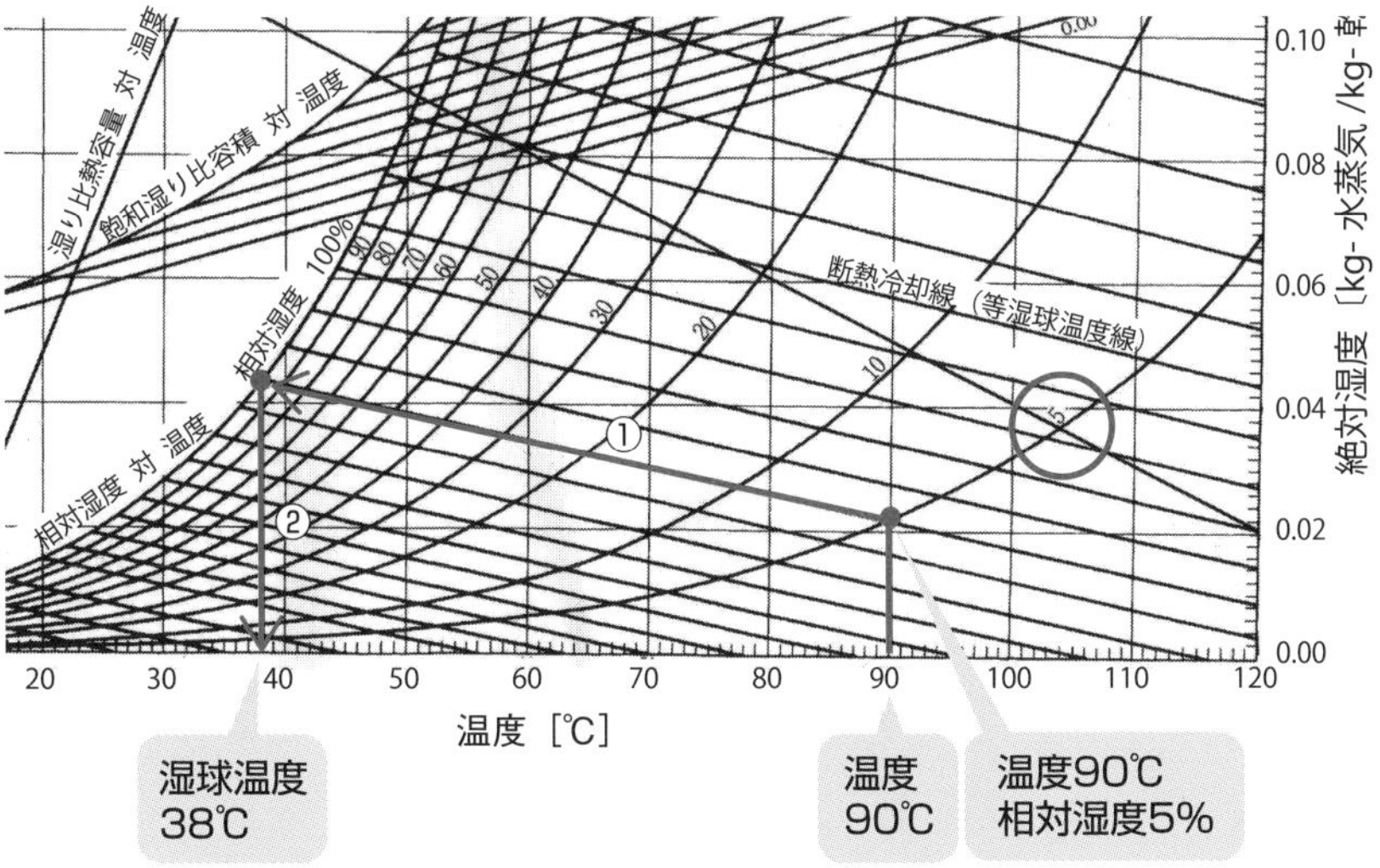

図2　乾球温度70℃、湿球温度30℃の湿度

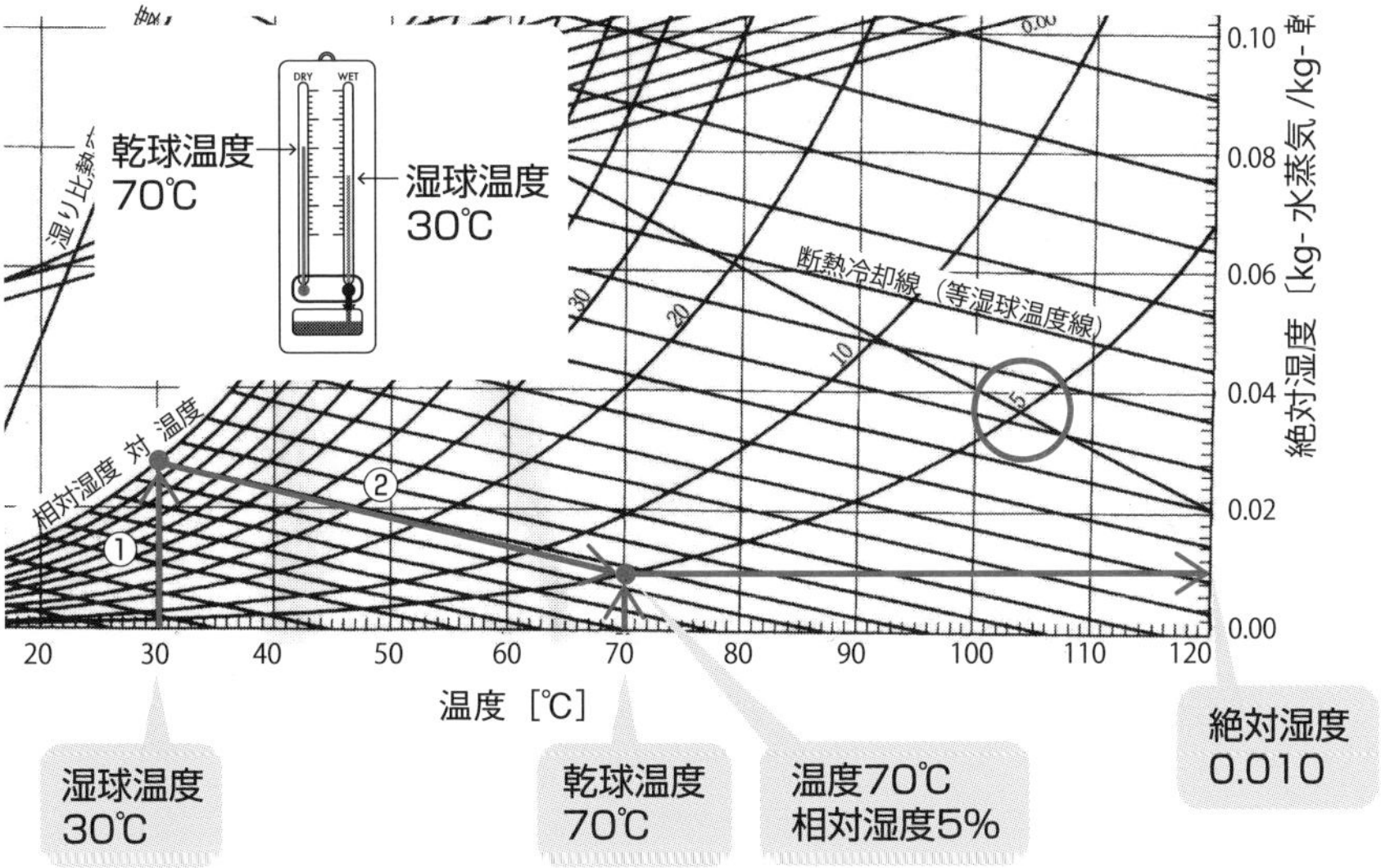

38 露点、結露する水分の量を読み取る

露点を湿度図表で求める

露点は、空気の温度が下がっていったときに空気中の水蒸気が水にもどる、すなわち結露する（あるいは凝縮する）温度です（34項参照）。

ここでは温度60℃、相対湿度60％の空気の露点を湿度図表を使って求めてみましょう（図1）。まず、湿度図表上で現在の空気の状態を読み取ります。横軸の温度60℃の位置から垂直に線をのばし、相対湿度60％の曲線と交わった点が現在の空気の状態（温度、湿度）を表す点です。このとき、縦軸の絶対湿度はおよそ0・083kg－水蒸気／kg－乾き空気になっていることが読み取れます。

続いて現在の空気の位置から、湿度図表上で、温度を下げていきます。すなわち、横軸に平行に左側に向かって線をのばします。やがて相対湿度100％の曲線につき当たります。この点の空気は、相対湿度100％、すなわち空気中にこれ以上水蒸気が入らない状態になっています。この点の温度が露点で、横軸からおよそ49℃と読み取れます。

露点からさらに温度を下げていったときの空気の状態を湿度図表上で考えます（図2）。露点よりも温度を下げると、空気中の水蒸気が水にもどって（結露して）取り除かれるため、空気中の水蒸気量が減少します。また、空気の相対湿度はつねに100％のままです。これらから、露点から温度を下げていくと、湿度図表上で、相対湿度100％の曲線にそって空気の状態が変化していきます。このとき絶対湿度が減少しています。例えば、30℃まで下げると、絶対湿度は0・026kg－水蒸気／kg－乾き空気になっています。絶対湿度は、はじめの0・083kg－水蒸気／kg－乾き空気から比べて0・057（=0.083−0.026）kg－水蒸気／kg－乾き空気分減少しています。この絶対湿度の減少量は、温度を下げたことで水にもどった水蒸気量を表しています。

要点BOX

- 湿度図表上で露点を読み取る
- 露点からさらに温度を下げると空気の状態は相対湿度100％の線にそって変化する

図1　温度60℃、相対湿度60%の空気の露点

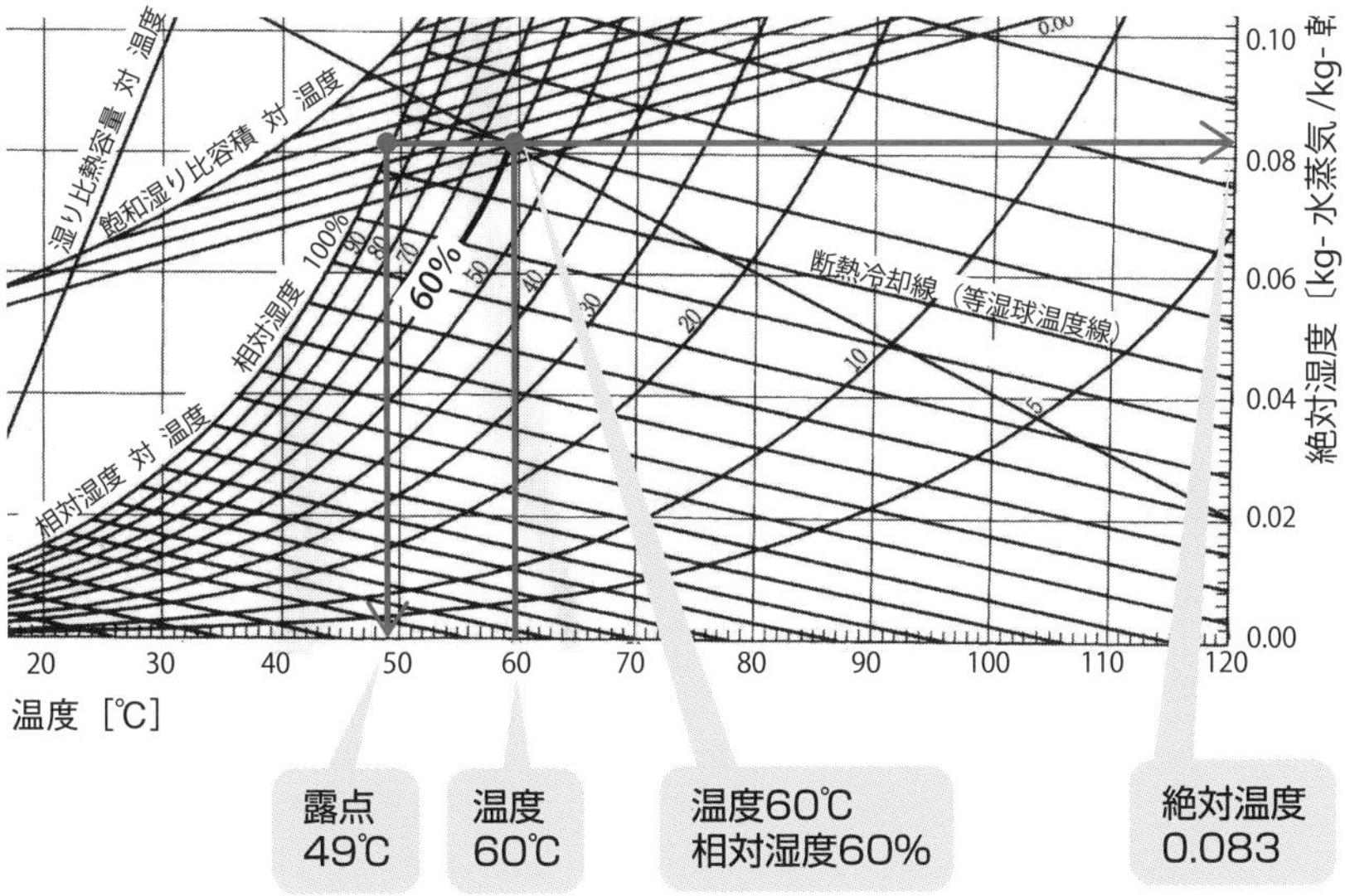

図2　露点(49℃)の空気の温度をさらに30℃まで下げたときの結露した水分の量

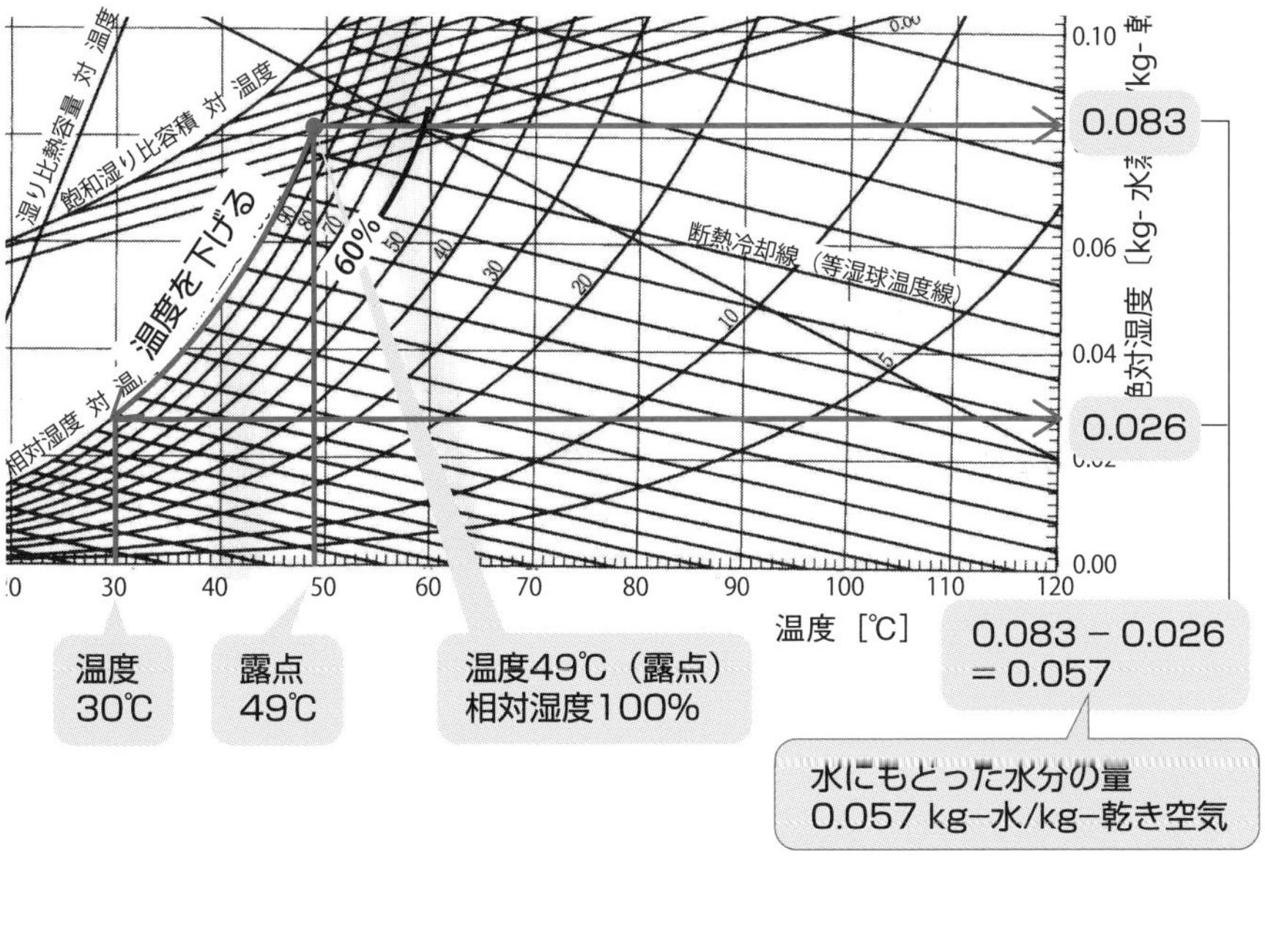

39 空気の湿度を下げる方法

吸着方式と冷却方式による除湿

乾燥操作においては、湿度の低い空気を乾燥する対象物に当てて乾燥することが乾燥を速くするという面で望まれます（43項参照）。空気中の水蒸気を取り除いて湿度を下げることを除湿といいます。

湿度を下げる方法には、シリカゲル等の乾燥剤に空気中の水分を取り込ませる方法（吸着方式：図1）と、空気の温度を下げて空気中の水蒸気を水にもどして取り除く方法（冷却方式：図2）があります。

吸着方式は、より低い湿度まで下げることができますが、乾燥剤に吸着できる水分量は決まっています。水分を吸着した乾燥剤は加熱して水分を蒸発して取り除くことで（すなわち乾燥することで）、再び使用できるようになります（再生といいます）。再生には、乾燥と同様に多くの熱が必要になります。

冷却方式には、冷やした冷媒とよばれる物質が流れる管の表面に空気を当てて空気を冷やす方法があります。ここでは、空気の温度を下げる冷却方式について湿度図表を使って空気の状態を考えます。

温度60%、相対湿度60%の空気中の水蒸気を取り除いて、温度60℃、相対湿度10%以下の空気とするときに何℃まで空気の温度を下げる必要があるかを考えます（図3）。温度60℃で相対湿度10%の空気の露点よりも低い温度にまで冷却すればよいことになります。湿度図表上で、温度60℃、相対湿度10%の空気の露点はおよそ17・5℃と読めますので、いったんこの露点まで温度を下げ、再び60℃に加熱することで温度60℃、相対湿度10%の空気が得られます。

温度60℃、相対湿度60%の空気からはじめたときの空気の状態の経路を湿度図表上でたどってみます。前項と同様に露点を求め（およそ49℃）、さらに17・5℃まで温度を下げます。この状態から湿度図表上で温度を上げる方向に60℃まで横軸に平行にたどります。このときの相対湿度は10%になっていることがわかります。

要点BOX

- ●除湿には吸着方式と冷却方式がある
- ●冷却方法による除湿では、得たい湿度の空気の露点までいったん温度を下げる

図1　吸着方式の例

図2　冷却方式の例

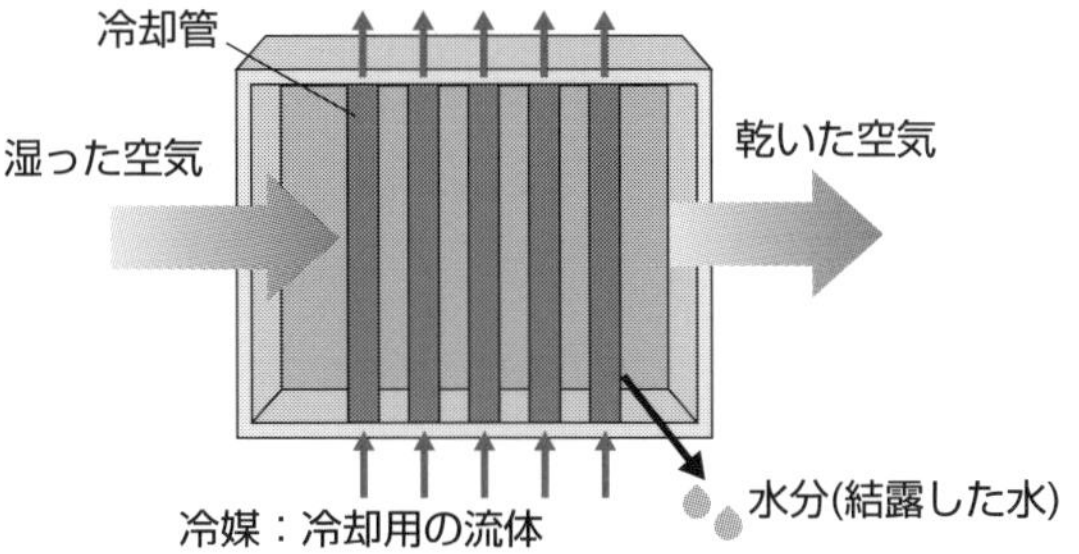

図3　冷却方式によって湿度を下げるときの空気の湿度変化

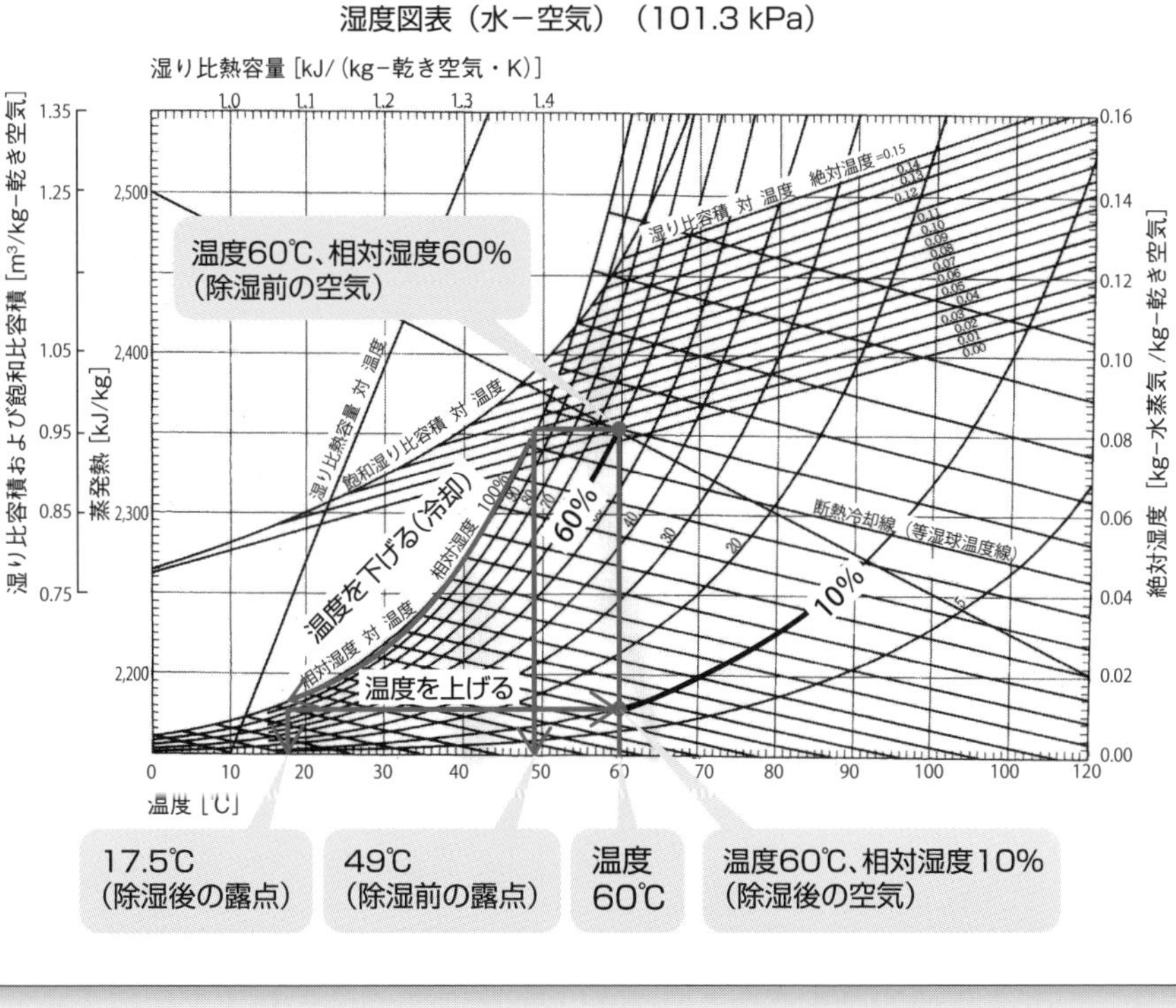

Column

エアコンのドライ機能

空気の温度や湿度をコントロールする家電としてエアコン（エア・コンディショナー）があります。このエアコンにはドライ機能（除湿機能）がついているものが多くあります。このドライ機能は、空気中の湿度を下げる働きがありますが、どのようにして湿度を下げているでしょうか。除湿の方法として、冷却方式を紹介しましたが、エアコンのドライ機能は冷却方式による除湿です（39項参照）。すなわち、ヒートポンプにて温度の低い状態の冷媒が通っている冷却管に室内の空気を当てて温度を下げ、空気中の水蒸気を結露させて取り除いているのです。除湿は夏場に行われることが多いですが、同じく空気の温度を下げる冷房機能とは何が違うのでしょうか。

除湿と冷房では、もちろんその目的に違いがあります。除湿は、空気の温度を一時的にでも露点よりも低い温度にまで下げる必要があります。一方で、冷房では、室内の温度を設定温度にまでなるべく短時間で下げることが目的になります。

冷却管に空気を当てる点は同じですが、除湿では、冷却管付近に長時間空気を滞在させて空気温度を十分に下げる必要があり、エアコンに取り込む空気量は少量ずつとなります。一方で、冷房では、除湿時と比べれば高い温度（例えば20℃前後）まで冷えればよく、この空気を多量に発生させるほうが部屋を冷やすのに有効といえます。このため、冷却管付近を流れる空気の流量は、除湿の場合に比べて多くなります。結果的には、いずれの機能でも空気の温度を下げているのですが、温度と流速の違いで除湿と冷房に分かれているのです。ちなみに、25℃、相対湿度80％の空気を25℃、相対湿度50％の空気にするには、いったん空気の温度を10℃程度にまで下げる必要があることが湿度図表から読み取れます。

最近では、除湿機能であっても室内の温度が下がらないように再加熱した空気を室内にもどす機能の付いたエアコンもあります。

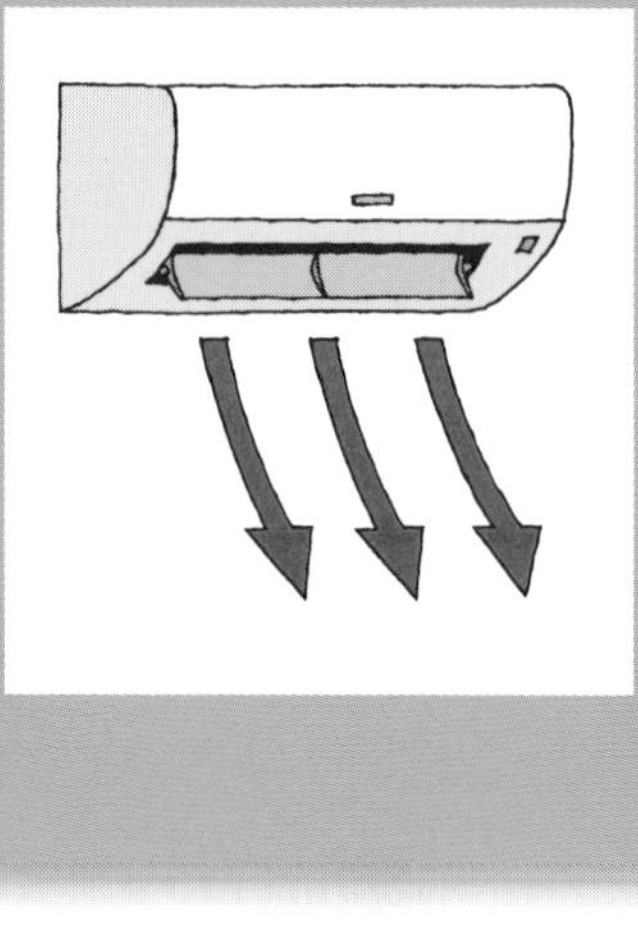

第4章

乾燥を速くする方法

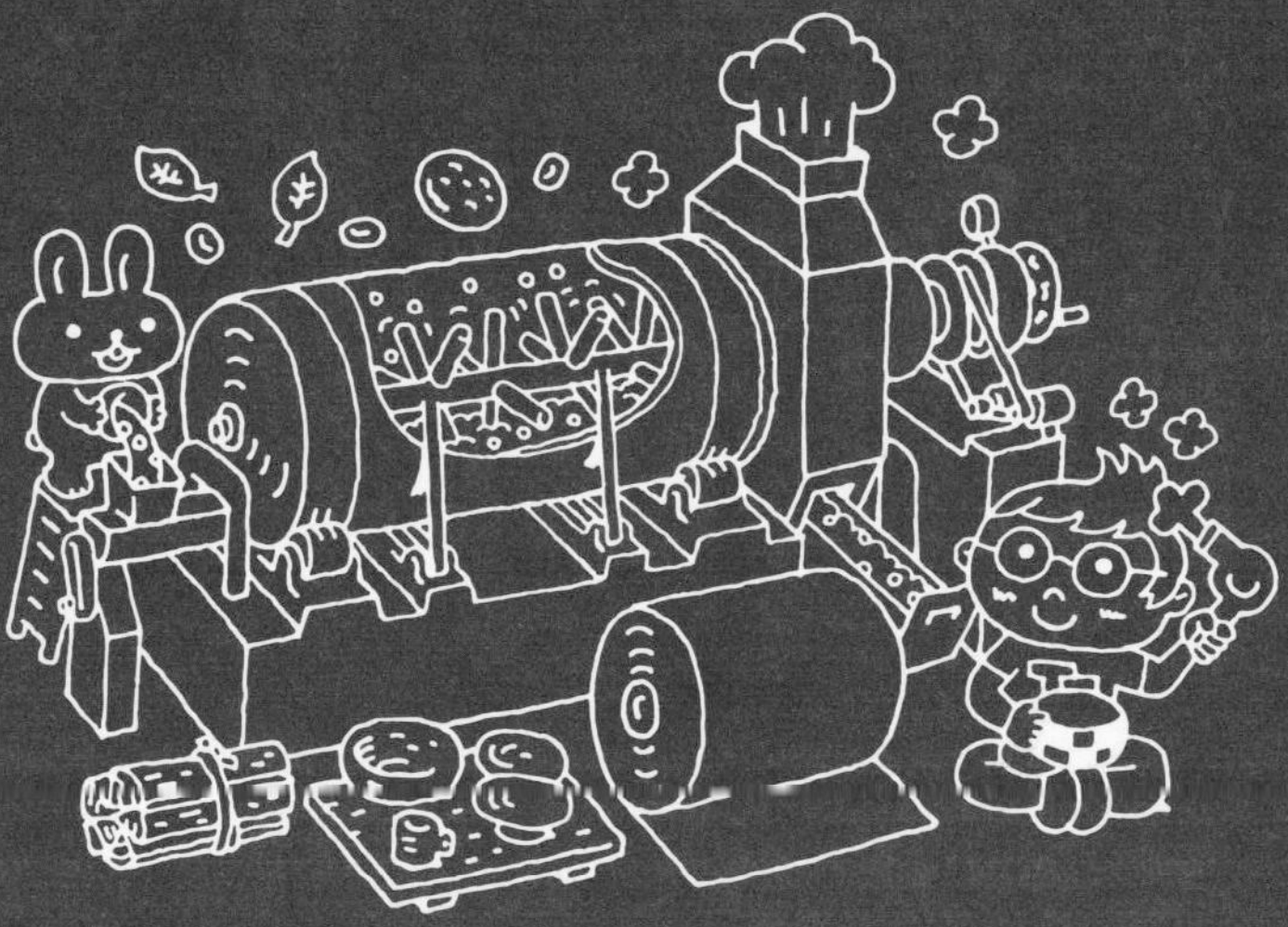

40 定率乾燥速度ー対流伝熱による

対流伝熱乾燥のときの定率乾燥速度を式で表現

定率乾燥期間の乾燥速度を定率乾燥速度といいます。乾燥にかかる時間を知るために重要な速度です。ここでは、対流伝熱乾燥のときの定率乾燥速度を式で表現し、定率乾燥速度を決める要因を見ていきましょう。

定率乾燥期間では、乾燥する対象物の表面で乾燥が進行し、乾燥する対象物に加えられる熱量と、水分の蒸発によって使われる熱量が等しくなっています（図1）。このことから、定率乾燥速度を式で表現することができます（図2）。

加熱した空気を乾燥する対象物に当てて乾燥する熱風乾燥を考えます。乾燥する対象物には対流伝熱によって空気から熱が入り、その熱量は式①のように表されます（19項参照）。

加熱した空気を当てて乾燥するとき、熱源の温度は乾燥する対象物に当たる空気の温度です。また、定率乾燥期間において加熱される物体（乾燥する対象物）表面の温度は湿球温度になります。

乾燥する対象物の表面で蒸発に使われる熱は式②のように表現できます。

定率乾燥期間では、空気から入る熱と蒸発に使われる熱が等しいので、結果として乾燥速度を式③のように表すことができます。

空気の温度と湿度がわかれば、湿球温度が求められます（37項参照）。さらに湿球温度のときの水の蒸発熱が求められます（18項参照）。熱伝達係数が求めにくいですが、これまでにさまざまな実験式が提案されているほか、実験でこの値を求める方法があります。

定率乾燥速度を表す式の中には、乾燥する対象物の密度や比熱容量などといった材料の特性を表す数値が出てきません。これは、定率乾燥速度が乾燥する対象物の種類に関係なく、乾燥を行う条件（加熱した空気の流速や温度、湿度）によって決まることを意味しています（24項参照）。

要点BOX
- 定率乾燥速度では乾燥する対象物に入る熱と蒸発に使われる熱が等しい
- 定率乾燥速度は乾燥を行う条件で決まる

図1　定率乾燥期間での熱の移動（加熱した空気を当てて乾燥するとき）

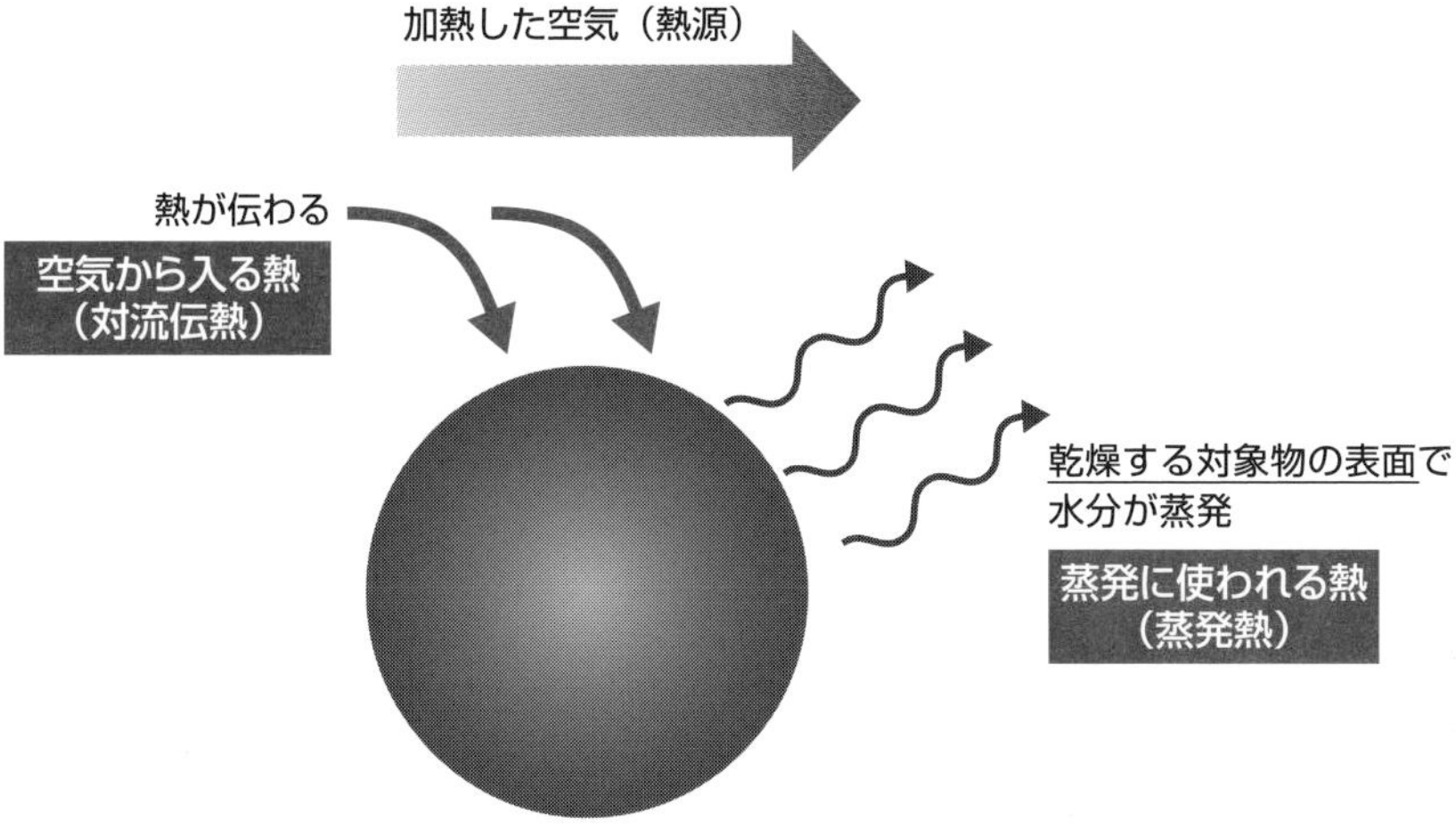

図2　定率乾燥速度を表す式

空気から入る熱（対流伝熱）＝　熱伝達係数　×　伝熱面積
×　熱源と乾燥する対象物の表面の温度差……式①

蒸発に使われる熱（蒸発熱）＝　乾燥速度　×　伝熱面積　×　水の蒸発熱……式②

定率乾燥期間では、乾燥する対象物に入る熱量と蒸発に使われる熱量が等しい

空気から入る熱（対流伝熱）　＝　蒸発に使われる熱（蒸発熱）

↓

乾燥速度[kg/(s･m²)]　＝　熱伝達係数[W/(m²･K)]×伝熱面積[m²]
× 熱源の温度と乾燥する対象物の表面温度（湿球温度）との差[℃]
÷ 水の蒸発熱（湿球温度のときの蒸発熱）[J/kg]
…………………………………………………… 式③

41 流速を上げて定率乾燥速度を上げる

熱伝達係数が大きくなる

ヘアドライヤーで髪の毛を乾かすときには、空気を加熱して吹き出しています。この空気の流れが速いほど乾燥が速くなることはイメージできるのではないでしょうか。では、空気の流速はどのくらい乾燥速度に影響するでしょうか。

一般に流速といいますと、単位は［m／s］となります。これは、1㎡の断面を1秒間（1s）で通過した空気の体積［㎥］を意味しています（図1）。気体の体積は、温度によって変わるので、乾燥操作のように温度が場所ごとや時間ごとに変化するときにはこの流速は、空気の量（質量）が同じでも変化します。このため温度によって変化しない「質量」で流速を表すほうが都合がよいです。そこで、空気の流速を1㎡の断面を1秒間で通過した空気の質量［kg］で表します。これを質量速度あるいは質量流束といい、単位は［kg／（㎡・s）］で表します（図1）。

定率乾燥期間において流速（質量速度）の影響を考えます。定率乾燥速度を表す式（40項参照）で流速が関係するのは熱伝達係数です（図2）。乾燥速度は熱伝達係数に比例するので、熱伝達係数が大きければその分乾燥速度が上がります。

熱伝達係数は、加熱した空気の流速や当たる方向などによって変わります。流速が上がるとどの程度熱伝達係数が大きくなるかについてはこれまでにさまざまな実験が行われています。

球状の物体に空気が当たるとき、熱伝達係数は、質量速度［kg／（㎡・s）］の0・5乗（√：ルート）に比例するとされます。すなわち流速が2倍になれば、熱伝達係数は√2倍、すなわちおよそ1・4倍になります。その他のさまざまな実験式を含めると、熱伝達係数は質量速度の0・3〜0・8乗に比例しているといえます。これは、質量速度を2倍にしたときに熱伝達係数が1・2〜1・8倍になることを意味します。

要点BOX
- 流速は熱伝達係数に関係する
- 乾燥操作では質量で表した空気流量（質量速度あるいは質量流束）が便利

図1　空気の流速の表し方

空気の流れる量（体積流量）

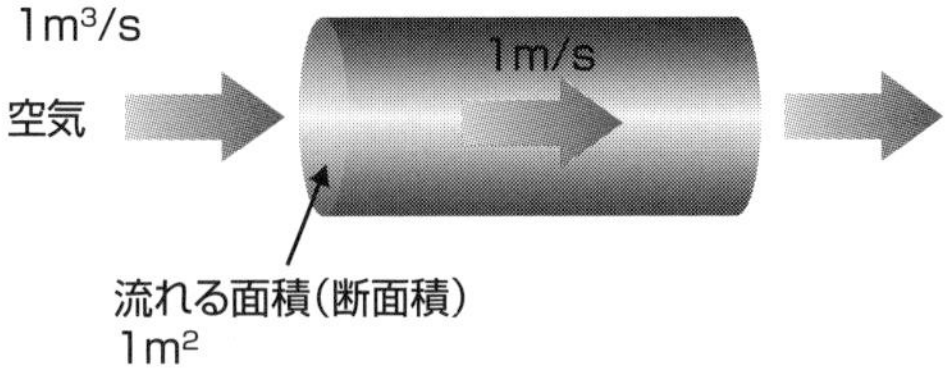
1m³/s
1m/s
空気
流れる面積（断面積）
1m²

空気の流速（空気の体積で考えたとき）
= 体積流量 ÷ 断面積 = (1m³/s) ÷ (1m²)= 1 m/s

空気の流れる量（質量流量）

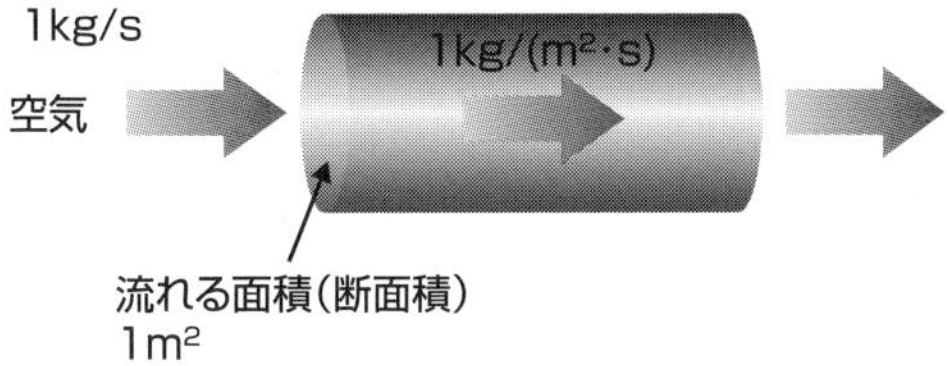
1kg/s
1kg/(m²·s)
空気
流れる面積（断面積）
1m²

気体の体積は
温度によって
変わってしまうから、
流速は質量で表すのが
オススメ

空気の流速（空気の質量で考えたとき:質量速度または質量流束）
= 質量流量 ÷ 断面積 = (1 kg/s) ÷ (1 m²) = 1 kg/(m²·s)

図2　熱源（空気）の流速と乾燥速度の関係

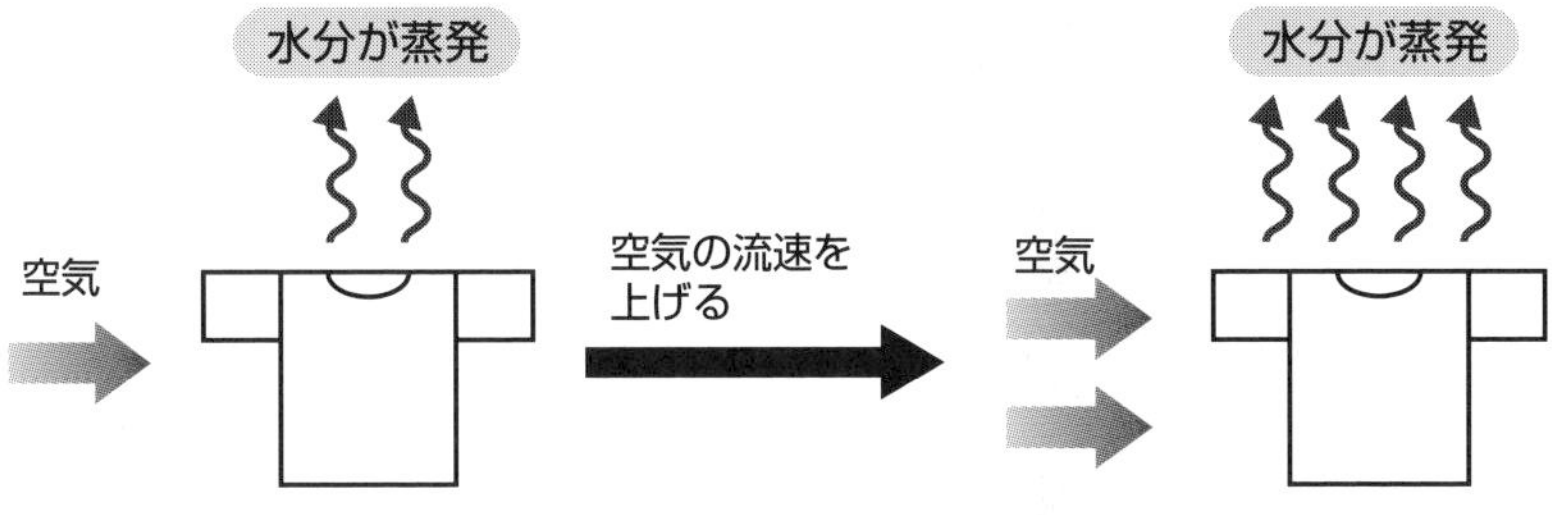
水分が蒸発
水分が蒸発
空気
空気の流速を
上げる
空気

乾燥速度[kg/(s·m²)] = 熱伝達係数[W/(m²·K)] × 伝熱面積[m²]
× 熱源の温度と乾燥する対象物の表面温度（湿球温度）との差[℃]
÷ 水の蒸発熱（湿球温度のときの蒸発熱） [J/kg]

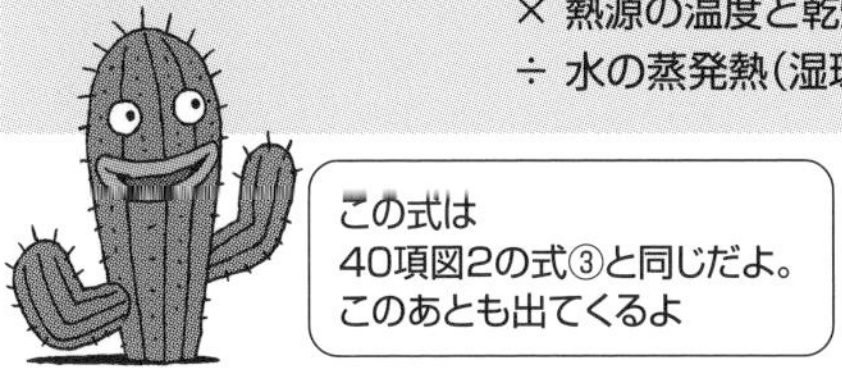
この式は
40項図2の式③と同じだよ。
このあとも出てくるよ

流速が上がると熱伝達係数が大きくなり、
乾燥速度が速くなる

42 温度を上げて定率乾燥速度を上げる

熱源と乾燥する対象物との温度差を大きくする

乾燥するときに熱源の温度を上げると乾燥が速くなります。熱源とは、乾燥する対象物に熱を加えるものです。加熱した空気を乾燥する対象物に当てて乾燥するとき、熱源は加熱した空気になります。

加熱した空気を当てて乾燥するときの空気の温度の影響を考えます。定率乾燥速度を表す式中に熱源（加熱した空気）の温度があります。ここが大きくなると、乾燥速度が速くなります。ただし、定率乾燥速度に直接関係するのは、熱源の温度そのものではなく、熱源と乾燥する対象物の温度差です。

例えば、加熱した空気の温度が50℃で、乾燥する対象物の温度（湿球温度）が32℃であったとします。このときの温度差は50－32＝18℃となります。ここで、温度以外の条件を変えずに、空気の温度を１００℃に上げてみます。乾燥する対象物の温度が32℃で変わらないと仮定すると、空気と乾燥する対象物の温度差は１００－32＝68℃となります。温度を上げる前と比べて温度差は３・８倍になっています。

実際には空気の温度を上げると乾燥する対象物の温度（ここでは湿球温度）も上がるので、正確には湿球温度を求めて比較する必要があります。空気の絶対湿度を０・０２kg－水蒸気／kg－乾き空気としますと、空気の温度が50℃のときの湿球温度がおよそ32℃、１００℃では40℃となりますので、温度差はそれぞれ50－32＝18℃から１００－40＝60℃と約３・３倍になります。また、湿球温度が変わると、水の蒸発熱も変わります。結果的に今回の例では、温度を50℃から１００℃に上げることで乾燥速度が約３・４倍になります。

熱源の温度を上げて乾燥を速くする方法は効果的ですが、乾燥する対象物の種類によっては温度が上がることで変色するなど性質が変わってしまうことも多いため、温度を上げるときには乾燥後の状態を確認する必要があります。

要点BOX
- ●熱源と乾燥する対象物の温度差が重要
- ●温度を上げたことによる乾燥した後の製品品質への影響に注意

熱源(空気)の温度と乾燥速度の関係

熱源(空気)の温度(50℃)

絶対湿度　0.02 kg−水蒸気/kg−乾き空気
(相対湿度26%)

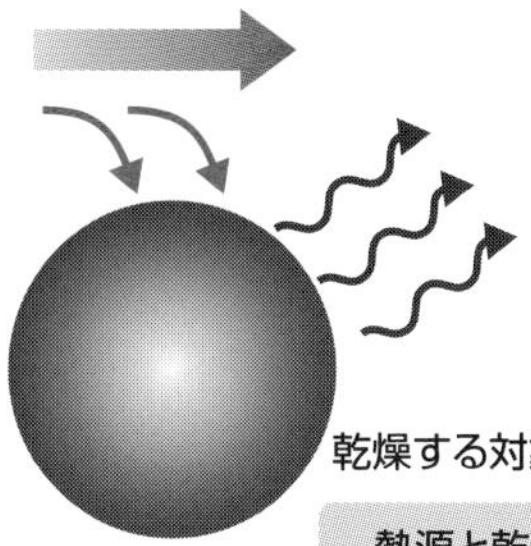

乾燥する対象物の温度(湿球温度：32℃)

熱源と乾燥する対象物の温度差：50 − 32 =18℃

空気の温度を上げる
50℃ → 100℃

熱源(空気)の温度(100℃)

絶対湿度　0.02 kg−水蒸気/kg−乾き空気
(相対湿度3%)

温度差は約3.3倍に増加

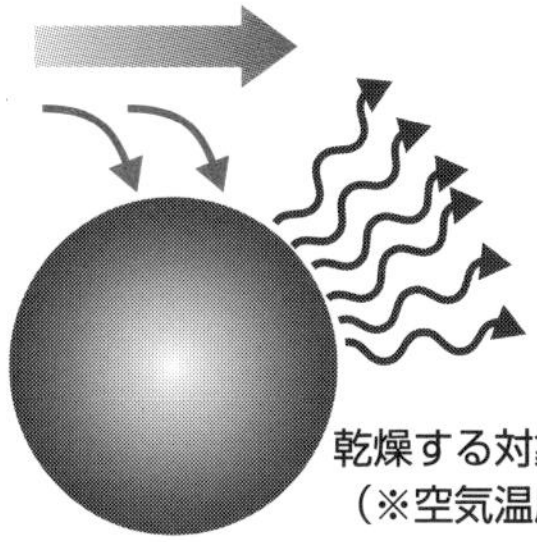

乾燥する対象物の温度（湿球温度：40℃）
（※空気温度が上がると湿球温度も変わる）

熱源と乾燥する対象物の温度差：100 − 40 = 60℃

乾燥速度[kg/(s·m²)] ＝ 熱伝達係数[W/(m²·K)] × 伝熱面積[m²]
× 熱源の温度と乾燥する対象物の表面温度(湿球温度)との差[℃]
÷ 水の蒸発熱(湿球温度のときの蒸発熱) [J/kg]…………式③

熱源（空気）温度が高くなると熱源の温度と乾燥する対象物の表面温度の差が大きくなり、乾燥が速くなる

つまり、
ドライヤーの風(熱源)の
温度が高いほど、
髪の毛(乾燥する対象物)は
速く乾く!!

43 湿度を下げて定率乾燥速度を上げる

乾燥する対象物の温度(湿球温度)が下がる

空気が新たに含むことのできる水蒸気量は、同じ温度では湿度が低いほど多くなるため、乾燥する対象物から水分が蒸発しやすくなり、すなわち乾燥が速くなります(図1)。

水分が蒸発するほど、蒸発熱として使われる熱が多くなり、乾燥する対象物の温度（湿球温度）が下がります。湿度の影響は定率乾燥速度の式中では乾燥する対象物の温度(湿球温度)に現れます(図1)。

空気の温度を40℃として、熱伝達係数を一定(30W/(㎡・K))としたときの定率乾燥速度、乾燥する対象物の温度(湿球温度)と相対湿度の関係を見ます(図2)。相対湿度が高くなるにつれて定率乾燥速度が下がり、相対湿度１００％では0(図2中の点A)、すなわち乾燥しなくなります。乾燥する対象物の温度(湿球温度)は、相対湿度が高くなるほど高くなり、相対湿度１００％では、空気の温度40℃と等しくなります(図2中の点B)。このときには、熱源（空気）と乾燥する対象物の温度差が0になり、定率乾燥速度を表す式(40項参照)の上でも乾燥速度が0になることがわかります。

空気の温度を水の沸点(１００℃)よりも高い１２０℃としたときについても見てみましょう。このときにも相対湿度が高くなるにつれて定率乾燥速度が下がりますが、ある相対湿度からは相対湿度が上がっても定率乾燥速度が変わらず、0にはなりません(図2中の点C-C)。乾燥する対象物の温度は、相対湿度が高くなっても沸点１００℃を超えず、熱源(空気)と乾燥する対象物の温度の差が0になりません(図2中の点D-D)。このときには定率乾燥速度は式の上でも0にならないことが確認できます。沸点よりも高い温度で加熱を続ければ、乾燥は進みます。沸点は圧力によって変わりますが、今回は大気圧とし、沸点は１００℃で一定とします。

なお、湿球温度が変わると蒸発熱も変わります。

要点BOX
- ●湿度が低いほど乾燥が速くなる
- ●湿球温度が湿度によって変わる
- ●沸点よりも高温では湿度によらず乾燥が進む

図1　熱源（空気）の絶対湿度と乾燥速度の関係

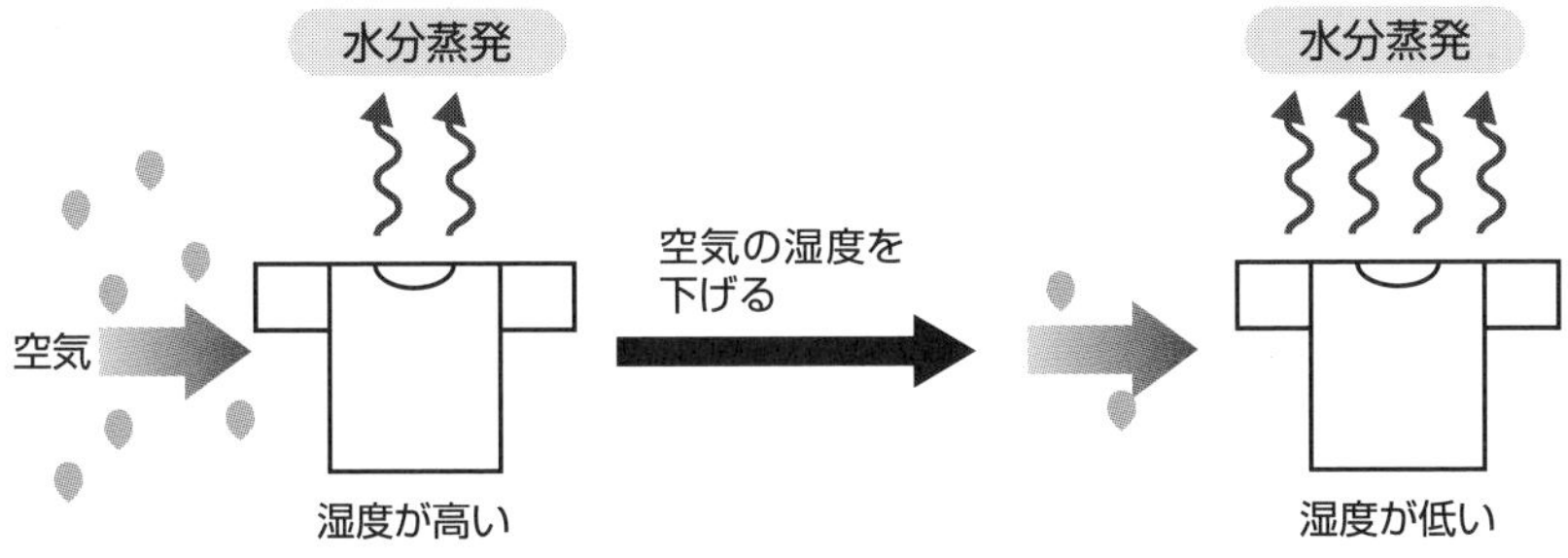

同じ温度・流速の空気では、空気の湿度を下げると乾燥が速くなる

乾燥速度［kg/(s·m²)］ ＝ 熱伝達係数［W/(m²·K)］ × 伝熱面積［m²］
× 熱源の温度と乾燥する対象物の表面温度（湿球温度）との差［℃］
÷ 水の蒸発熱（湿球温度のときの蒸発熱）［J/kg］

湿度が低くなると湿球温度が低くなり、熱源と乾燥する対象物の表面温度の差が大きくなり、乾燥速度が速くなる

図2　定率乾燥期間の乾燥速度、乾燥する対象物の温度と相対湿度の関係

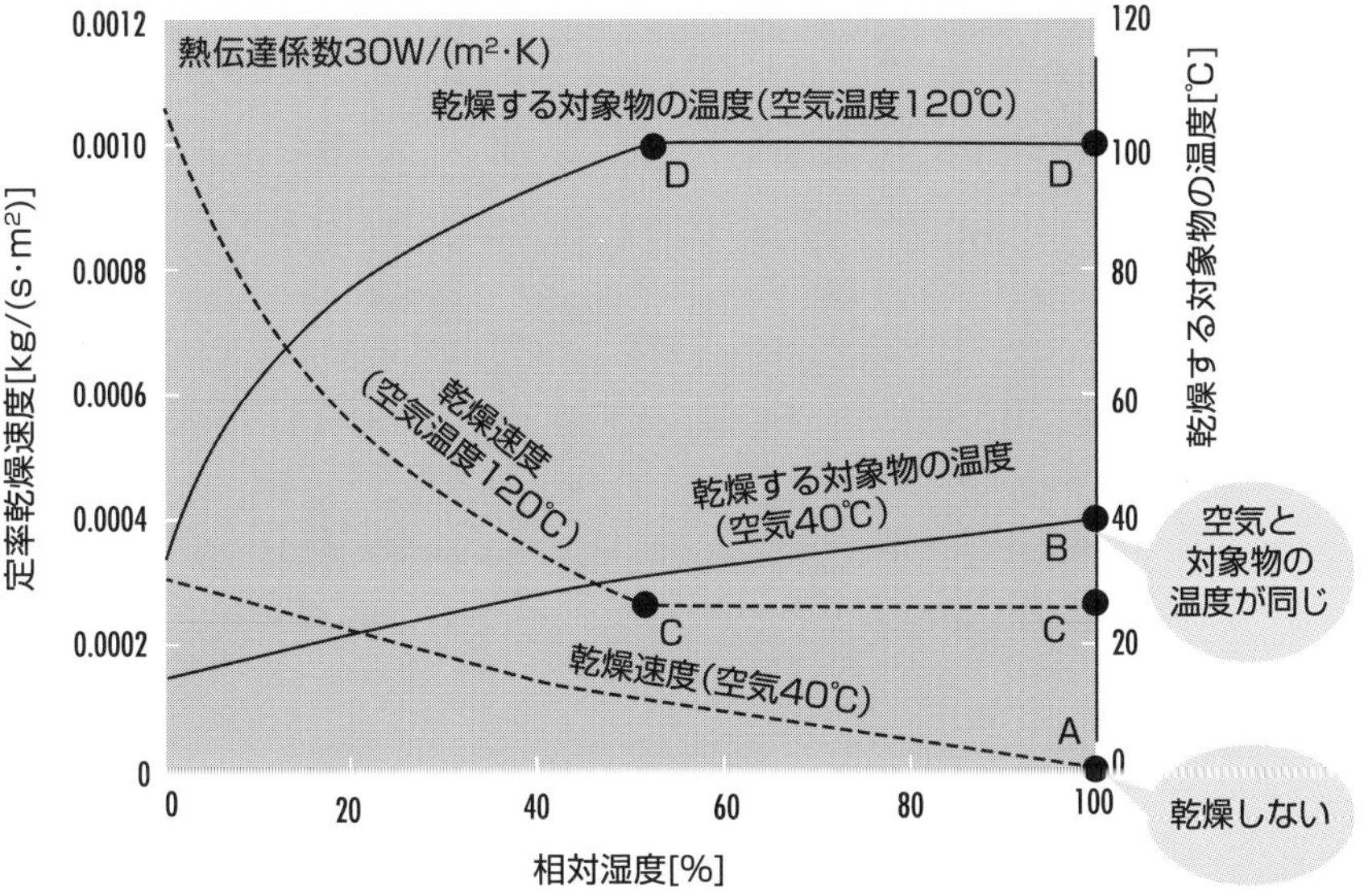

44 乾燥する対象物を小さくして乾燥速度を上げる

乾燥する対象物の表面積を増やす

洗濯物や布団を天日で干すときには広げて干すなど、乾燥する対象物が重ならないようにして干します。これは、水分が蒸発する面積あるいは熱が入る面積（伝熱面積）を広くすることが目的です。加熱した空気を当てて乾燥する場合には、空気と乾燥する対象物が接する面積が伝熱面積になります。

定率乾燥速度[kg－水／(s・m²)]を表す式（40項参照）に伝熱面積の項が出てきませんが、これは乾燥速度が表面積1m²当たりの水分蒸発速度を表しているためです。乾燥する対象物全体から蒸発する水分の総量[kg－水／s]は乾燥速度に伝熱面積[m²]を掛けることで求められます。つまり、蒸発する水分の総量は、乾燥する対象物の伝熱面積に比例します。

乾燥する対象物が塊状のとき、これを細かく砕くことで乾燥にかかる時間が短くなります（図1）。細かく砕くことで伝熱面積が広くなるばかりでなく、砕いた1つ1つが小さいために、乾燥する対象物の中心から表面までの距離が短くなります。減率乾燥期間においては、乾燥する対象物の内部を熱および水蒸気が移動するので、この距離が短くなることで乾燥時間が短くなります。また、乾燥する対象物が粉粒状または泥状の場合には、薄くのばすことで、砕くのと同様に伝熱面積が増え、薄くすることで熱や水蒸気の移動距離が短くなります。

乾燥する対象物が粉粒状あるいは泥状の場合、これを積み上げてその表面に空気を流すと伝熱面積は空気と触れている表面だけになります。乾燥する対象物を空気中に分散させることで空気と接している面積が増えます。これによって伝熱面積が広くなり、乾燥時間が短縮します（図2）。また、乾燥する対象物が粒状のものの集まりで、この層内に空気を通すことができるときには、空気が通過した層の内部で伝熱面積が増えます。

要点BOX
- ●伝熱面積を増やすことで乾燥時間を短縮
- ●小さく薄くすることで乾燥時間を短縮
- ●空気中への分散で乾燥時間を短縮

図1　乾燥する対象物を小さくする例

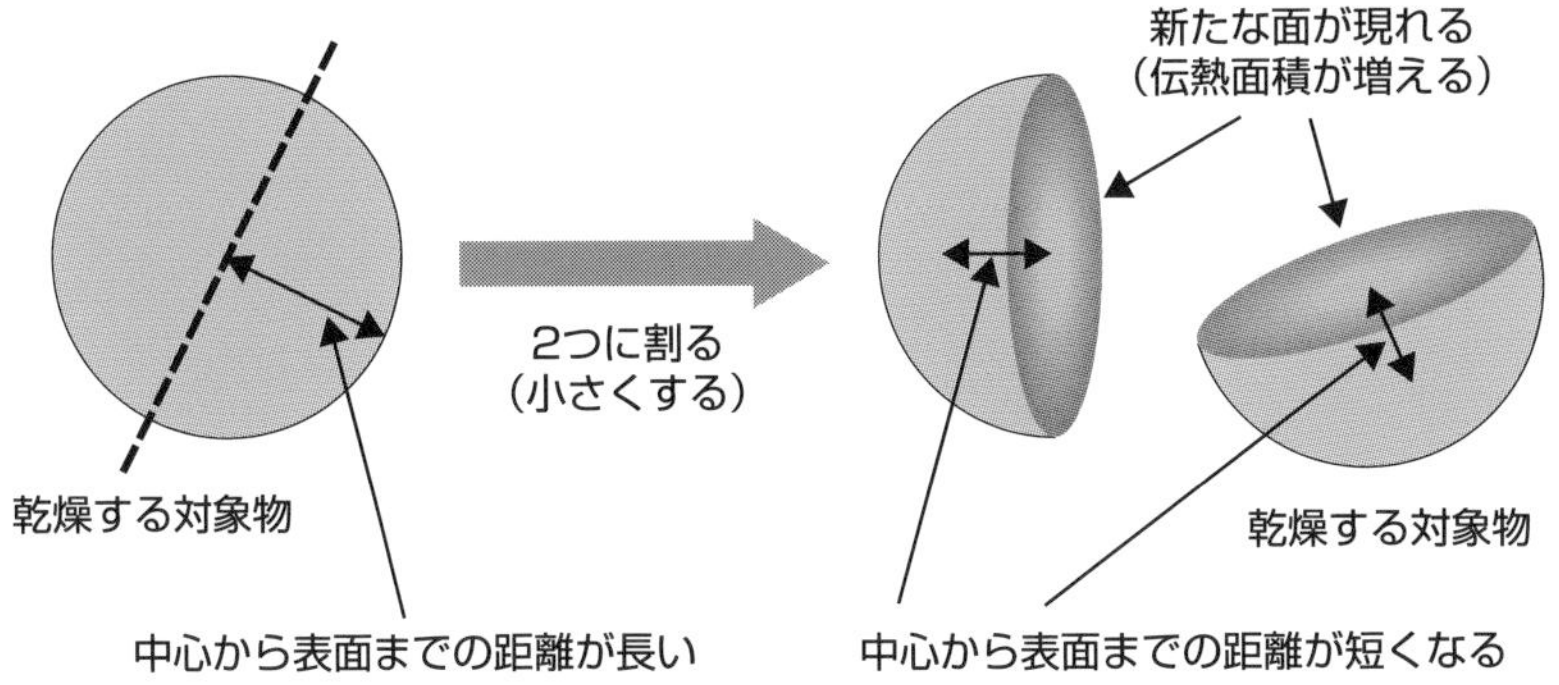

乾燥する対象物を小さくすることで乾燥が速くなる

図2　乾燥する対象物を分散する例

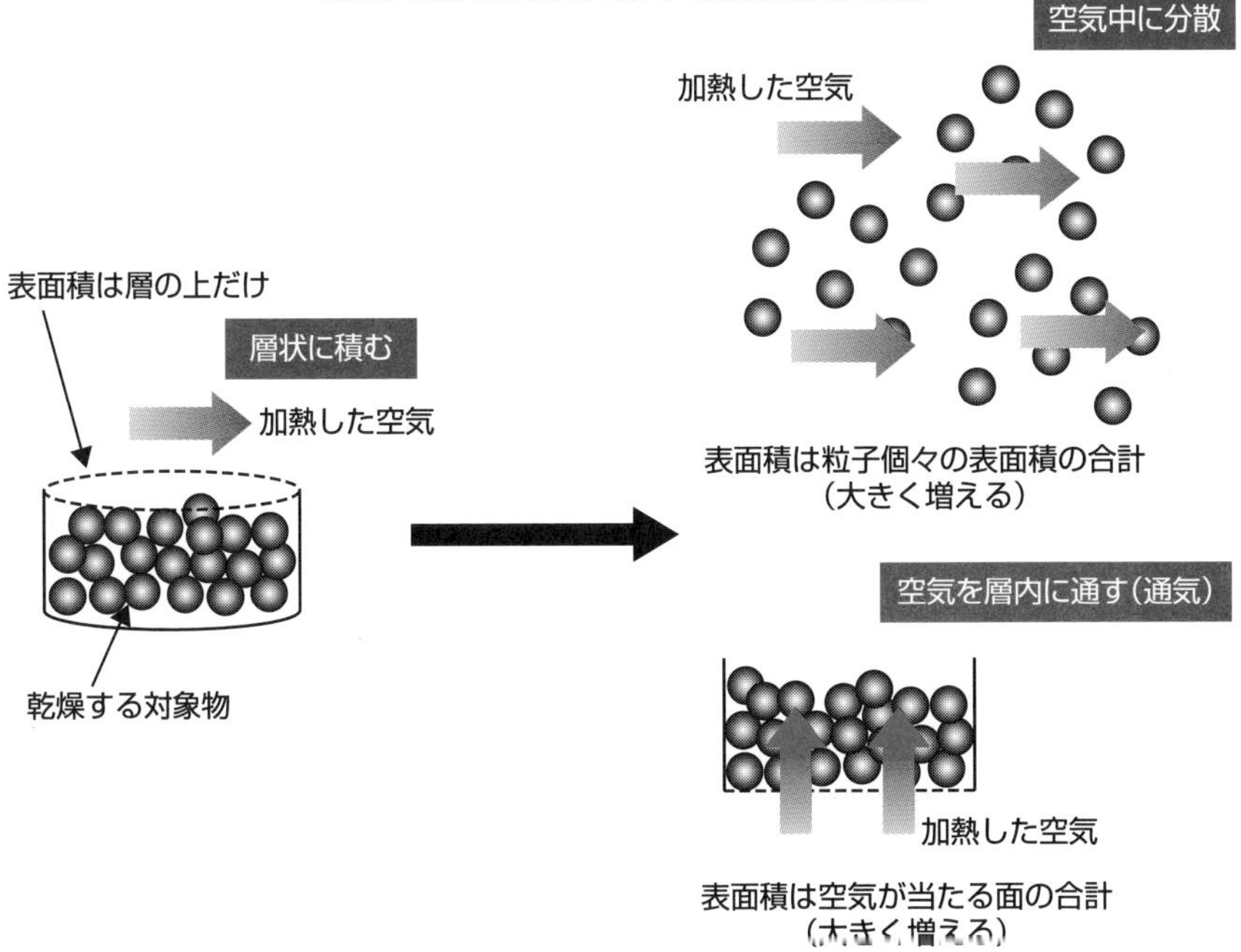

乾燥する対象物を分散することで乾燥が速くなる

45 定率乾燥速度と限界含水率の関係

限界含水率の変化

定率乾燥速度を上げる方法に注目してきましたが、実際にはその後に続く減率乾燥期間も含めた乾燥期間全体で乾燥時間を短くすることが望まれます。

定率乾燥速度を速くすることで、乾燥する対象物の表面付近の水分が短時間で乾燥し、減率乾燥期間に移ります。定率乾燥期間と減率乾燥期間の間の含水率が限界含水率です。

定率乾燥期間では、乾燥する対象物の表面で水分の蒸発が起こると同時に乾燥する対象物の内部から水分が表面に移動します。内部からの水分移動に比べて蒸発が速くなると乾燥する対象物の表面が乾燥し、やがて減率乾燥期間に移ります。そのため、表面での蒸発速度、すなわち定率乾燥速度が速いほど、内部に水分が残ったままで減率乾燥期間に移ります（図1）。

減率乾燥期間では、定率乾燥期間に比べて乾燥が遅くなります。このため、定率乾燥速度を速くしても減率乾燥期間が長くなり、結果として全体の乾燥時間があまり短縮されないということが起こります。

図2では、定率乾燥速度が速い条件と遅い条件で同じものを乾燥しています。定率乾燥速度が速い条件では、定率乾燥速度が遅い条件に比べて6倍速い乾燥速度になっています。ところが、乾燥にかかった時間は、6分の1どころか半分の2分の1にもなっていません。これはどういうことでしょうか。

確かに定率乾燥速度は6倍になっていますが、乾燥速度が速い条件ではすぐに乾燥する対象物の表面が乾燥し、減率乾燥期間に入ります。つまり、より高い含水率で減率乾燥期間に入ったために思ったほど乾燥時間が短縮されなかったのです。

乾燥速度を上げるときには、空気の温度や風速などを上げるのに必要なエネルギー、乾燥時間、さらには乾燥した後の製品の品質がどのようであるかを見たうえで乾燥する条件を決定します。

要点BOX
- ●定率乾燥速度を上げると高い含水率で減率乾燥期間に移る
- ●乾燥速度向上には総合的な判断が必要

図1　限界含水率のときの乾燥する対象物内の水分

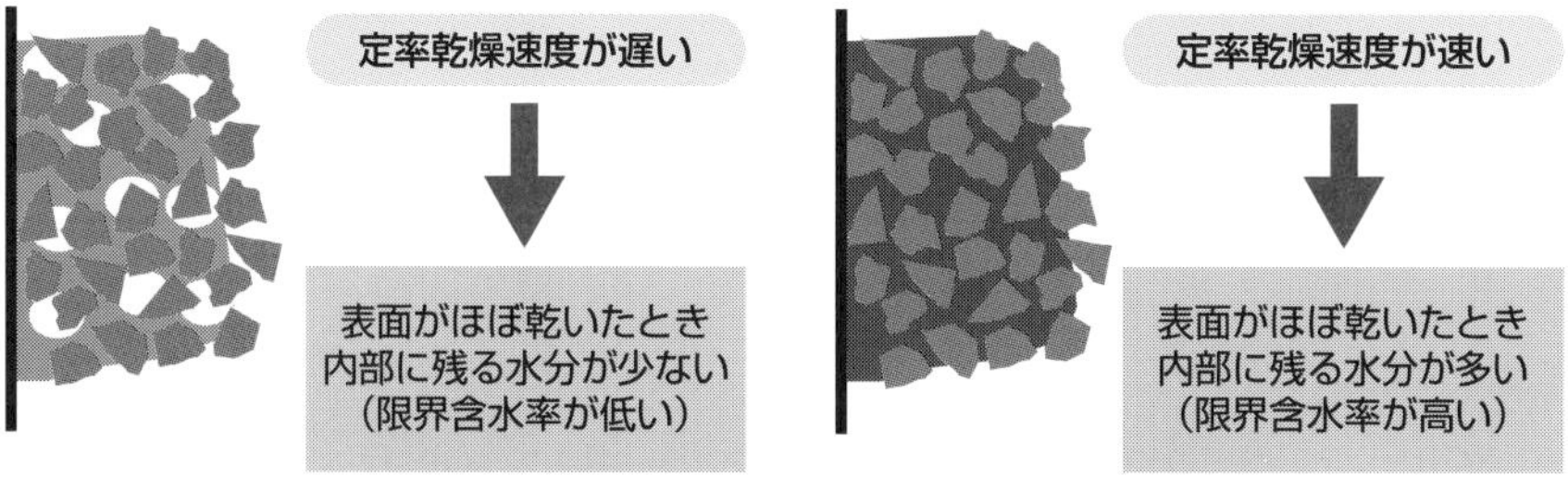

図2　定率乾燥速度と乾燥にかかった時間

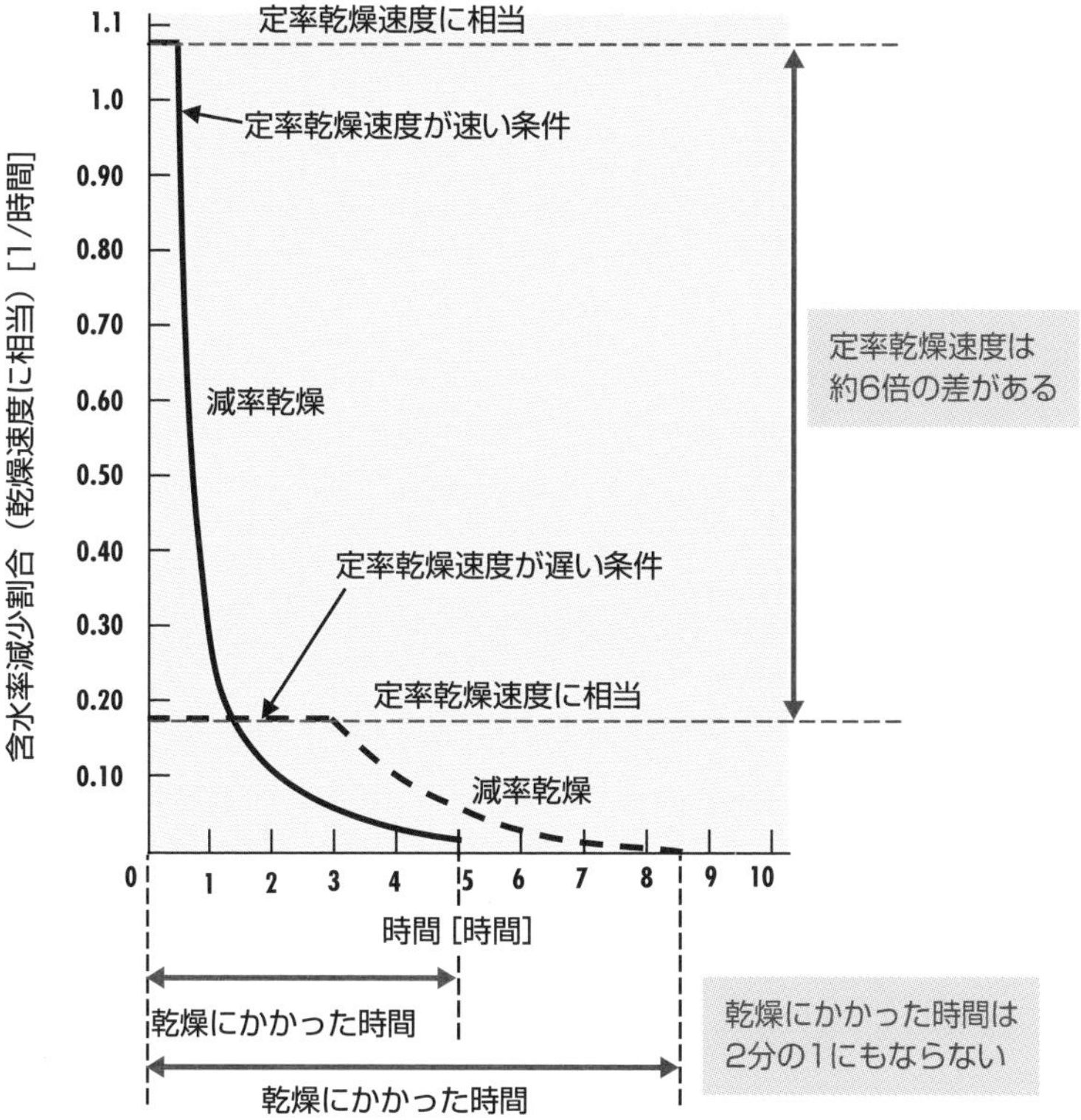

乾燥速度が速い条件と遅い条件で、定率乾燥速度は約6倍の差があるのに、
乾燥にかかった時間は、6分の1にならない（2分の1にもならない）
⇒より多くの水分を内部に残して乾燥速度の遅い減率乾燥期間になるため

46 乾燥する対象物によって減率乾燥速度が変わる

減率乾燥速度

減率乾燥期間では、水分の蒸発はおもに乾燥する対象物の内部で起こります。減率乾燥期間における乾燥速度が減率乾燥速度であり、乾燥が進むにつれて(含水率が減少するにつれて)遅くなります。

減率乾燥速度は、乾燥する対象物の性質によって大きく変わります。横軸を乾量基準含水率、縦軸を乾燥速度とした乾燥特性曲線(23項参照)の形状から一般に次のような分類ができます(図1)。

①減率乾燥速度の変化が直線的：粉粒状の材料が分散しているとき、あるいは比較的大きな粒子(水分を吸収しない)が堆積した層の乾燥で見られます。

②減率乾燥速度の変化が上に凸：微粒子が堆積した層や繊維状材料の乾燥、真空乾燥するときなどで見られます。

③減率乾燥速度の変化が下に凸あるいは2段階：粘土や陶磁器、木材などの乾燥で見られます。もっとも一般的な形態です。

④定率乾燥期間がなく減率乾燥速度の変化が下に凸：石けんやゼラチンなどの均質材料を乾燥するときに見られます。

①と②の場合には、定率乾燥速度と同じように空気の流速と温度を上げて、湿度を下げることで減率乾燥速度を上げることができます。

③と④の場合には、空気の流速を上げたときの乾燥速度を上げる効果は小さくなります。一方で温度を上げることはこの場合でも有効です。

減率乾燥期間では、乾燥する対象物の内部に熱が伝わり、内部の水が蒸発して水蒸気になり、乾いた部分を抜けてくるため、熱や水蒸気が移動する距離を短くする、すなわち乾燥する対象物を小さくするあるいは薄くすることが非常に有効です。また、乾燥する対象物の内部を直接加熱できるマイクロ波加熱(22項参照)は、減率乾燥速度を上げる方法として注目されています。

要点BOX

- 減率乾燥速度を乾燥する対象物により分類
- 減率乾燥速度を上げる方法は乾燥する対象物の特性によって変わる

図1　乾燥特性曲線(乾燥する対象物による減率乾燥のちがい)

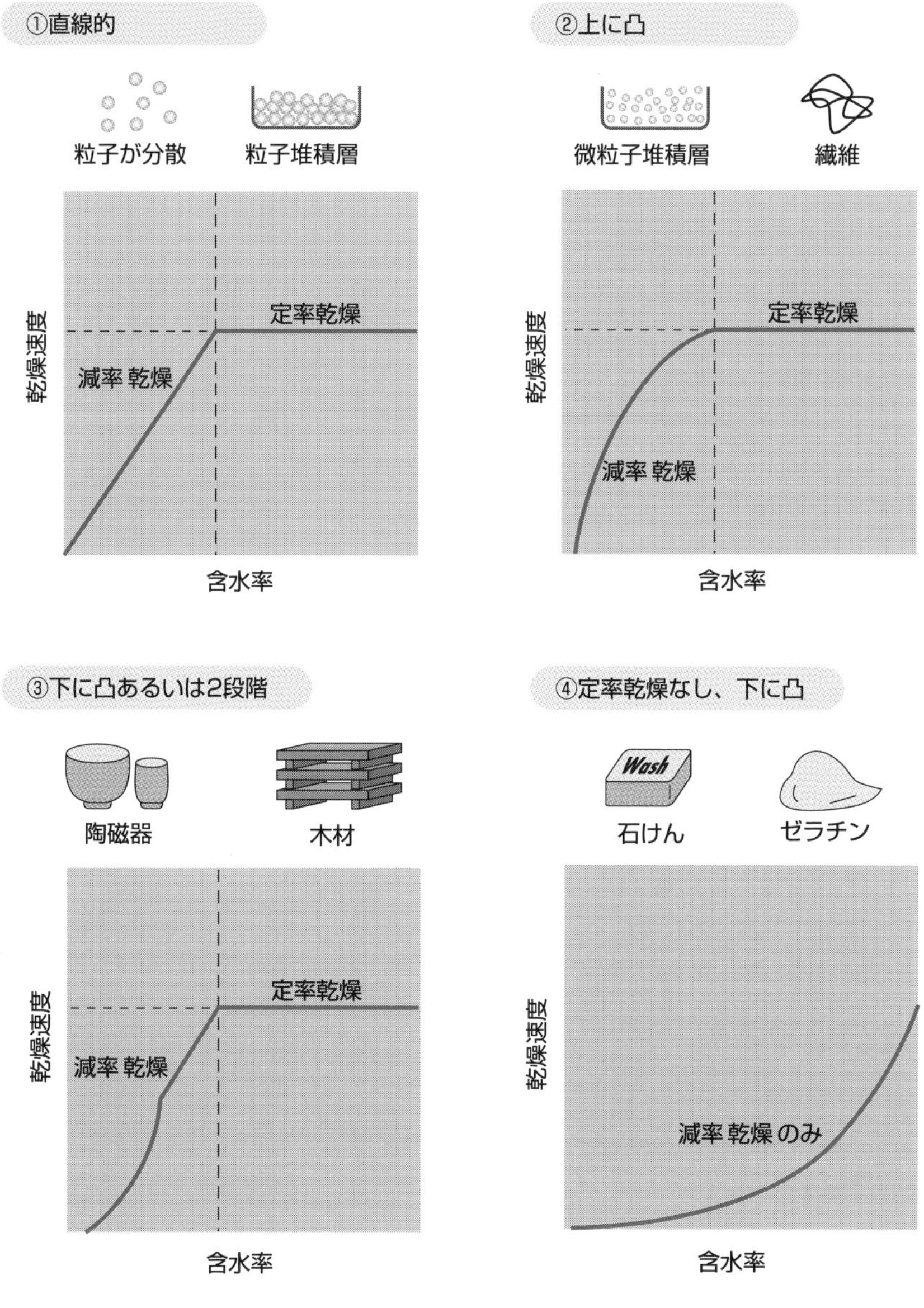

47 伝導伝熱および放射伝熱のときの乾燥速度を上げる

伝導伝熱・放射伝熱による乾燥速度

これまでは対流伝熱での乾燥（加熱した空気を熱源とした乾燥）について解説してきましたが、伝導伝熱や放射伝熱ではどうなるでしょうか。

伝導伝熱を用いた乾燥では、加熱した壁や棚と乾燥する対象物とを接触させて加熱します（図1）。加熱速度が速いほど乾燥が速くなる点は、対流伝熱（空気で加熱）の場合と同じです。壁や棚を温めるのに、温水や水蒸気、油などを使用します。これらを熱媒体とよびます。熱媒体から、壁や棚に熱が伝わり、その熱が今度は乾燥する対象物に伝わります。

乾燥速度を上げるには、加熱温度（熱媒体の温度）を上げる方法が有効です。また、熱媒体と乾燥する対象物の間の壁や棚は、熱を伝えやすく（金属）、かつ薄いことが望まれます。伝導伝熱の場合でも、乾燥する対象物が空気と接触している場合には、湿度が高いと乾燥が遅くなるため、蒸発した水蒸気を取り除きます（少量の空気を流すあるいは真空脱気など）。水蒸気を取り除くために流す空気をキャリアガスといいます。乾燥する対象物は、熱源である壁や棚と接する面積が広いことが重要です。乾燥する対象物が粉粒状あるいは泥状の場合には、撹拌することで均一に熱源（壁や棚）と接することとなり、乾燥時間を短くできます。

放射（ふく射）伝熱では、赤外線ヒーターや遠赤外線ヒーターから出る熱線によって乾燥する対象物を加熱します（図2）。このときのヒーターの温度が高いほど乾燥が速くなります。伝導伝熱と同様に湿度を低く保つことで乾燥が速くなります。また、ヒーターとの距離が近いほど乾燥が速くなります。ヒーターからの熱線が当たる面積を広くすることで乾燥時間が短縮できます。

対流伝熱も含めていずれの伝熱方式でも、減率乾燥期間では、乾燥する対象物が小さいあるいは薄いほど乾燥時間が短くなります。

要点BOX

- 加熱速度が速いほど乾燥が速くなるのは3つの伝熱方式に共通
- 小さく薄くすることで乾燥時間を短縮

図1　伝導伝熱による乾燥での乾燥速度を上げる方法

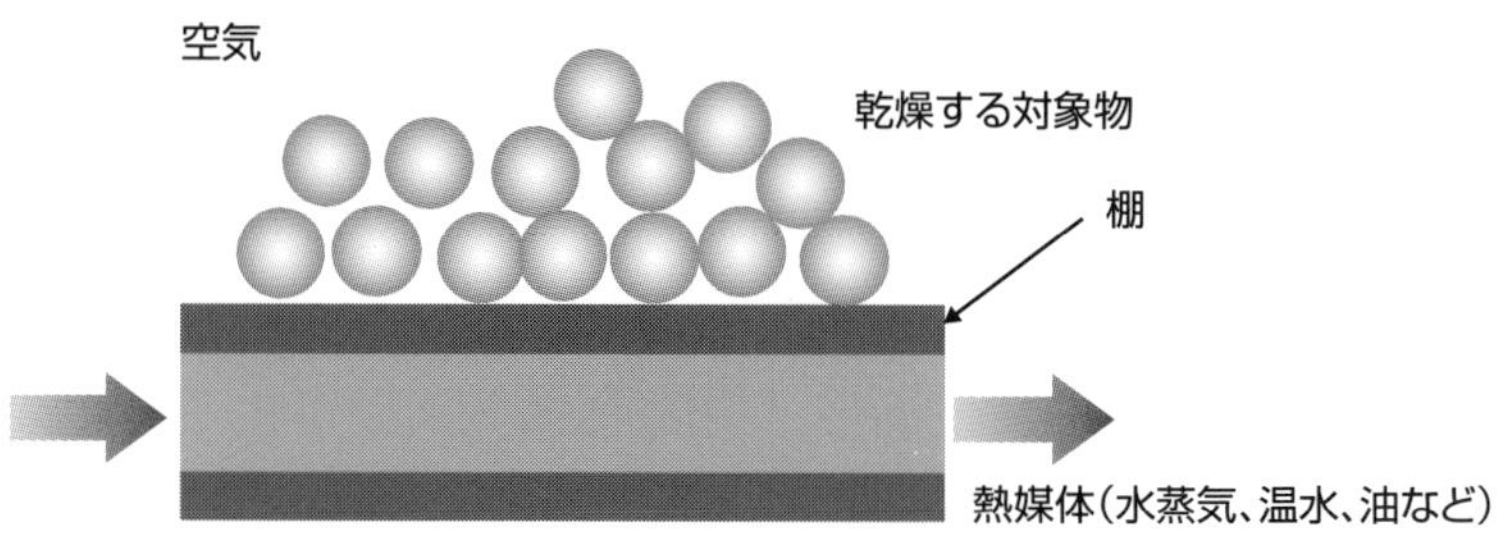

- 熱源（熱媒体）の温度を上げる
- 伝熱面積（棚と乾燥する対象物が接する面積）を増やす
- 棚を薄く、熱を通しやすいもの（熱伝導度が高いもの）にする
- 乾燥する対象物と接している空気の湿度を下げる
- 乾燥する対象物を小さく、薄くする

図2　放射伝熱による乾燥での乾燥速度を上げる方法

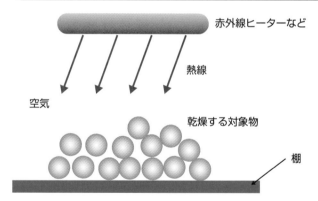

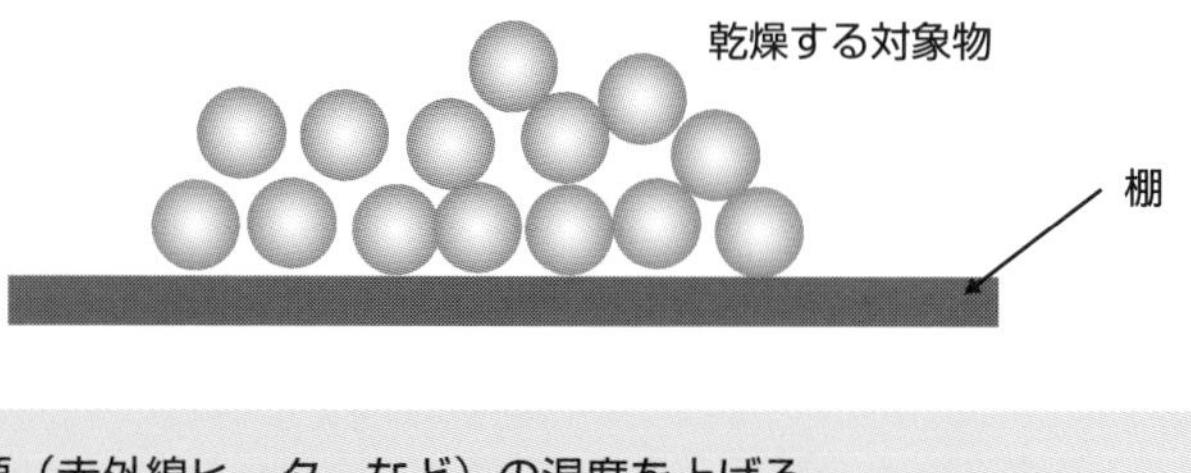

- 熱源（赤外線ヒーターなど）の温度を上げる
- 伝熱面積（乾燥する対象物に熱線が当たる面積）を増やす
- 熱源（赤外線ヒーターなど）と乾燥する対象物の距離を短くする
- 乾燥する対象物と接している空気の湿度を下げる
- 乾燥する対象物を小さく、薄くする

Column

乾燥速度を上げて効率よく乾燥することが常に正しいか

乾燥操作は、多くの熱を使う操作である上に時間のかかる操作でもあります。そこで、すでに稼働している乾燥機であっても乾燥にかかる時間を短縮したいという要求は当然あります。このときに問題となるのが、乾燥した製品の品質です。品質はこれまでと同様とし、乾燥時間を短縮することを考えるときには注意が必要です。これは乾燥速度が製品の品質を決定していることが多くあるためです。乾燥する対象物の種類によっては乾燥速度を上げるために温度を上げれば、品質が変わってしまいます。温度を上げる以外の方法であっても定率乾燥速度を上げると、乾燥操作中の対象物内部の水分の分布がこれまでと変わり、乾燥後の製品はこれまでと違うものになることがありえます。

乾燥するときに収縮や変形が起こるものは特に乾燥速度の変化に対して敏感なため、乾燥の操作条件を変えるときには、乾燥の予備試験をして乾燥後の製品品質が要求を満たしているかを確認する必要があるのです。逆に乾燥しても収縮などが起こらない、あるいは次の工程で粉砕などをするために形の変化が問題ないのであれば、乾燥速度を変えた影響が出にくいといえます。

ただし、この場合でも温度を変える場合には、熱によって製品品質が変わらないかどうかを確認する必要があります。このように乾燥条件の見直しは、製品の品質そのものを変えてしまうことがあるため、安易に乾燥条件を変えられないことが多くあるのです。第4章で説明したような方法で乾燥速度を上げることができたとしても、実際には変更前の乾燥条件が、時間がかかっても製品品質から見て適切な条件であったということがあるのです。乾燥条件は乾燥速度などの生産効率と製品品質の両面を満たす条件にしなくてはならないのです。

第5章

さまざまな乾燥機とその選定

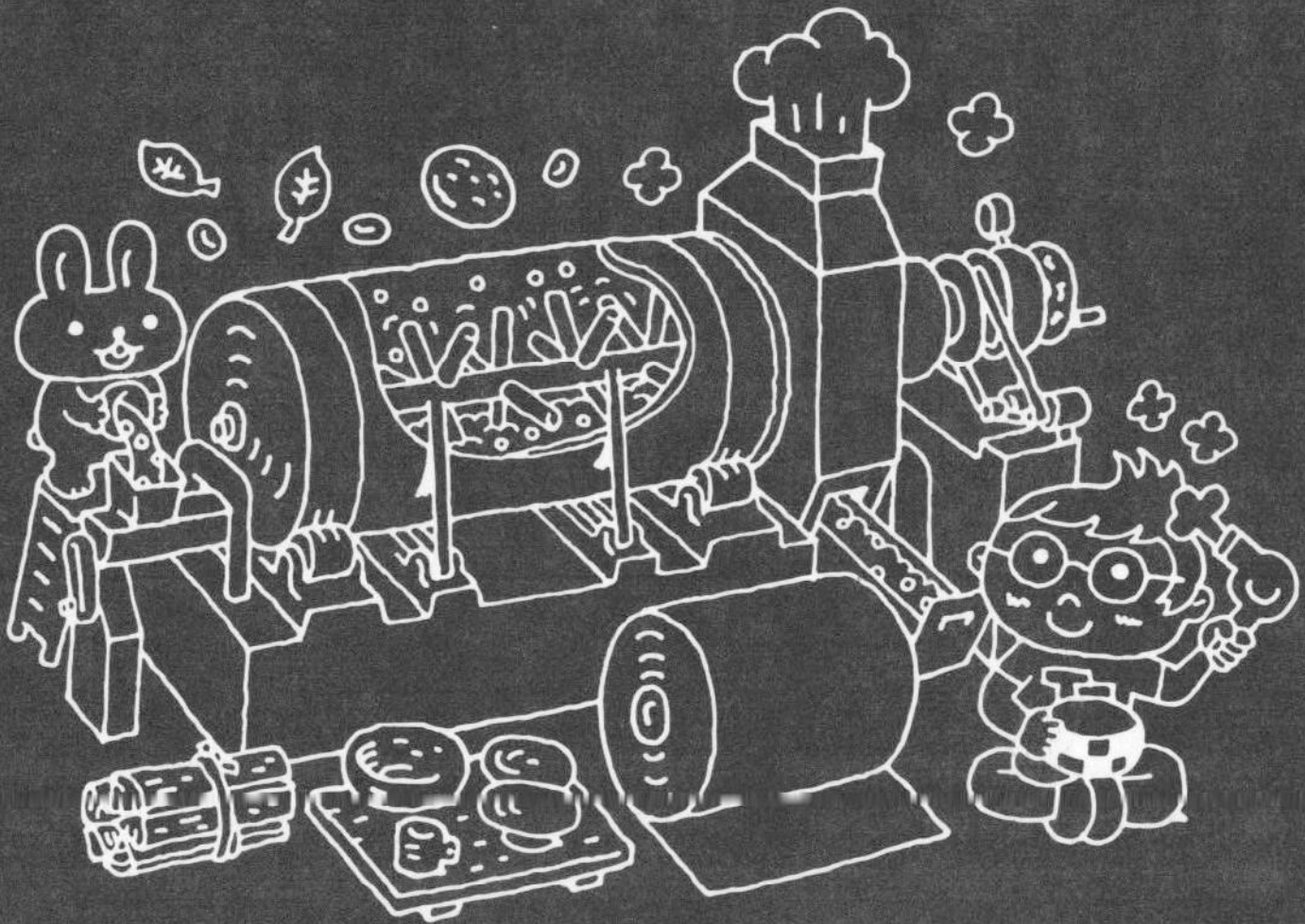

48 加熱した空気を当てて乾燥する乾燥機

対流伝熱式の乾燥機

乾燥機には、一般家庭での洗濯乾燥機や食器洗浄乾燥機、ヘアドライヤーのほかに工業的に用いられるさまざまな装置があります。

乾燥操作では、対象物を加熱する方法によって乾燥機を分類できます。ここでは、まず対流伝熱式の乾燥機について解説します。

対流伝熱式の乾燥機は、加熱した空気を乾燥する対象物に当てて乾燥する装置で、もっとも広く用いられています。前に挙げた洗濯乾燥機、食器洗浄乾燥機およびヘアドライヤーはすべてこの方式に当てはまります。加熱した空気の当て方と乾燥する対象物の取り扱い（乾燥する対象物を動かさずに静置するか、移動させるか）によってさまざまな方式に分けられます（図1）。乾燥する対象物を動かさない方式としては、乾燥する対象物を棚に載せて、上に空気を流す方式（回分式箱型乾燥機：平行流）、あるいは、乾燥する対象物の内部を空気が通過できる場合に、通気させる方式（回分式箱型乾燥機：通気流）があります。

また、乾燥する対象物を台車やベルトコンベアで移動させながら空気を当てる方式（トンネル乾燥機またはバンド乾燥機）もあります。乾燥する対象物が粉や粒状の場合には、これを加熱した空気でまき上げて移動させつつ乾燥する（気流乾燥機）あるいは、移動しないまでも装置の内部で粉や粒が空気によって運動している（踊っている）状態で乾燥する方式（流動層乾燥機）があります。乾燥する対象物を撹拌しながら空気を当てる方式もあります（通気式撹拌乾燥機）。さらには、微粒子を含む液体を噴霧して微小液滴にし、これに加熱した空気を当てて乾燥する方式があります（噴霧乾燥機（スプレードライヤー））。対流伝熱式の乾燥方式では、乾燥する対象物と加熱した空気が接する面積をいかにして広くするかが重要で、そのための工夫がなされています。

要点BOX
- ●加熱した空気を当てて乾燥する装置
- ●乾燥する対象物と空気が接する面積をいかにして広くするかが重要

図1　対流伝熱による乾燥機のしくみ

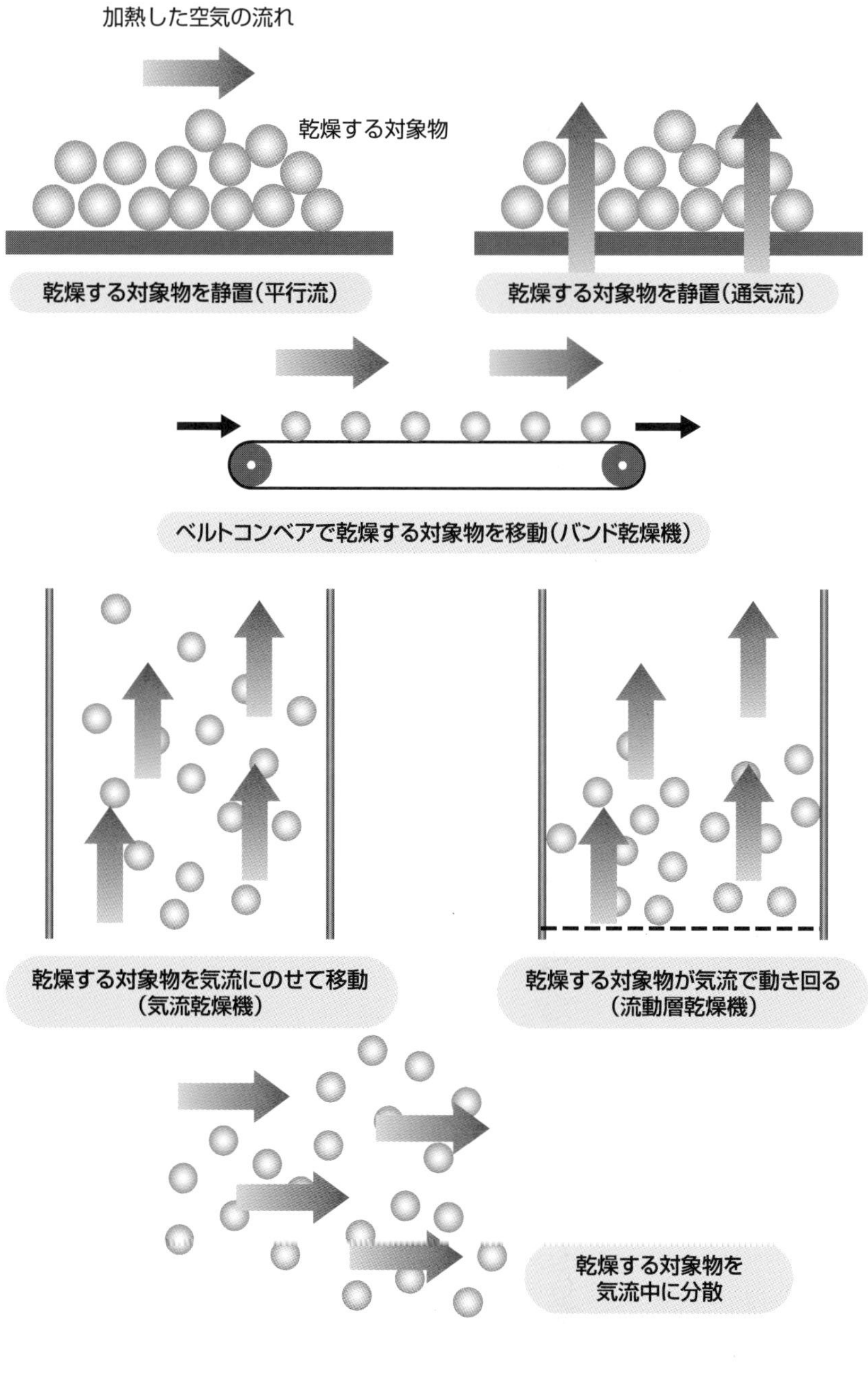

49 加熱した棚や壁、熱線によって乾燥する乾燥機

伝導伝熱式、放射伝熱式の乾燥機

前項の対流伝熱のほかに伝熱方式としては伝導伝熱と放射伝熱があります。これらの加熱方式についてもさまざまな乾燥機があります。

伝導伝熱式の乾燥機では、温水や水蒸気など（熱媒体といいます）で加熱した棚や壁に乾燥する対象物を押し当てて加熱して乾燥します（図1）。

乾燥機としては、加熱した棚の上に乾燥する対象物を静置して乾燥する装置（回分式伝導伝熱乾燥機）があります。乾燥する対象物が粉や粒状あるいは泥状の場合には、乾燥容器内に攪拌機を入れて乾燥する対象物を攪拌し、加熱した容器の壁に押し当てて加熱します（攪拌乾燥機）。また、乾燥容器そのものを回転させて、乾燥する対象物を容器内で分散させる乾燥機（回転乾燥機）があります。このときにも乾燥容器の壁が加熱されています。回転する円筒の内部が加熱されており、円筒の表面に乾燥する対象物（微粒子を含む液体や泥状）を流し込んで乾燥する乾燥機（ドラムドライヤー）や、乾燥容器の中を攪拌翼によって移動させながら、乾燥容器の壁あるいは攪拌翼を熱媒体によって加熱して乾燥する装置もあります（連続式攪拌乾燥機）。

放射（ふく射）伝熱式の乾燥機としては、赤外線乾燥機あるいは遠赤外線乾燥機があります（図2）。これは、赤外線または遠赤外線ヒーターを使用して、乾燥する対象物に熱線を当てて乾燥する方式です。乾燥する対象物を容器に静置して熱線を当てる方法や、ベルトコンベアによって乾燥する対象物を移動させつつ熱線を当てる方法があります。乾燥する対象物が薄い膜状の場合によく用いられます。例えば自動車の塗装を乾かすときなどに使われています。

乾燥機内の圧力を下げて乾燥する真空乾燥機では、乾燥容器内の空気が少なく、対流伝熱による加熱が難しいため、伝導伝熱や放射伝熱が加熱方式として使われています。

要点BOX
- ●対象物を加熱した棚や壁に押し当てて乾燥
- ●熱線を当てて乾燥
- ●真空乾燥時の加熱方式としても使われる

図1　伝導伝熱による乾燥機のしくみ

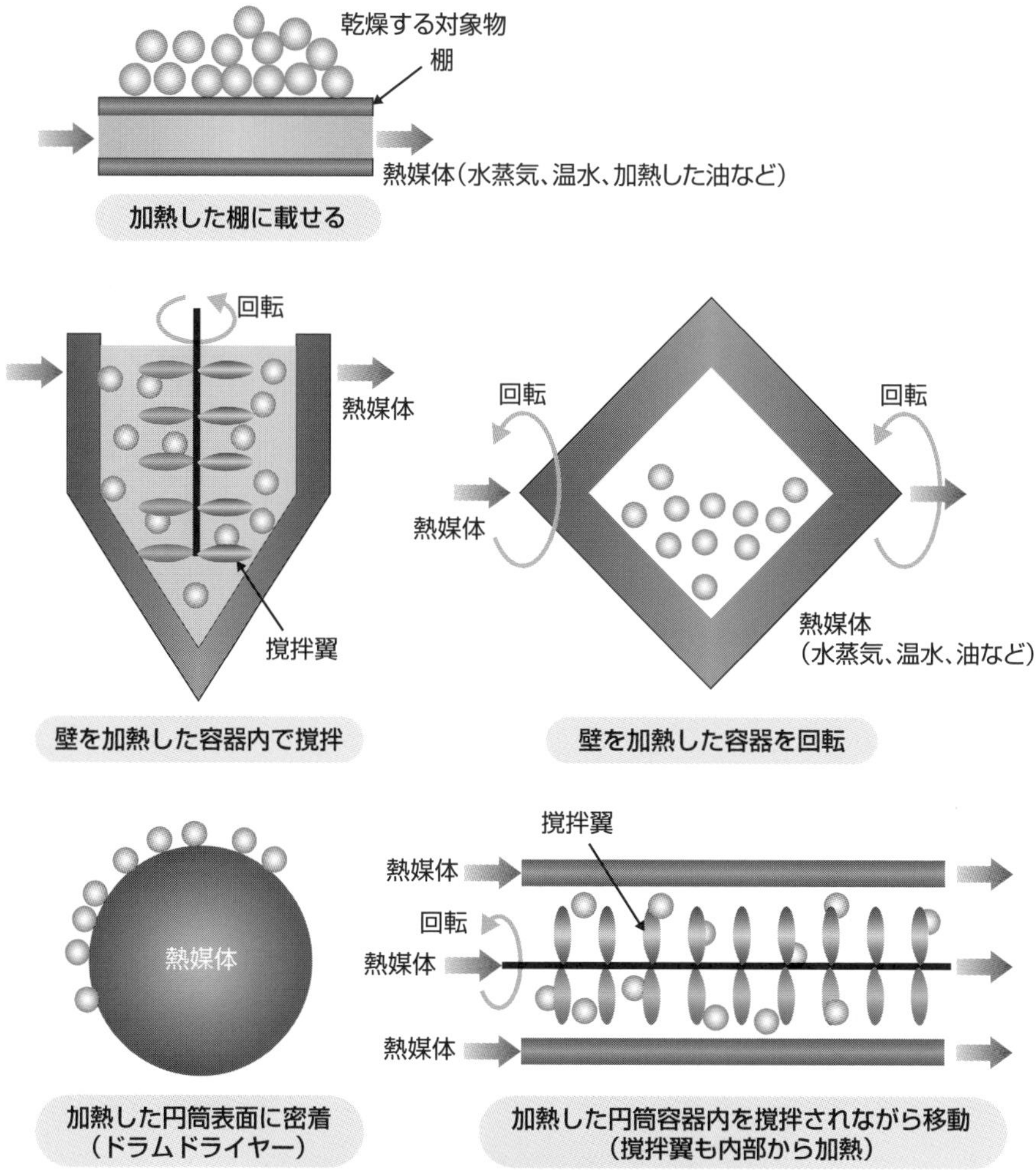

図2　放射伝熱による乾燥機のしくみ

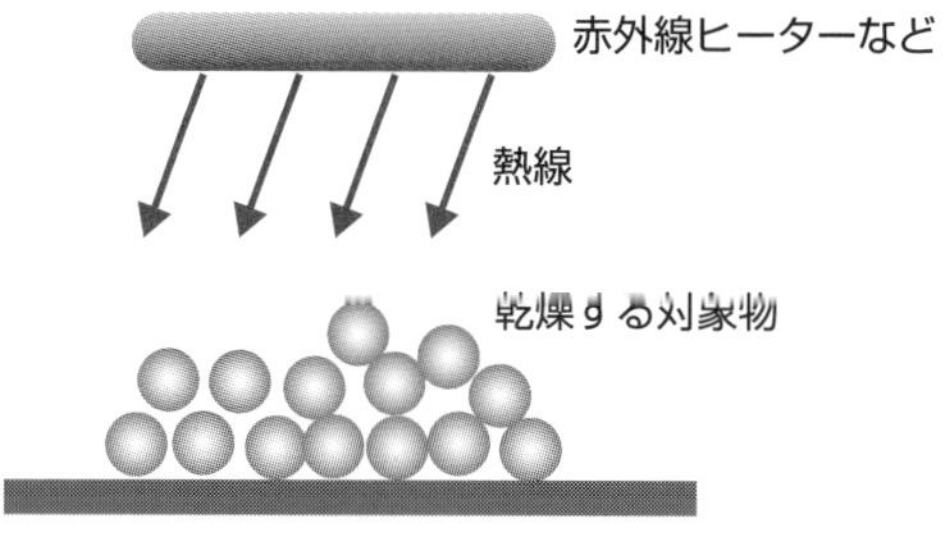

50 乾燥する対象物の量による乾燥機の使い分け

回分（バッチ）操作と連続操作

乾燥を行う方法について、工業的に大きく2つの形態があります。1つは回分式（あるいはバッチ式といいます、図1）、もう1つは連続式（図2）です。

回分式（バッチ式）では、次の手順で操作します。

①乾燥を行う容器の中に乾燥する対象物を入れる
②乾燥機で乾燥する
③乾燥が終わった後の乾燥製品を取り出す

これに対して、連続式では、乾燥用の容器に乾燥する対象物を続けて投入します。乾燥する対象物は、容器内を入口から出口まで移動しながら加熱され、乾燥が進みます。乾燥が終わった後の乾燥製品は容器の出口から取り出されます。

回分式に比べて、連続式では乾燥する対象物を多量に乾燥することができます。その一方で、乾燥する対象物を途中で変更したいときには、前に乾燥していたものを容器から取り除いてから投入する必要があり、このときの容器の洗浄が回分式に比べて難しくなります。また、乾燥する対象物が容器に入ってから出るまでが乾燥時間になりますので、あらかじめ乾燥に必要な時間を知っておく必要があります。

これに対して回分式では、構造が単純であることから、乾燥する対象物の種類が変わっても操作がしやすく、乾燥が終了したかどうかを確認しながら乾燥時間を調節することができます。

回分式の乾燥機は、乾燥の途中で乾燥する対象物を取り出して含水率などを測定し、引き続き乾燥を進めやすいことから、乾燥する対象物がその条件でどれくらいの時間で乾燥できるかを調べる試験を行うのにも適しています。ただし、乾燥する対象物を容器に出し入れする労力と時間が必要になります。

以上のことから、回分式の乾燥機は乾燥する対象物が少量で、複数種のものを乾燥するときに、連続式の乾燥機は同じものを多量に乾燥したいときに使われます。

要点BOX
- ●乾燥する対象物の投入・排出の仕方で分類
- ●回分式は少量多品種のものを乾燥
- ●連続式は同一種のものを多量に乾燥

図1　回分式乾燥機の例(洗濯乾燥機も回分式乾燥機)

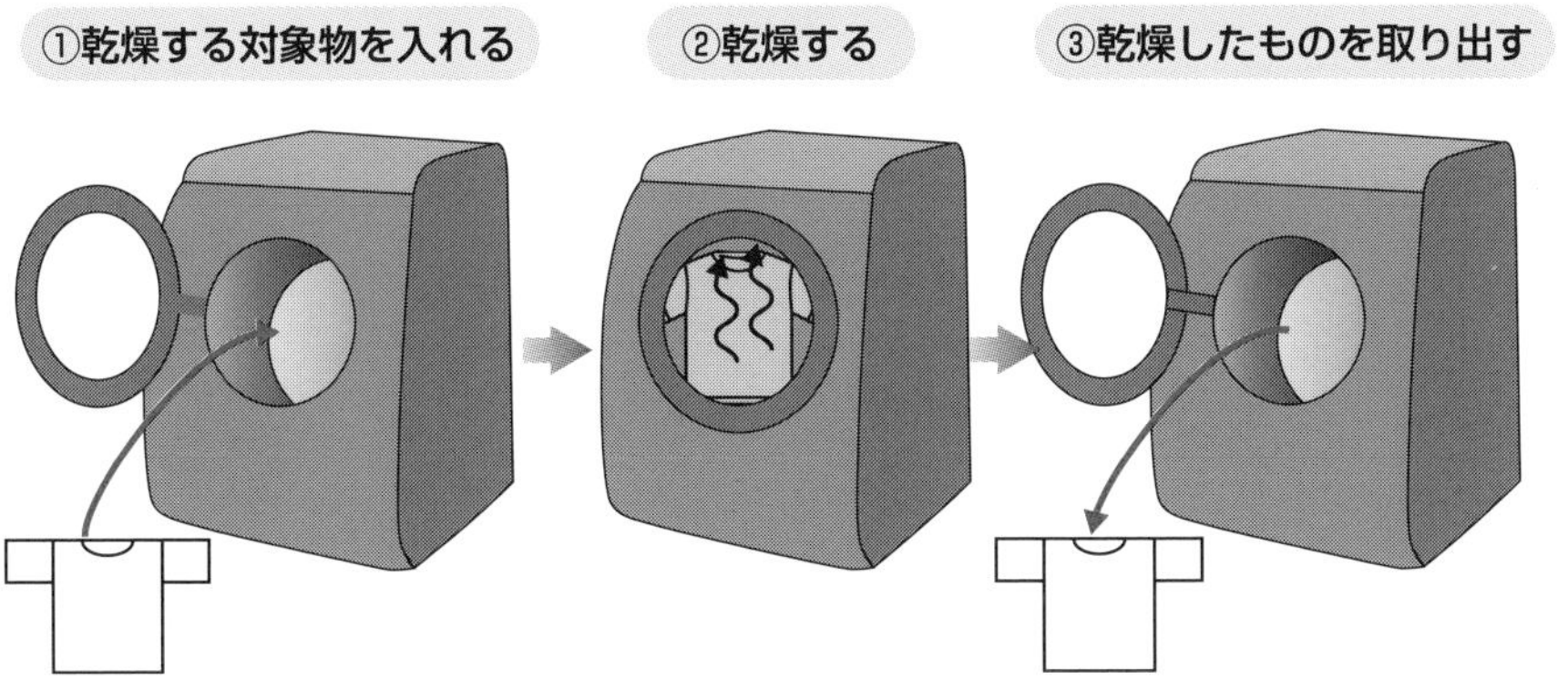
①乾燥する対象物を入れる
②乾燥する
③乾燥したものを取り出す

図2　連続式乾燥機の例

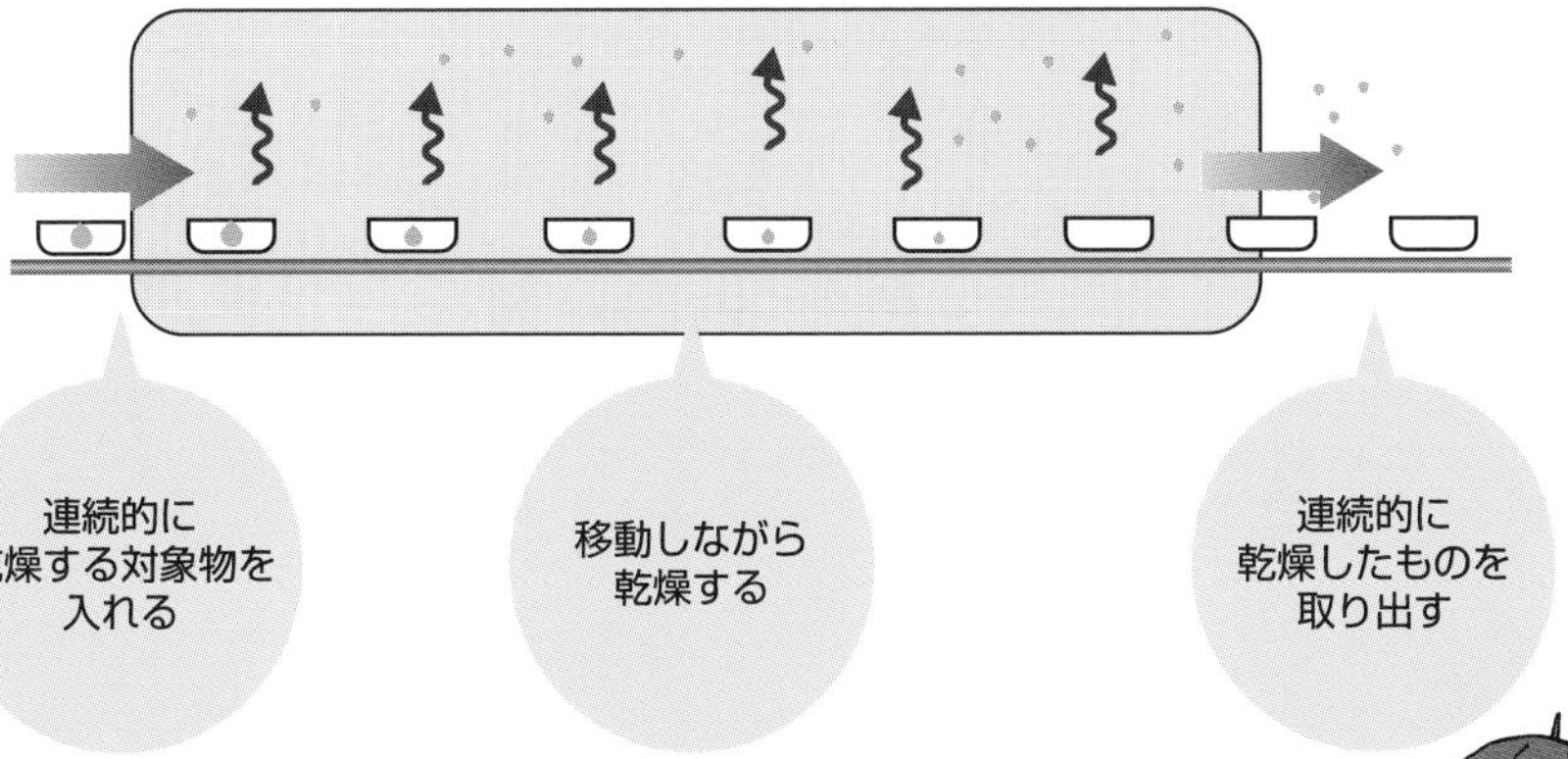
連続的に
乾燥する対象物を
入れる
移動しながら
乾燥する
連続的に
乾燥したものを
取り出す

少量・複数種のものを乾燥するときは回分式、同じものを多量に乾燥するときは連続式
連続式を使用するときは先に乾燥時間を知っておくべきだな

51 乾燥する対象物の形状による乾燥機の使い分け

乾燥する対象物の形状にはさまざまなものがあります。例えば、ひとつのかたまりとして考えられるものから、粉や粒状のもの、微粒子を含んだ液体などがあります。これらすべてのものを乾燥できる乾燥機は、仮にできたとしても効率の悪い装置となってしまいます。そこで、乾燥する対象物の形によって乾燥機を使い分けます。乾燥する対象物の形としては次のようなものが挙げられます。

①液状・微粒子懸濁液状：液体あるいは微粒子が混ざった液体(微粒子懸濁液といいます)で、乾燥によって、液体に溶けている、あるいは混ざっている固形分を乾燥物として取り出します。例として、インスタントコーヒーの乾燥前の液など、さまざまな抽出エキスがあります。

②泥状：まさに泥のような形状をしています。微小粒子の集まりが水を含んだものです。前述の微粒子懸濁液の水分が減った状態ともいえます。

③塊状：粉や粒というには少し大きい塊状のものです。石炭や家庭の生ごみなどがあります。

④粒状・粉状：空気によって巻き上げることができるものが粉、巻き上げられないものが粒と考えてよいです。おおむね1㎜以下のものが粉状、それよりも大きいもので10㎜程度のものまでが粒状といえます。粉薬や小麦粉、米などがあります。

⑤フレーク状・繊維状：これまでの説明に当てはまらない木の葉や草などのような形状のものです。

⑥特定形状：形が決まっており、割れたり変形したりしないように静置して乾燥します。陶磁器や木材などがあります。

⑦シート状：紙や印刷物などの薄いものです。紙を製造する前のパルプなどがあります。

⑧塗膜：インクやペンキなどの塗料を塗ったものでその塗料を乾燥します。

要点BOX
●乾燥する対象物の形はさまざま
●乾燥する対象物の形によって使用する乾燥機を決める

乾燥する対象物の形状と対応する乾燥機

<table>
<tr><th rowspan="2">湿り時の形状</th><th rowspan="2">乾燥する対象物</th><th colspan="3">乾燥機</th></tr>
<tr><th>大量連続</th><th>少量連続</th><th>少量回分</th></tr>
<tr><td rowspan="3">液状
微粒子
懸濁液状</td><td rowspan="3">ミルク、コーヒー、調味料、漢方薬、植物エキス、洗剤、セラミックス、医薬品</td><td>噴霧</td><td>ドラム</td><td rowspan="3">真空凍結
箱型平行流
（真空含）</td></tr>
<tr><td colspan="2">流動層（流動媒体利用）
流動層（乾燥品に噴霧）</td></tr>
<tr><td></td><td>真空ベルト</td></tr>
<tr><td rowspan="3">泥状</td><td rowspan="2">スターチ、澱粉、粘土、染料、顔料、吸水性ポリマー</td><td>気流</td><td>溝型撹拌</td><td rowspan="3">各種伝導伝熱撹拌
箱型通気流</td></tr>
<tr><td colspan="2">通気バンド（成型機付）</td></tr>
<tr><td>各種汚泥、パルプスラッジ</td><td colspan="2">撹拌機付回転</td></tr>
<tr><td>塊状</td><td>石炭、コークス、鉱石、粘土</td><td>回転
通気回転
通気竪型
伝導管付回転</td><td></td><td></td></tr>
<tr><td>粒状</td><td>籾、米、麦、ふりかけ、パン粉、樹脂ビーズ、樹脂ペレット、顆粒、化成肥料、粒状活性炭、ペットフード</td><td>流動層
通気バンド
通気回転
伝熱管付回転
回転</td><td>流動層
溝型撹拌
円筒撹拌
多段円盤</td><td>流動層
各種伝導伝熱撹拌</td></tr>
<tr><td>粉状</td><td>小麦粉、粉末樹脂、粉末活性炭、染料中間体</td><td>気流
流動層
伝導伝熱併用流動層</td><td>溝型撹拌
円筒撹拌
流動層
多段円盤（伝導）</td><td>各種伝導伝熱撹拌</td></tr>
<tr><td>フレーク状
繊維状</td><td>スナック食品、茶、葉タバコ、牧草</td><td>回転
通気バンド
伝熱管付回転
流動層（振動）</td><td>通気バンド
円筒撹拌
多段円盤</td><td>箱型通気流
各種伝導伝熱撹拌</td></tr>
<tr><td>特定形状
特定サイズ</td><td>各種食材、陶磁器、木材柱、ベニア板、皮革</td><td>台車トンネル
通気バンド</td><td></td><td>箱型平行流</td></tr>
<tr><td>シート状</td><td>織物、紙、印刷紙、フィルム</td><td>多円筒
（シリンダー）
噴出流</td><td>単一・数本円筒</td><td></td></tr>
<tr><td>塗膜</td><td>ペンキ、印刷紙、化粧板、車体</td><td>噴出流
赤外線</td><td></td><td>赤外線</td></tr>
</table>

出典：化学工学会編「化学工学便覧」改訂第6版，p.767，丸善，1999をもとに一部変更

52 液体・微粒子懸濁液状のものの乾燥機

噴霧乾燥機、円筒乾燥機、流動層乾燥機

乾燥する対象物が液状あるいは微粒子懸濁液状のとき、これらを乾燥する乾燥機としては、噴霧乾燥機（スプレードライヤー）、円筒乾燥機（ドラムドライヤー）、流動層乾燥機があります。

噴霧乾燥機（図1）では、乾燥する対象物を微小な液滴にして噴霧（スプレー）し、そこに加熱した空気を当てて乾燥します。液状や微粒子懸濁液状のものに含まれる固形分が球状の乾燥物（顆粒）として得られます。微小液滴化する方法としては、1分間に1万回転以上の高速回転する円盤で乾燥する対象物を引きちぎる方法と、圧力を加えて乾燥する対象物を細い管（ノズル）から吹き出す方法などがあります。

円筒乾燥機（図2）は、回転する金属製の円筒（ドラム）の内部を水蒸気などで加熱し、その表面に乾燥する対象物を流し込むあるいは吹きつけて円筒の熱で加熱して乾燥する方法です。円筒が回転する間に乾燥が進み、最後にはナイフとよばれる剥ぎ取り機で乾燥したものを回収します。乾燥が終わった後は、剥ぎ取られたままのフレーク状になります。

流動層とは、粉や粒の下から空気を流して粉や粒を動かす（躍らせる）装置です（55項参照）。この流動層を使って液状あるいは微粒子懸濁液状のものを乾燥する場合（図3）には、2～3㎜の大きさの粒子の下から加熱した空気を流して粒子を動かした状態にして、そこに乾燥する対象物を流し込みます。流し込まれた液体あるいは微粒子懸濁液は、粒子の動きによって装置全体に広がり、乾燥します。乾燥する対象物に含まれる固形分は、はじめは流動層の粒子の表面にくっついていますが、粒子同士がぶつかり合うことで細かい粉となり、空気に乗って運ばれ回収されます。

以上のように、液状あるいは微粒子懸濁液状のものを乾燥する装置がいくつかありますが、乾燥した製品の形は、乾燥機によってちがいます。

要点BOX
- 乾燥する対象物の微小液滴を作る、乾燥する対象物を薄くのばす、分散する
- 装置によって乾燥製品の形が変わる

図1　噴霧乾燥機（スプレードライヤー）

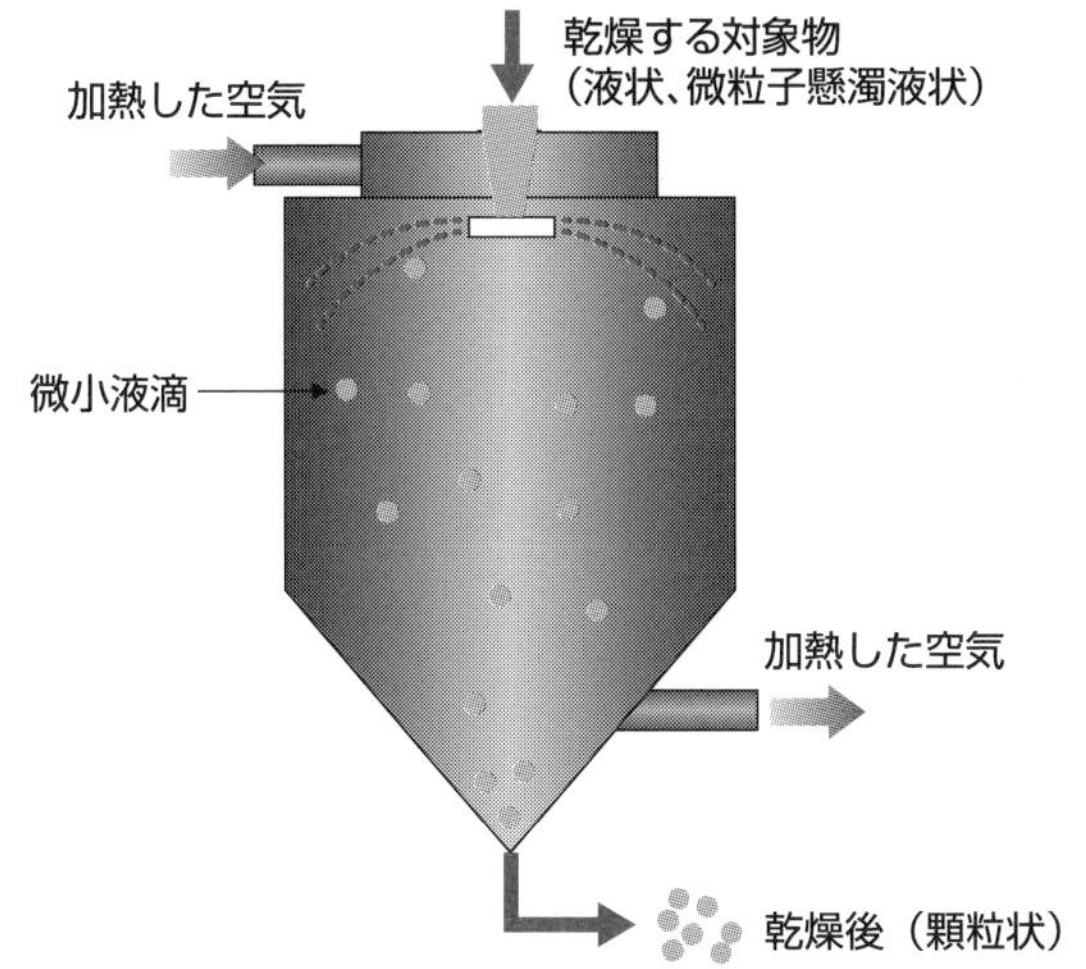

図2　円筒乾燥機（ドラムドライヤー）

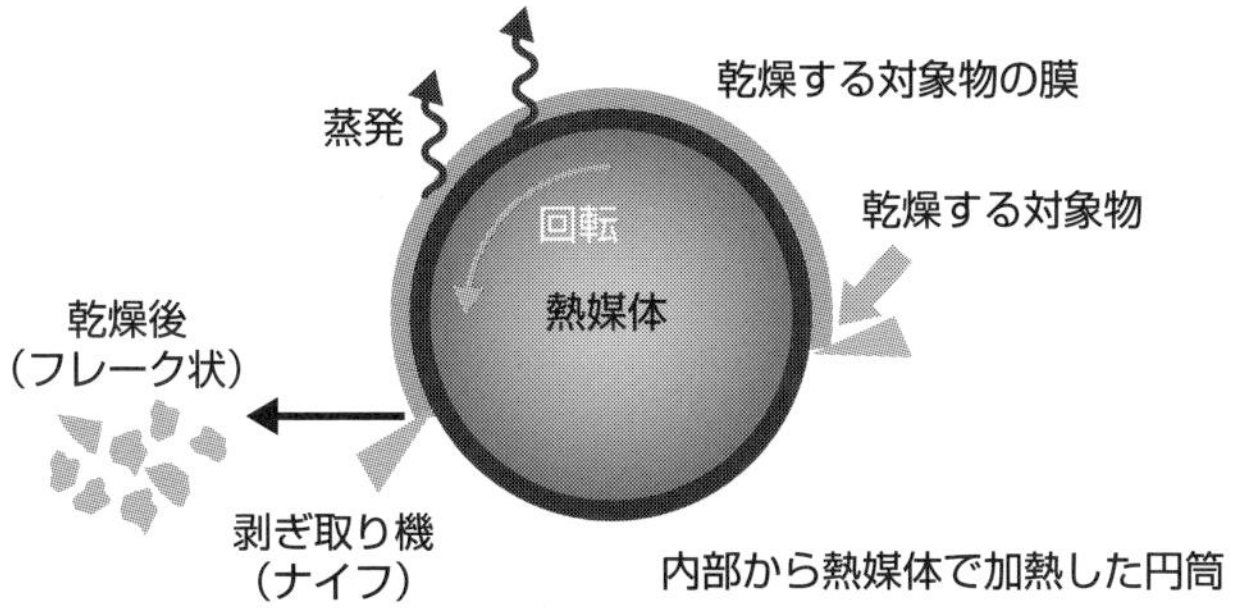

図3　流動層乾燥機（媒体粒子タイプ）

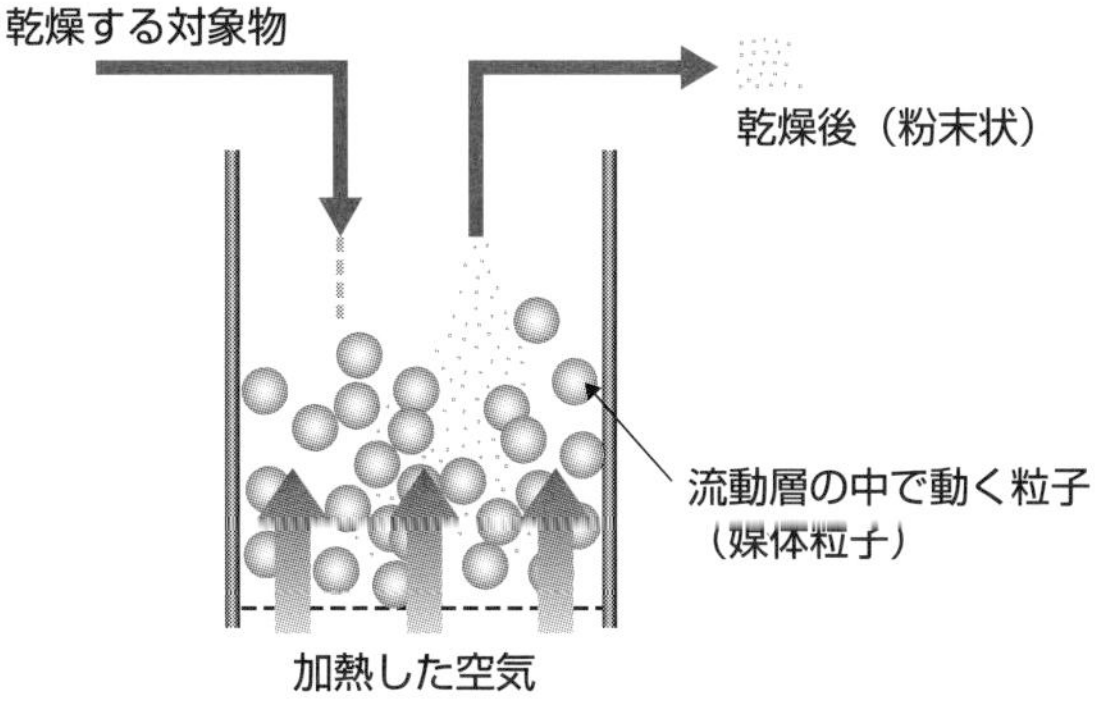

53 泥状・粒状のものの乾燥機

気流乾燥機、撹拌乾燥機

乾燥する対象物が泥状・粒状の場合に使われる乾燥機には、気流乾燥機および撹拌乾燥機があります。

気流乾燥機（図1）は、乾燥する対象物を加熱した空気で吹き上げて移動させながら乾燥します。おもに泥状で水分が多くないものを対象にしています。泥状のものは塊になっていると、そのままでは気流で運ぶことはできませんので、乾燥の前に解砕しながら乾燥機本体に送ります。乾燥機には単純な筒状のもののほかに、旋回流を発生させてその気流にのせるものがあります。解砕方法、気流にのせる方法にはいろいろな方法があります。

溝形撹拌乾燥機（図2）は、水平に置かれた筒状の容器の入口から出口まで撹拌翼によって乾燥する対象物を移動させながら乾燥します。このとき、筒状容器の外側を2重構造にし、その隙間に熱媒体（水蒸気や温水、加熱した油など）を流して容器の壁を加熱します。このような構造をジャケット構造といいます。人がジャケットを羽織るのと同じように考えられます。さらに、撹拌翼の内部が空洞になっており、そこにも熱媒体を流して加熱します。泥状のものは、乾燥するときに壁にくっつくなどしてトラブルになりやすいのですが、撹拌翼で剥ぎ取りながら移動・乾燥することで壁にくっつきにくくしています。また、撹拌翼の表面についたものを別の撹拌翼ではぎ取る工夫もしています。容器内に少量の空気を流しています。これは、乾燥する対象物から蒸発した水蒸気を追い出して容器内の湿度が上がるのを防ぐための空気流で、キャリアガスといいます。

回分式の撹拌乾燥機（図3）も乾燥する対象物が泥状・粒状のときに使われます。乾燥容器内の壁が加熱されており（ジャケット構造）、また、乾燥する対象物を撹拌するようになっています。撹拌の方法には、撹拌翼によるものや容器そのものが回転することによるものがあります。

要点BOX
- ●乾燥する対象物を撹拌する設備が備わった乾燥機を使用
- ●乾燥機への付着防止が重要

図1　気流乾燥機

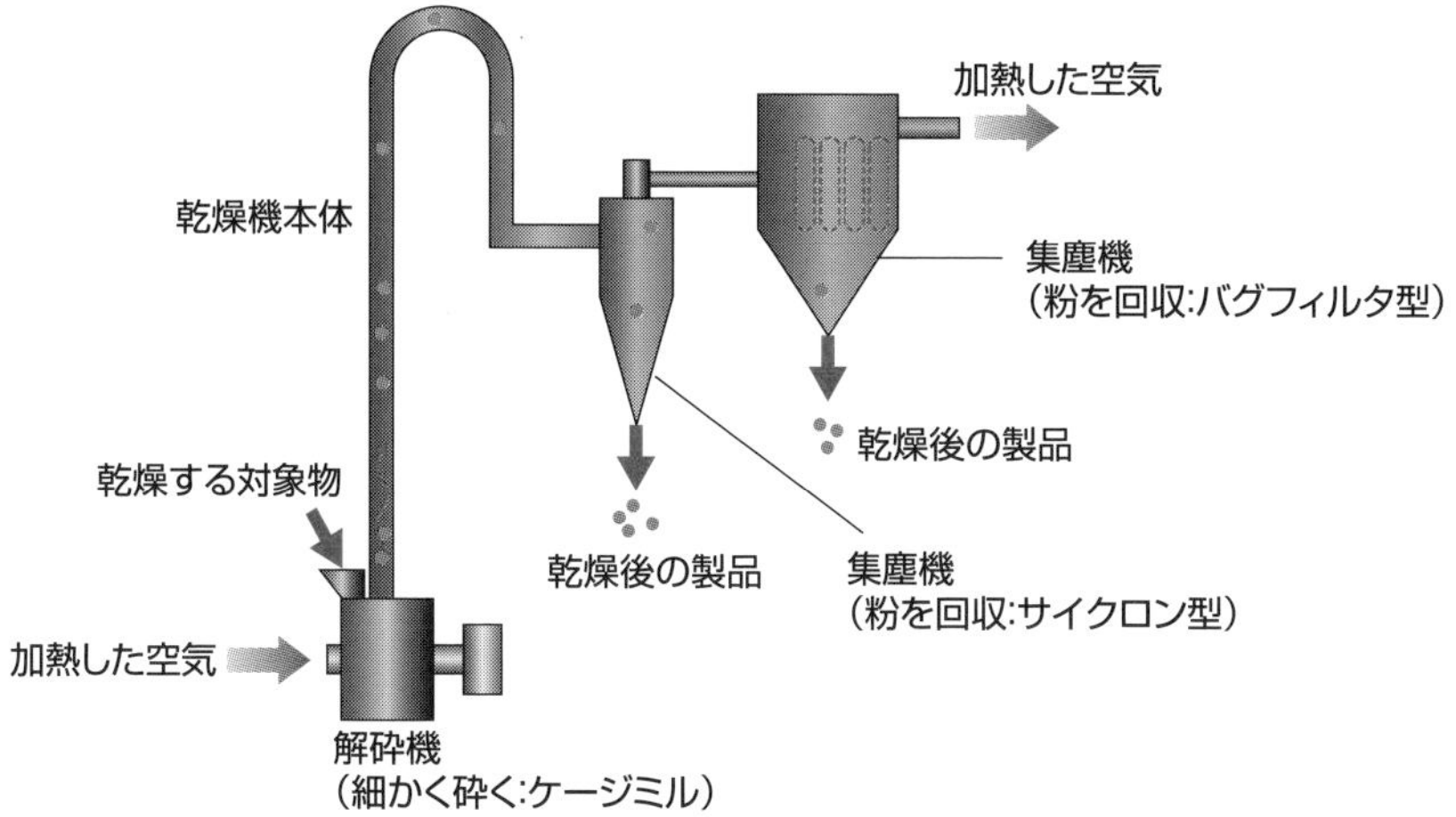

図2　溝型撹拌乾燥機

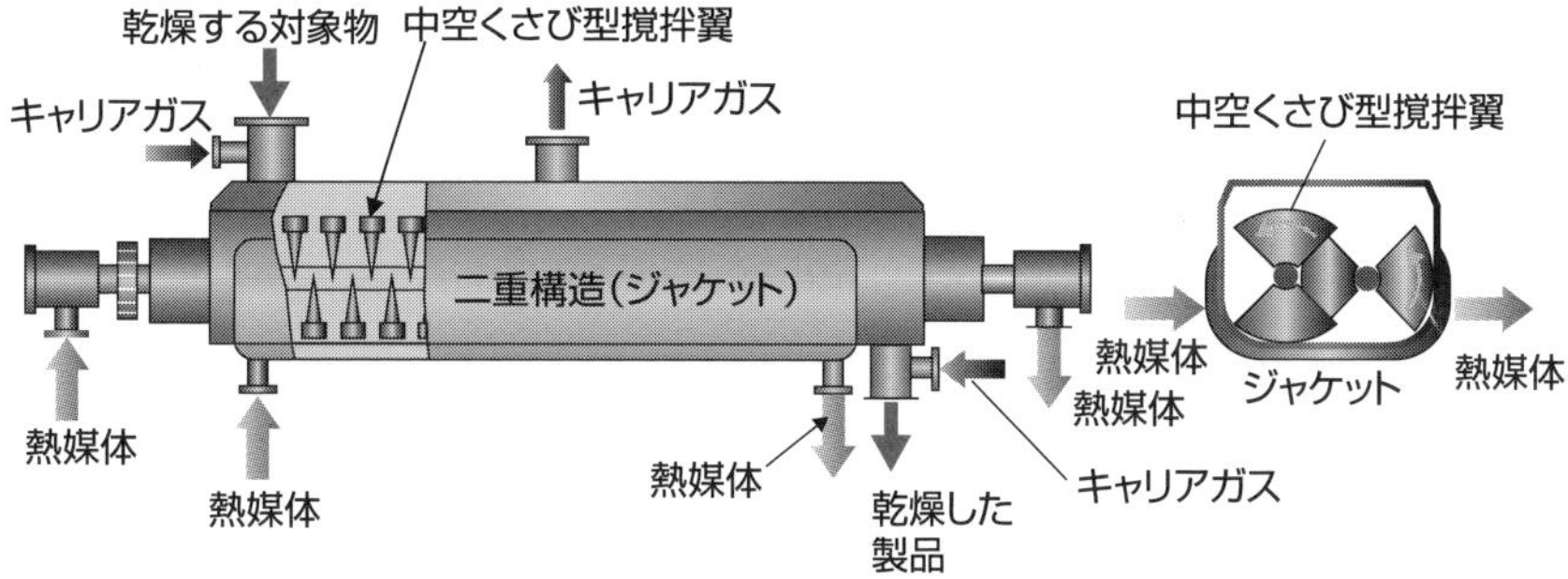

図3　回分式撹拌乾燥機（逆円錐撹拌装置）

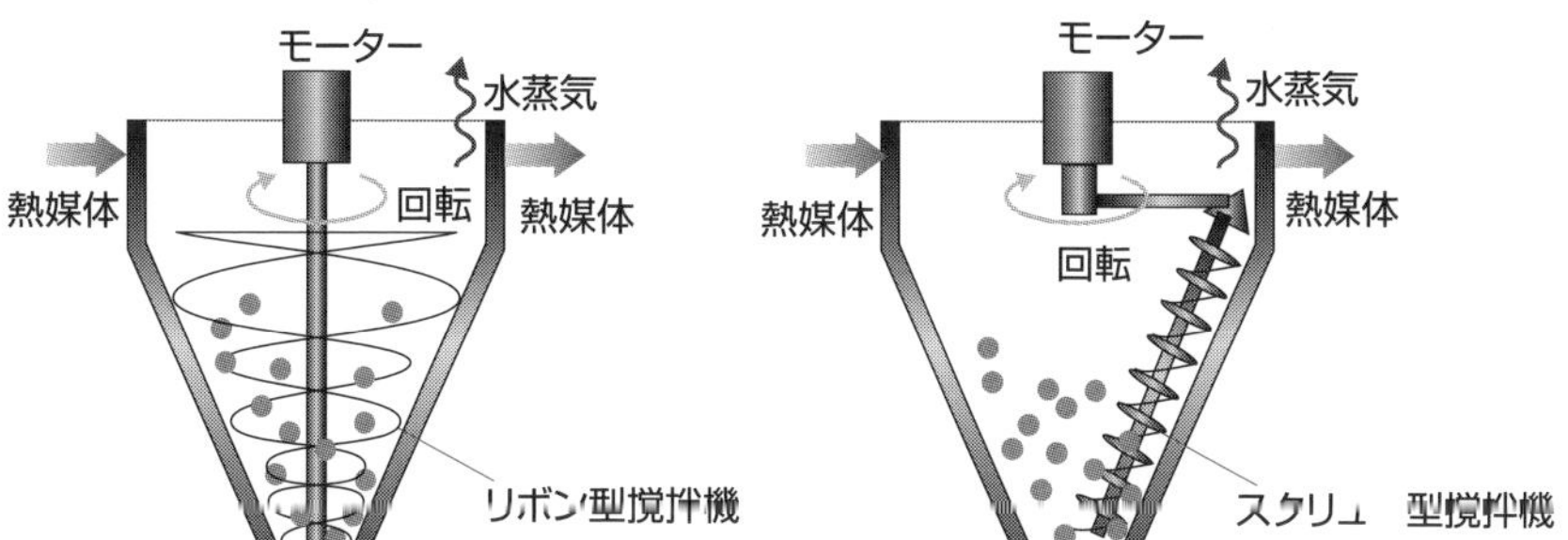

54 塊状・粒状のものの乾燥機

回転乾燥機、通気竪型乾燥機、伝熱管付き回転乾燥機

乾燥する対象物が塊状・粒状のときに使用される乾燥機には、回転乾燥機（ロータリードライヤー）、通気竪型乾燥機、伝熱管付き回転乾燥機があります。

回転乾燥機（図1）は、水平から少し傾けて置かれた円筒容器内に乾燥する対象物を投入し、円筒容器を回転させながら、傾斜にそって乾燥する対象物を移動させつつ乾燥します。乾燥機には加熱した空気を吹き込みます。乾燥する対象物が円筒容器内で加熱した空気とよく接するようにかき上げ板（リフタといいます）が取りつけてあります。

連続式の乾燥機で、加熱した空気の流れる方向と乾燥する対象物の移動する方向が同じ向きの場合を並流《へいりゅう》式、逆向きの場合を向流《こうりゅう》式といいます（図2）。向流式は、乾燥速度が乾燥容器全体で等しくなりやすく、また乾燥する対象物の出口で水蒸気が水にもどる結露が起こりにくいという利点があります。一方で、乾燥した製品の温度が出口で上がりやすくなります。乾燥する対象物が熱に弱い場合には並流式にします。

通気竪型乾燥機（図3）は、竪型の容器の中に乾燥する対象物を層状に積み上げて、加熱した空気を容器の側面の穴から通して乾燥する対象物に当てて加熱します。乾燥する対象物は上から乾燥機に入れ、乾燥した製品を下からベルトコンベアなどで取り出します。ベルトコンベアの速度で乾燥する時間を調節します。石炭や米の乾燥に使われています。

伝熱管付き回転乾燥機では、水蒸気を中に流した管（パイプ）を円筒容器内に配置します。この管によって乾燥する対象物を加熱します（伝導伝熱）。円筒が回転し、乾燥する対象物は円筒容器内を移動しながら乾燥します。伝熱管は、乾燥する対象物を加熱する役割と、乾燥する対象物を混ぜる役割があります。

要点BOX

- 塊状用の乾燥機は粉・粒状にも適用可能
- 連続式の対流伝熱式乾燥機には、空気の流れる方向によって並流式と向流式がある

図1　回転乾燥機(ロータリードライヤー)

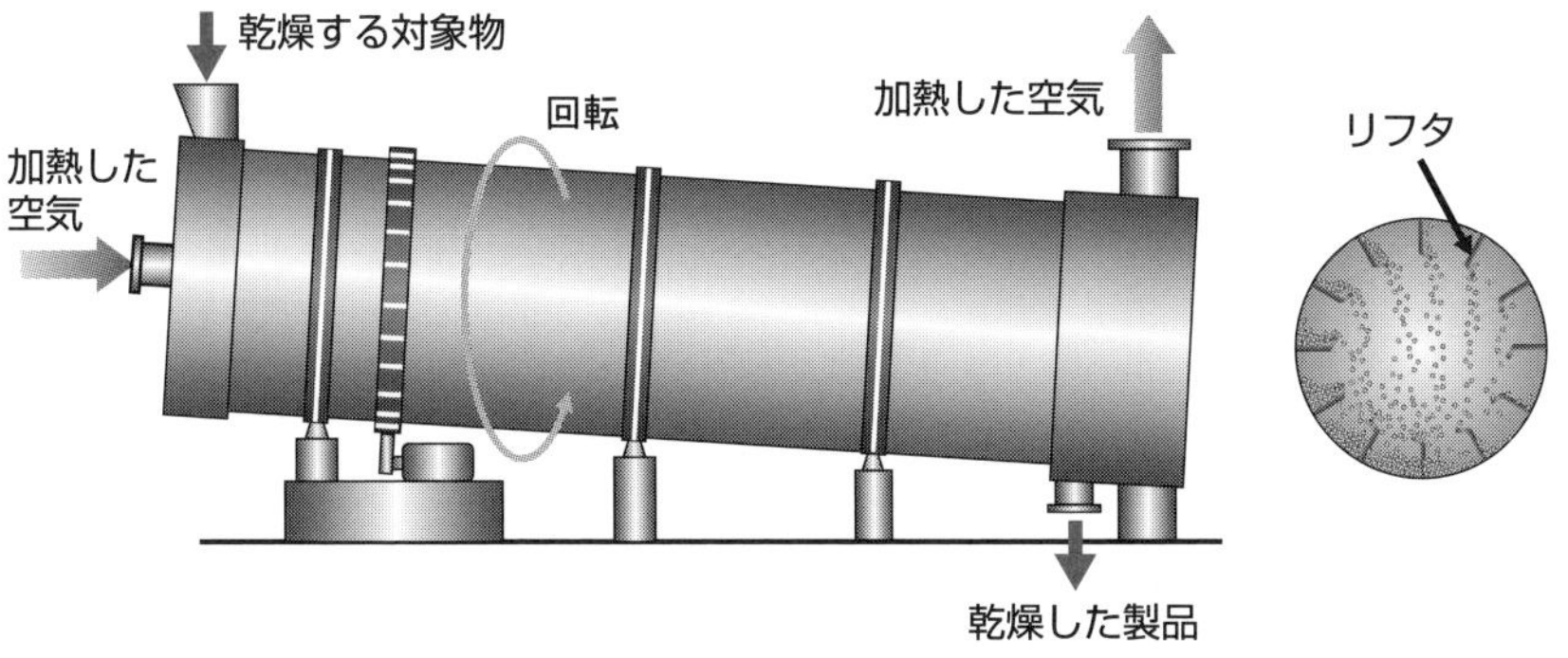

図2　並流式と向流式

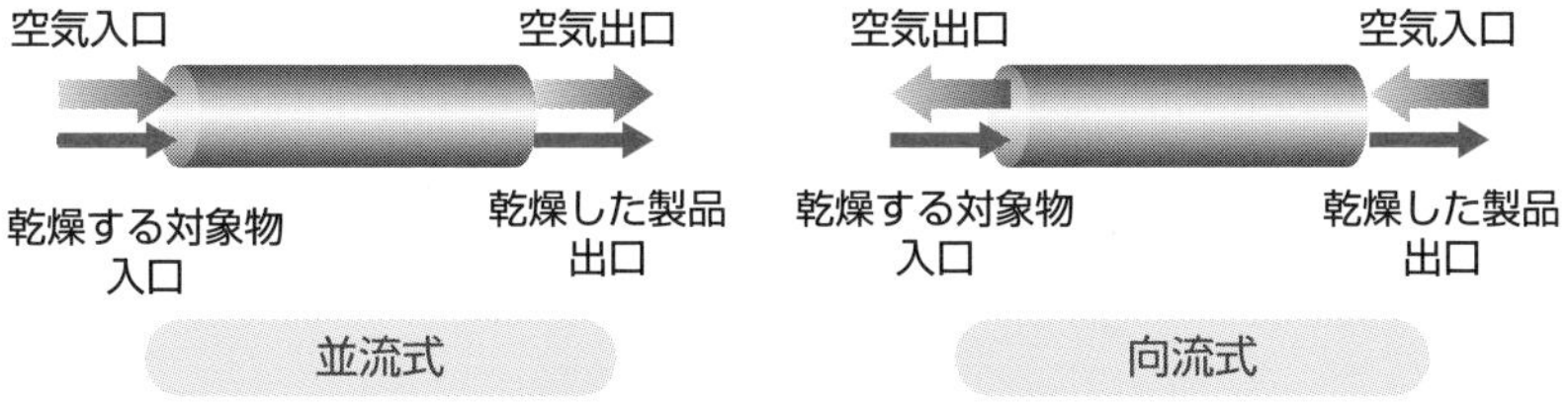

図3　通気竪型乾燥機

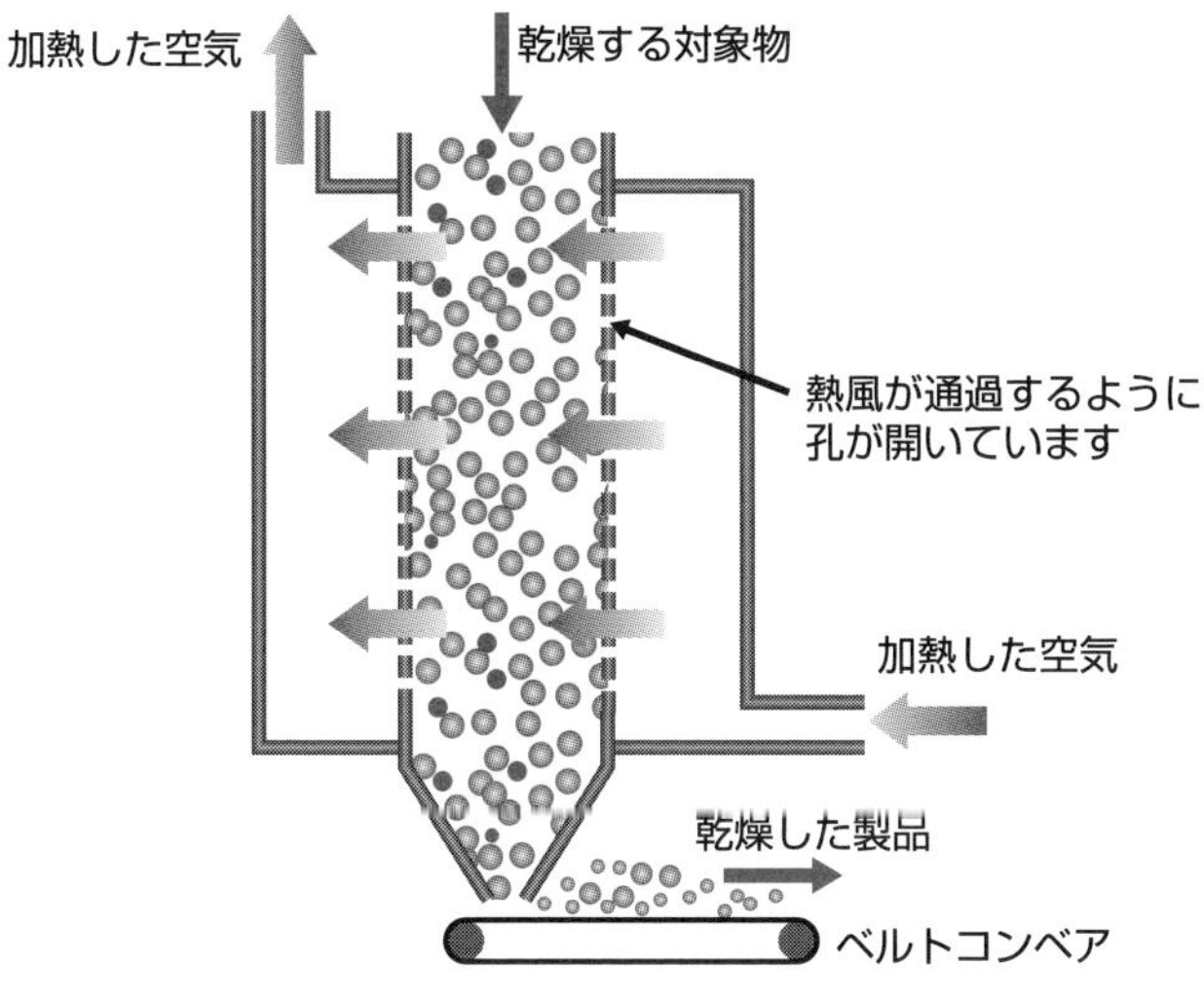

55 粉状・粒状のものの乾燥機

流動層乾燥機、多段円盤乾燥機、円筒撹拌乾燥機

粉状・粒状のものを乾燥する乾燥機は多く、前項までに出てきた回転乾燥機や気流乾燥機、溝形撹拌乾燥機も使われます。ここでは、流動層乾燥機、多段円盤乾燥機、円筒型撹拌乾燥機を紹介します。

粉状や粒状のものを、粉や粒は通しませんが気体(空気)は通すことのできる板(分散板といいます)の上に層状に積み、その下から空気を流します。このとき、ある量の空気を流すと、粉や粒が動きはじめます。このような状態を流動化といいます。この状態では、空気と粉や粒とがよく接しています。

乾燥操作では、加熱した空気を使って粉状あるいは粒状の物体を流動化することになり、加熱した空気と乾燥する対象物がよく接するということは乾燥が速くなることにつながります。このような原理を使った乾燥機が流動層乾燥機(図1)です。流動層そのものは乾燥の目的だけでなく、化学反応を起こさせる装置や、粉や粒を混ぜるあるいは密度や大きさの違いで分ける装置として使われています。

多段円盤乾燥機は、円盤が縦に並んでおり、その上から乾燥する対象物を流しこみ、上の円盤から下の円盤へと移動させながら乾燥する装置です。円盤は、空洞になっていて中に熱媒体(水蒸気や温水、加熱した油など)を流して加熱します。この円盤に触れさせることで乾燥する対象物を加熱する伝導伝熱式の乾燥機です。流動層乾燥機や撹拌乾燥機のように乾燥する対象物を激しく混ぜないため、乾燥する対象物が衝撃や摩擦で壊れやすいときに使います。

円筒撹拌型乾燥機(図2)は、溝形撹拌乾燥機と同様に水平にした容器の一方から他方に向けて乾燥する対象物を撹拌翼でかき混ぜつつ移動させ、乾燥する装置で、壁が加熱されています。泥状のものに比べて、粉状・粒状のものは装置の壁にくっつきにくいため、壁にくっついたものを剥ぎ取る能力は、溝型撹拌乾燥機よりも弱くなっています。

要点BOX
- 粉状・粒状のものを分散させながら乾燥
- 粉状・粒状のもの用の乾燥機には多くの種類がある

図1　連続式流動層乾燥機

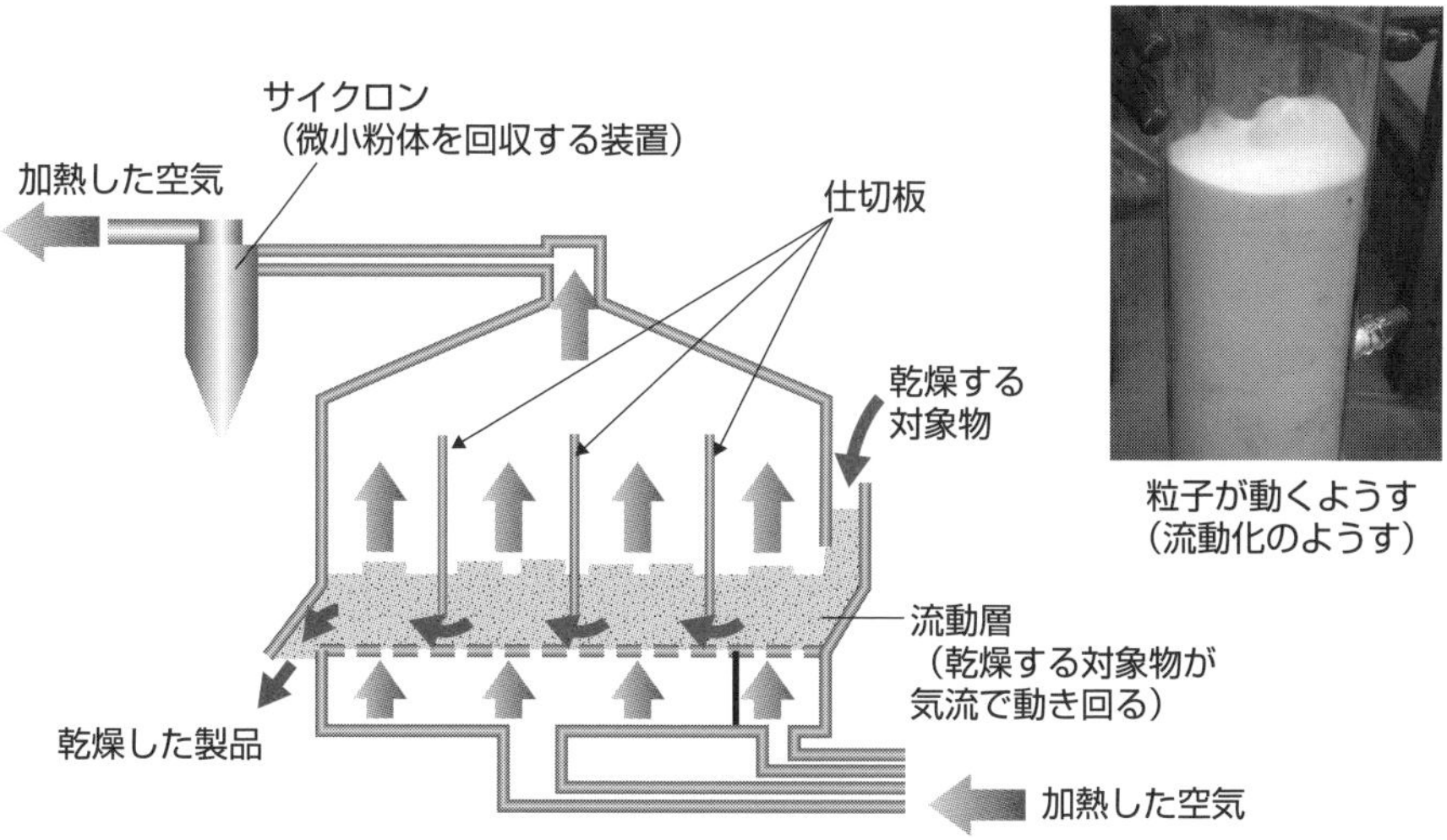

図2　円筒撹拌乾燥機（伝導伝熱式）

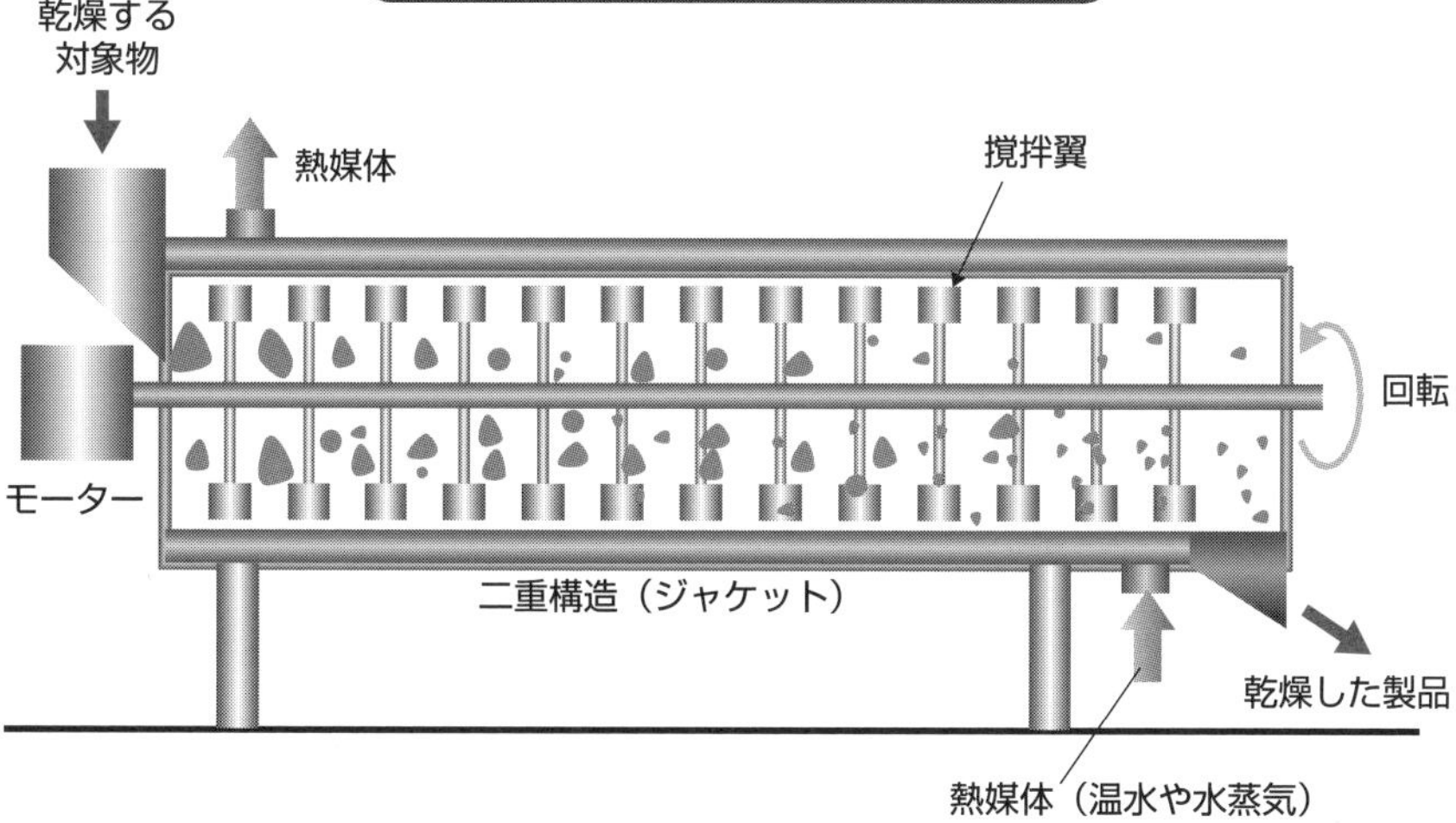

56 フレーク状・繊維状のものの乾燥機

通気バンド乾燥機、振動流動層乾燥機、箱型通気流式乾燥機

フレーク状・繊維状のものには、スナック菓子や茶葉などがあり、塊状あるいは粒状のものから見るとガサついているイメージのものになります。乾燥機としては、連続式の回転型乾燥機（回転乾燥機、伝熱管付き回転乾燥機）、円筒撹拌乾燥機、多段円盤乾燥機などのこれまでに紹介した塊状あるいは粉・粒状のものに使用される乾燥機のほかに、通気バンド乾燥機、箱型通気流式乾燥機、振動流動層乾燥機などが使われます。

フレーク状・繊維状の乾燥機に共通する考え方として、乾燥する対象物をほぐしながら加熱した空気に当てて乾燥することで乾燥しやすくするということがあります。もろいものが多いので、撹拌する場合にもゆるやかな撹拌になります。

通気バンド乾燥機（図1）は、ベルトコンベアに乾燥する対象物を載せて移動させながら加熱した空気を当てて乾燥する連続式の乾燥機です。このベルトコンベアのベルト部分には、金網などの穴の開いたベルトが使われており、これをバンドとよびます。加熱した空気を乾燥する対象物の層の内部に通すこと（通気流）で空気と乾燥する対象物が接する面積を増やすことができます。あらかじめほぐしながらバンドに乾燥する対象物を載せていきます。

通気バンド乾燥機で、下から加熱した空気を流し、さらにバンドに振動を与えて乾燥する対象物を動かしながら乾燥する装置が振動流動層乾燥機（図2）です。振動流動層乾燥機には、乾燥する対象物を動かすときに、空気の流れによって動かし、振動はその助けとなるように与える場合と、乾燥する対象物を動かすのは振動に任せ、そこに加熱した空気を当てる方法があります。乾燥する対象物の大きさや分散のしやすさによって使い分けます。

箱型通気流式乾燥機（図3）は、通気バンド乾燥機を回分式としたものです。

要点BOX
- ●フレーク状・繊維状のものは、ほぐした状態で熱源と接触させる
- ●もろいものに適用可能な乾燥機を使う

図1　通気バンド乾燥機

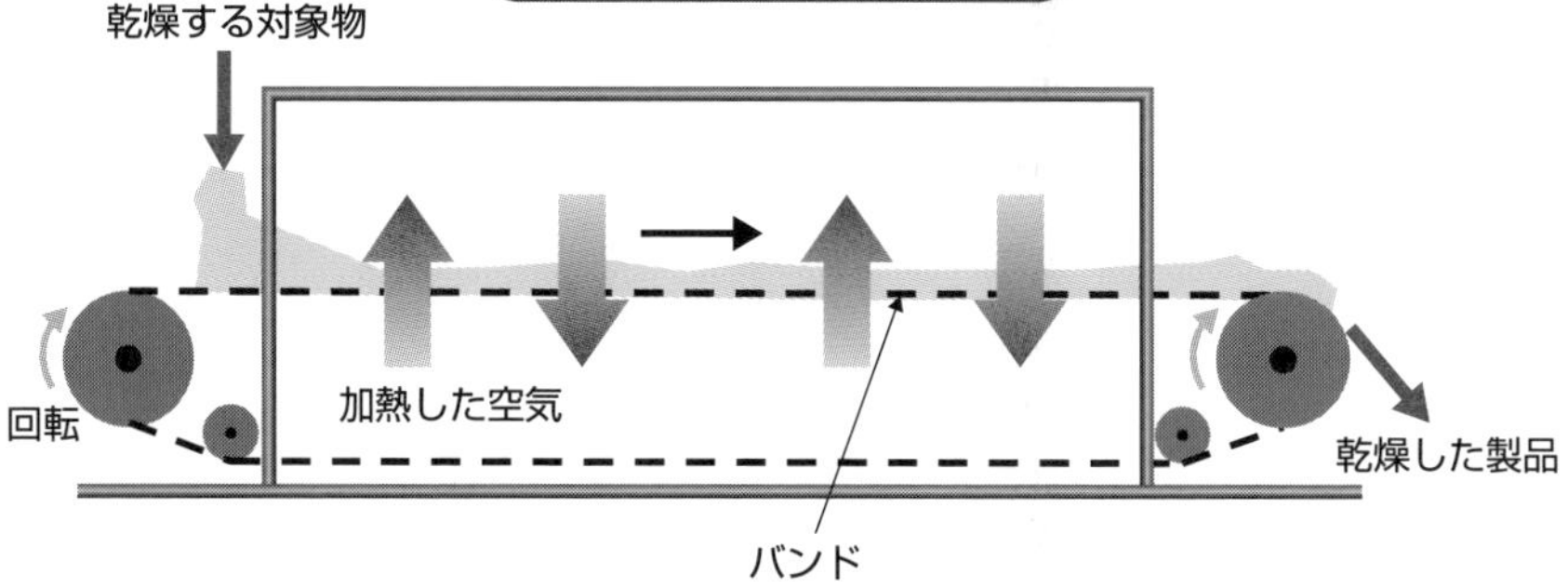

図2　振動流動層乾燥機

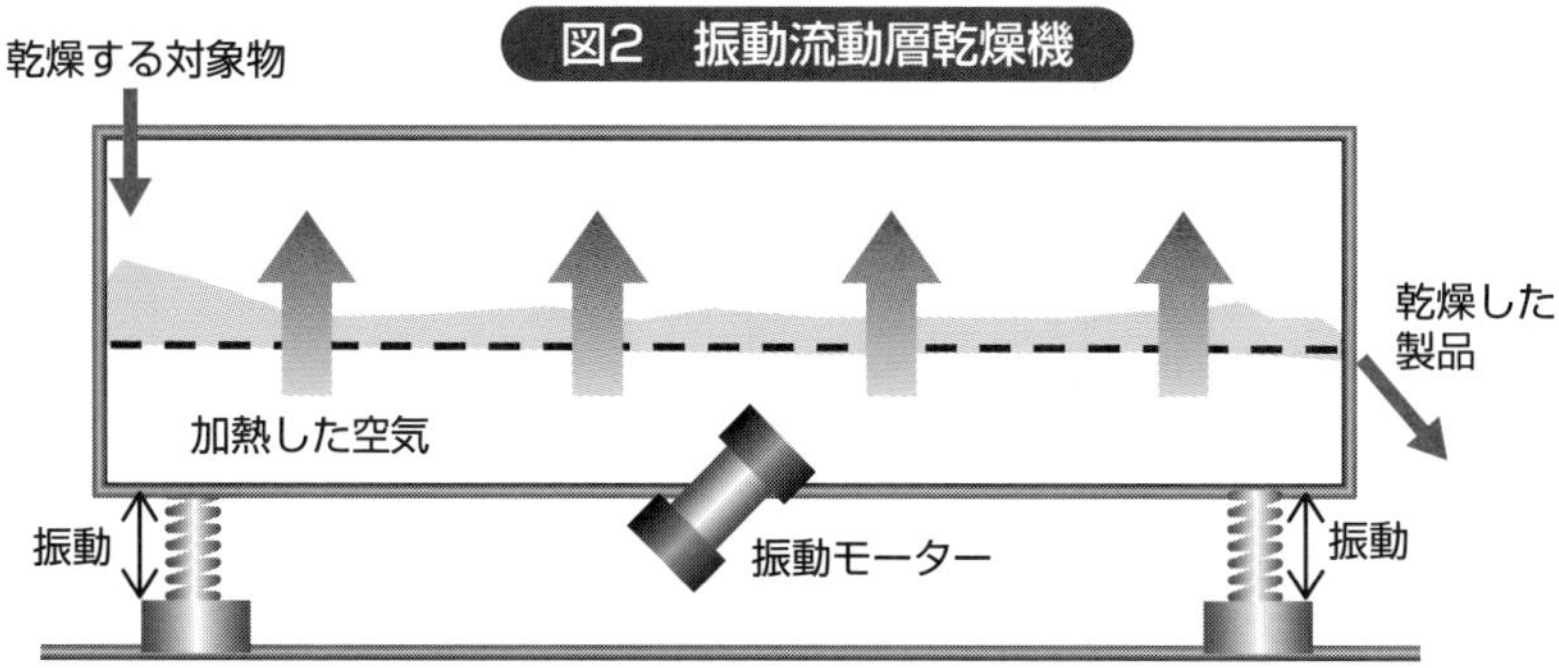

図3　箱型通気流式乾燥機(回分式)

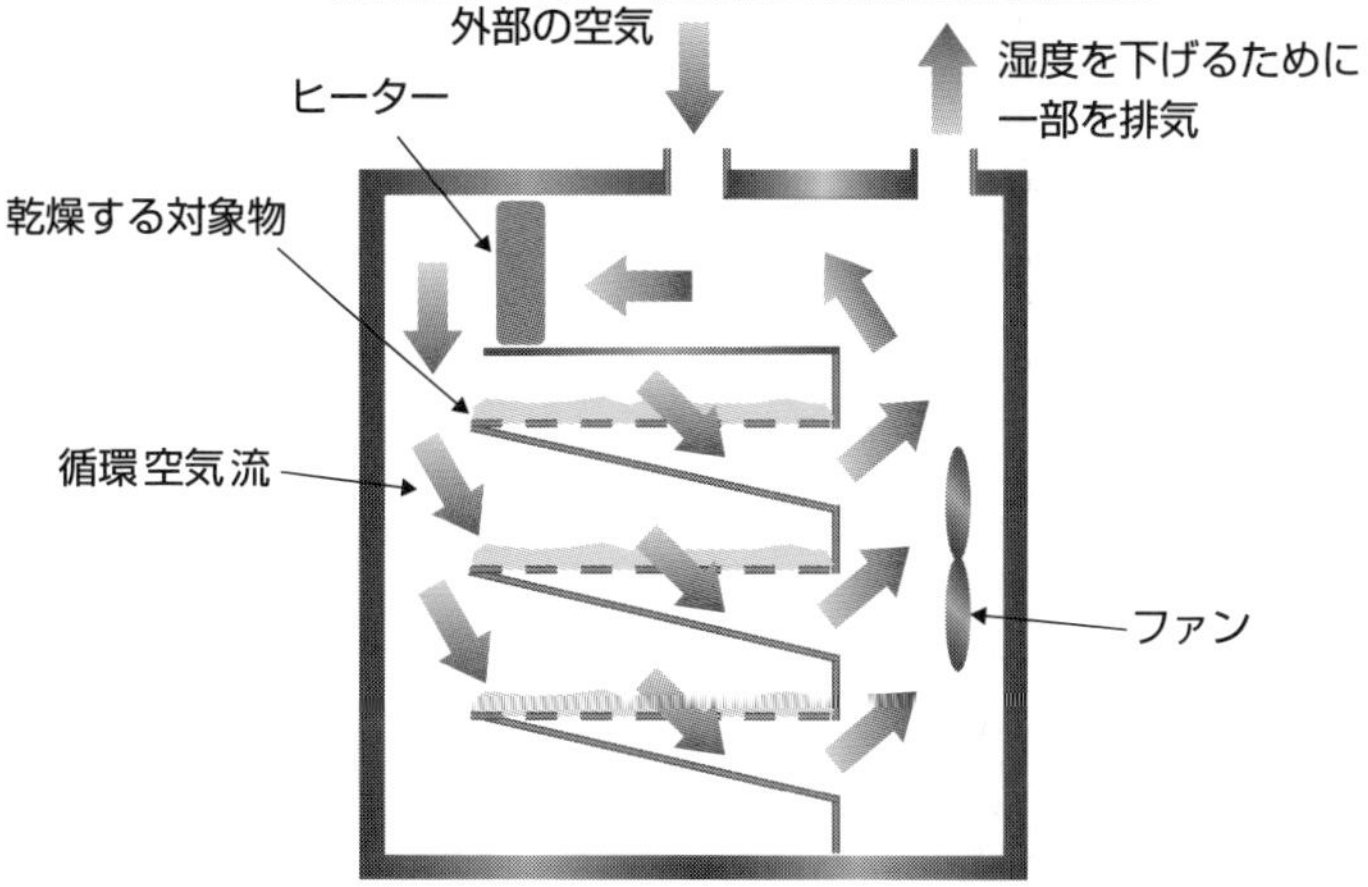

57 特定形状のものの乾燥機

台車トンネル乾燥機、箱型平行流式乾燥機

木材や陶磁器は形が決まっており、これらは置いたままで乾燥します。特定形状のものの乾燥に使われる乾燥機としては、通気バンド乾燥機のほかに台車トンネル乾燥機、回分式の箱型平行流式乾燥機があります。

特定形状の材料を通気バンド乾燥機で乾燥する場合には、バンドの上に乾燥する対象物を載せて、コンベアで移動させながら加熱した空気を当てて乾燥します。

台車トンネル乾燥機（図1）は、乾燥する対象物を台車に載せてトンネル状の容器内を移動させ、そこで加熱した空気を当てて乾燥します。乾燥する対象物を移動させる方法としては、台車のほかにもベルトコンベアなどがあります。トンネル状の加熱容器内を通過させて乾燥する乾燥機をまとめてトンネル乾燥機といいます。

回分式の箱型平行流式乾燥機（図2）は、乾燥容器内に棚を設けて、棚の上に乾燥する対象物を載せ、加熱した空気を乾燥する対象物に平行に当てて乾燥する乾燥機です。フレーク状・繊維状では、乾燥する対象物を層状に積んで、そこに空気を通気させることが可能でしたが、特定形状の場合には、多くのものが空気を通さないため、棚に対して平行に加熱した空気を流します。家庭用の食器洗浄乾燥機はこれに近いです。

トンネル乾燥機や箱型平行流式乾燥機は、特定形状のものに限らず、ほとんどの形状のものに使用することができる乾燥機です（図3）。ただし、乾燥する対象物を静置した状態で、乾燥する対象物の表面に平行に加熱した空気を流すことになるので、伝熱面積が狭い乾燥機といえます。乾燥する対象物が分散したり、加熱空気を通気したりできる形状のものである場合には、通気流式の乾燥機を使うことで乾燥にかかる時間が大幅に短くなります。

要点BOX

- 特定形状のものは静置した状態で乾燥
- 箱型平行流式乾燥機やトンネル乾燥機はさまざまな形状のものを乾燥できる

図1　台車トンネル乾燥機（連続・向流式）

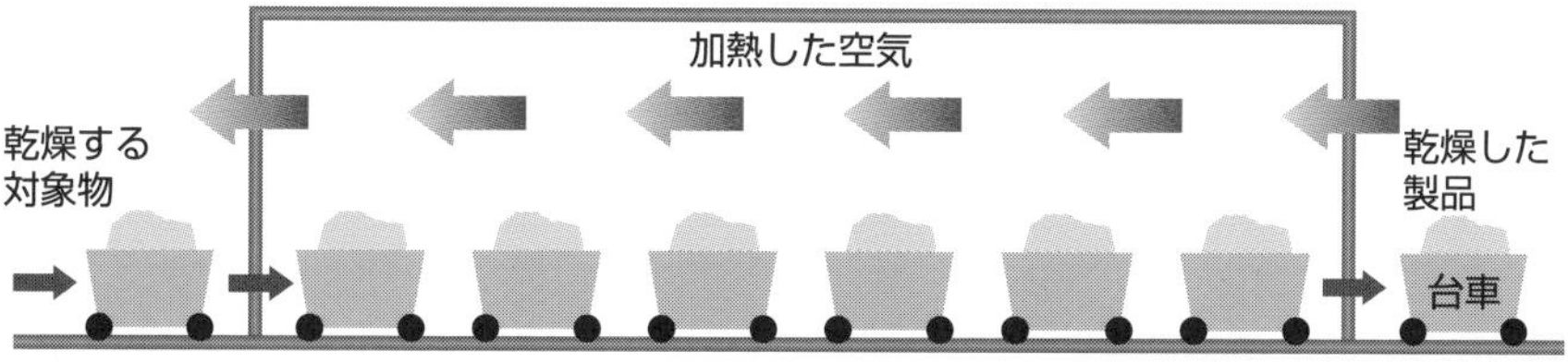

図2　箱型平行流式乾燥機（回分式）

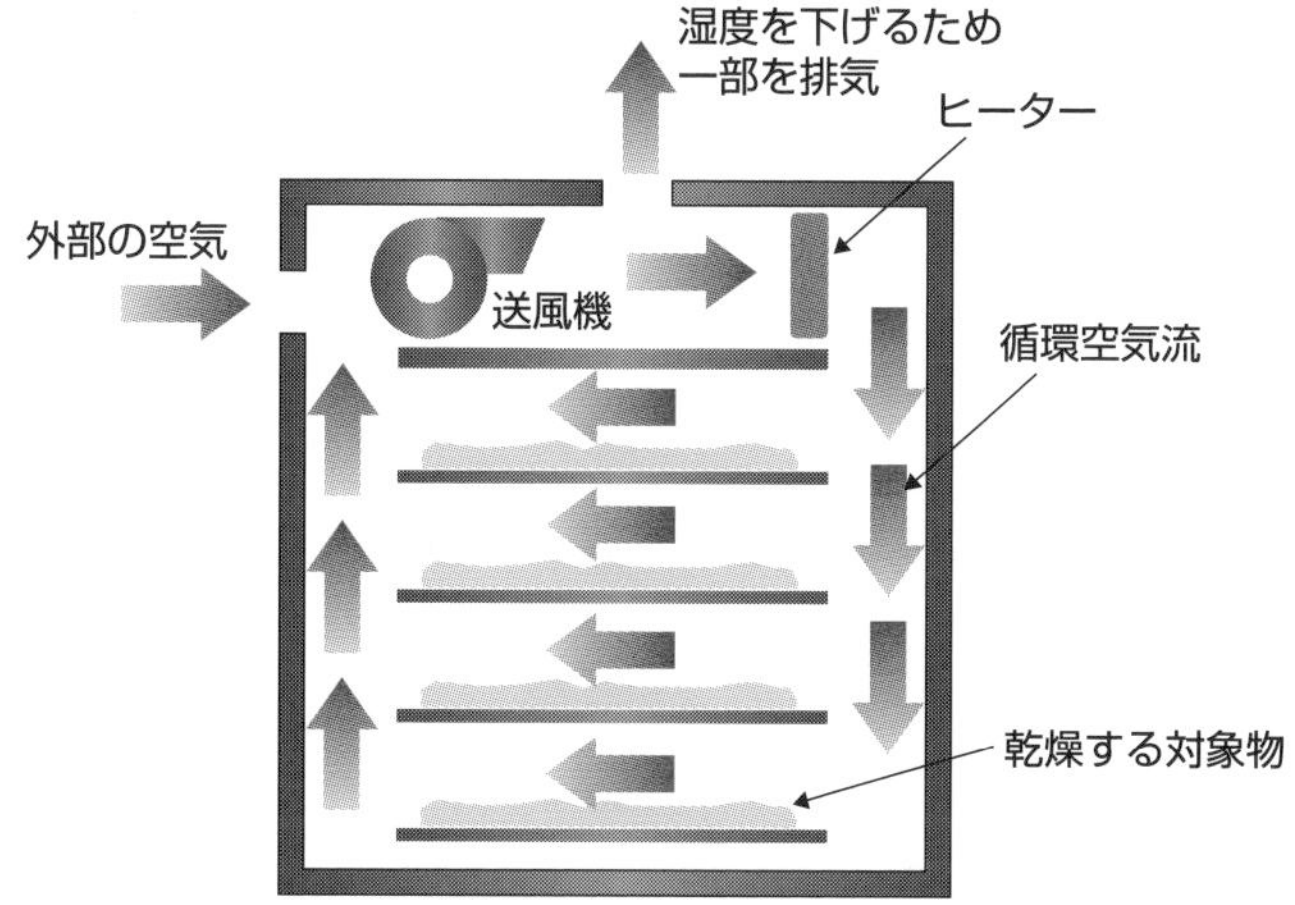

図3　箱型乾燥機はさまざまな形状のものを乾燥できる

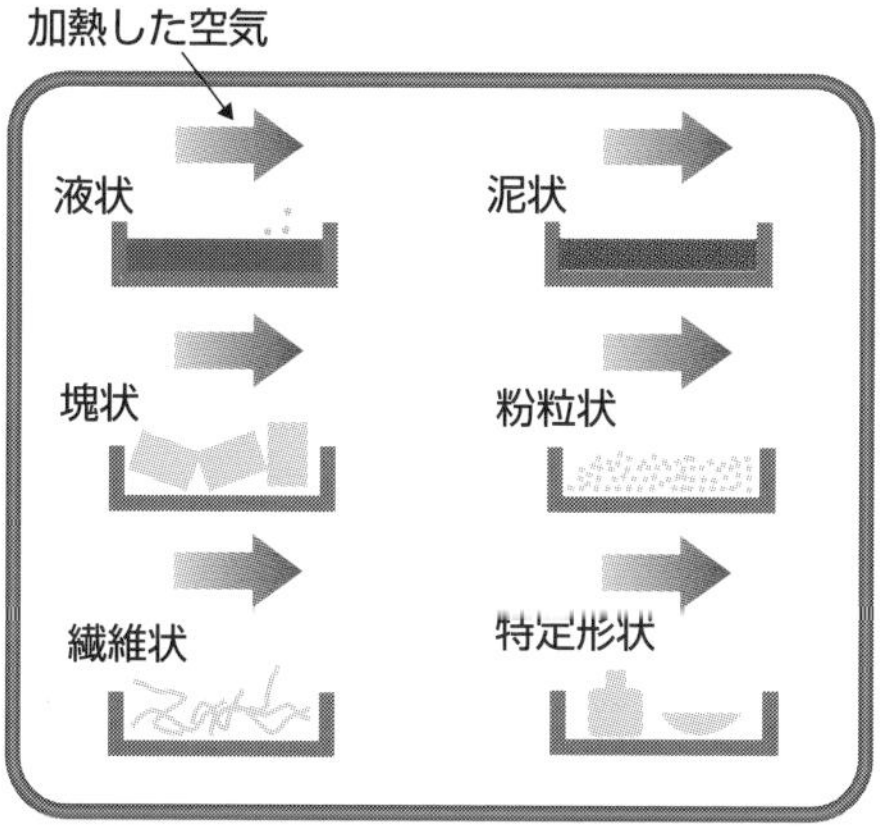

58 シート状のものの乾燥機

多円筒乾燥機、噴出流乾燥機

　紙の製造工程などで使われる乾燥機には、シート状のものを乾燥するための特殊な乾燥機が使われます。シート状のものを多量に乾燥する乾燥機として、多円筒乾燥機および噴出流乾燥機を紹介します。

　多円筒乾燥機（図1）は、円筒乾燥機（ドラムドライヤー：52項参照）と同様に金属製の円筒内を熱媒体（水蒸気など）で加熱し、その表面に乾燥する対象物を接触させて乾燥する伝導伝熱による乾燥機です。紙などのシート状のものを乾燥するときには、この円筒表面にシート状のものを押しつけて密着させて加熱・乾燥しつつ、巻き取りながら移動させます。

　円筒は多数あり、紙の製造工程では30～40本の円筒が使われています。紙の原料となるパルプと円筒を密着させるため、布（カンバスとよばれます）を使って円筒に押しつけます。高速度で巻き取りながら乾燥しており、水分を多く含むパルプなどでも1分間に30m以上、新聞紙などの水分が少ないものでは、1分間に800mの長さのものを乾燥します。この方式では、シート状の乾燥する対象物と円筒が密着する面が表裏で交互に入れ替わっています。両面からの加熱となることで乾燥が速くなりますが、一方で、印刷面があるなど、表面を円筒に触れさせたくない場合などには次の噴出流乾燥機を使用します。

　噴出流乾燥機（図2）は、多円筒乾燥機と同じくシート状のものを巻き取りながら移動させます。乾燥する対象物の表面に加熱した空気を細い管（ノズル）を通して高速度で当てて乾燥します。この乾燥機は対流伝熱型の乾燥機になります。高速度で加熱した空気を当てるため、加熱速度が速く、短時間で乾燥ができます。多円筒乾燥機と違って表面が別の物体に接しませんので、印刷物あるいは塗布物を乾燥するのに使われます。乾燥する対象物の上下両面から空気を当てて浮かせながら移動させて乾燥するもの（フロート式）もあります。

要点BOX
●シート状のものに特化した乾燥機
●シート状のものを巻き取りながら移動させつつ加熱し、短時間で多量に乾燥

図1　多円筒乾燥機（伝導伝熱式）

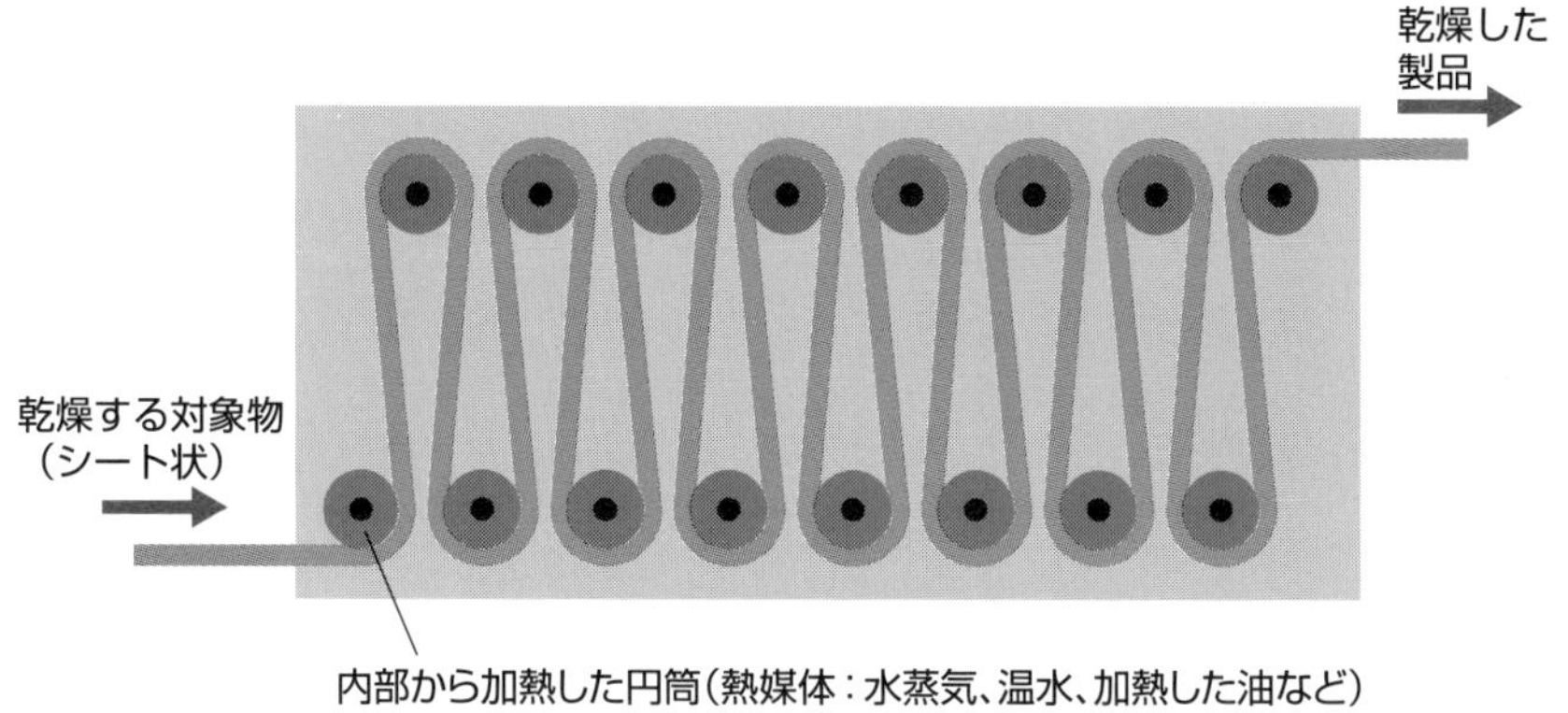

図2　噴出流乾燥機（対流伝熱式）

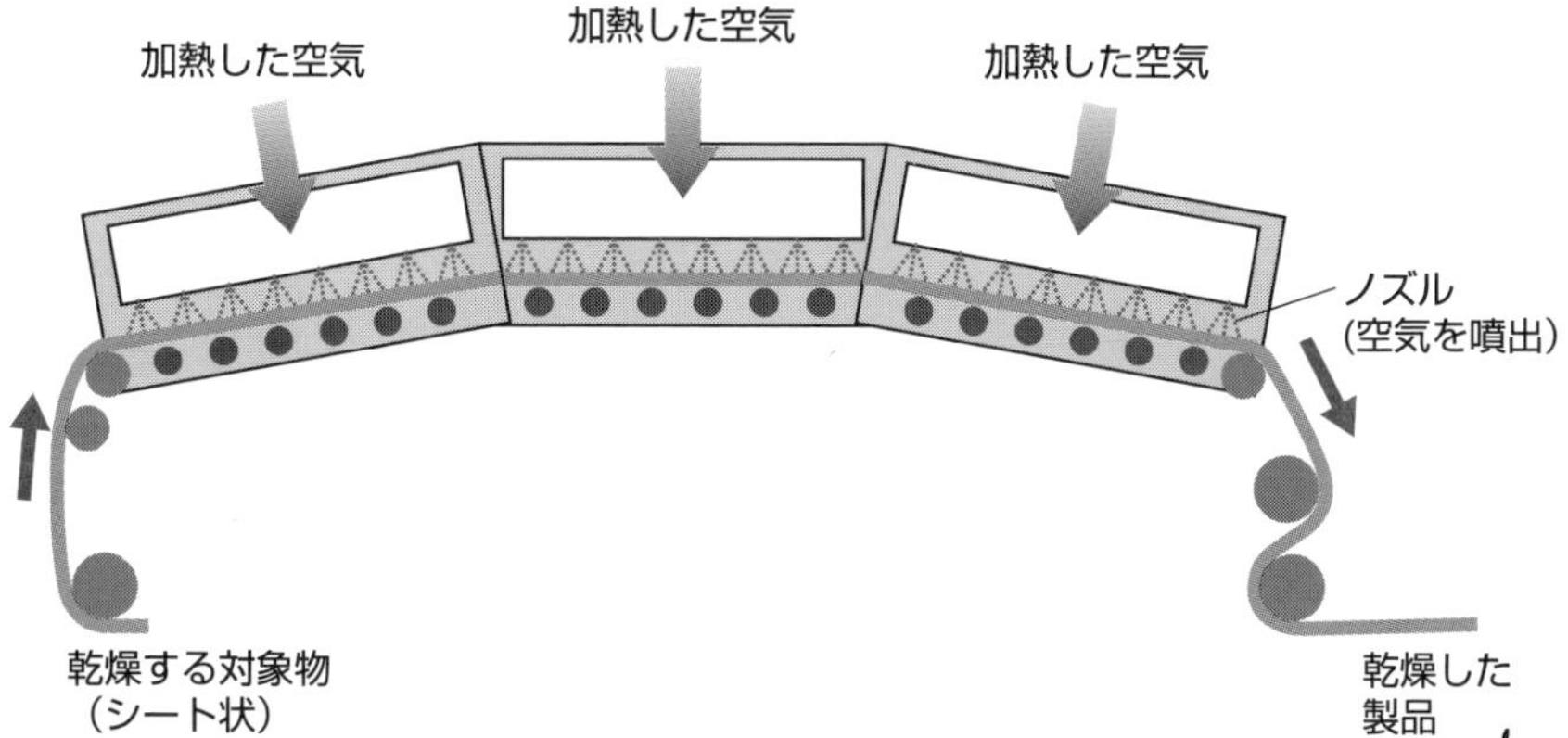

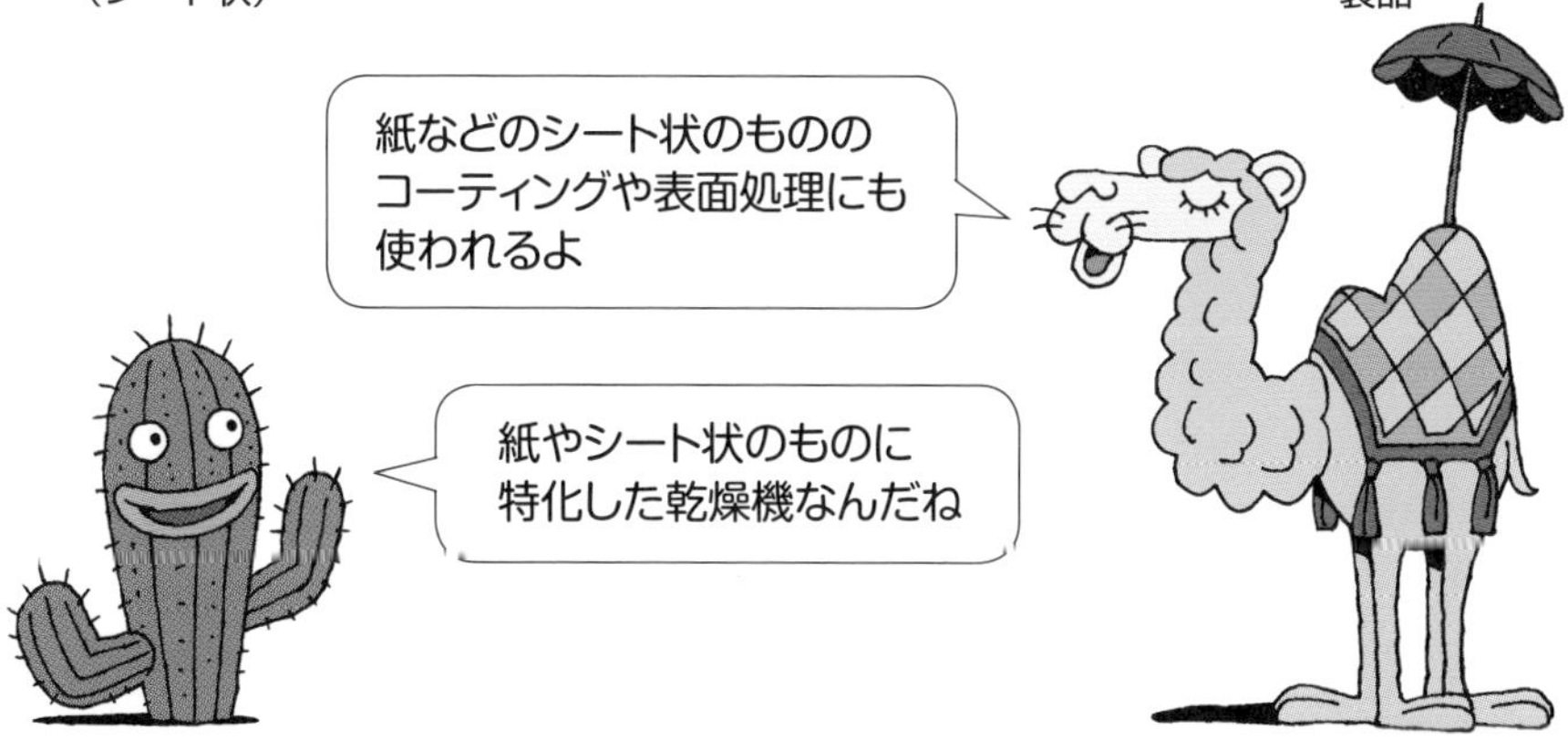

59 乾燥するときに真空にすると何が変わるか

乾燥における真空操作

真空操作とは、圧力を大気圧よりも低い圧力にする操作をいいます。完全に圧力が0となる場合だけが真空ではなく、大気圧（101・3kPa）よりも低ければ真空といいます（そもそも完全に真空とするのは非常に難しいです）。真空の度合いによって、低真空、中真空、高真空、さらには超高真空となり（表1）、圧力が低くなるにつれて、気体の量（気体分子の数）が少なくなります。真空乾燥は、おもに低真空の領域（100Pa～大気圧）で乾燥しますが、さらに圧力が低い真空凍結乾燥は中真空での操作になります。

真空条件下では、沸点が下がるために（図1）低い加熱温度でも乾燥が速くなります。このため、乾燥する対象物が熱に弱い場合によく真空操作が用いられます。真空条件下では気体の量が少ないため、酸素の量も少なく、乾燥する対象物の酸化を防ぐ効果があります。また、一般的により低い含水率まで乾燥することができます（平衡含水率が低い）。加熱用の熱源としては、伝導伝熱や放射伝熱が用いられます。また、マイクロ波による加熱が用いられることもあります。

真空乾燥機（図2）では、乾燥室（密閉容器）に乾燥する対象物を入れて、乾燥室と真空ポンプをつなぎ、真空ポンプによって圧力を下げます。真空ポンプは、容器から気体を排出する（取り除く）装置です。真空ポンプと乾燥室の間には冷却装置を取り付けて、発生した水蒸気を水に戻して取り除きます（真空ポンプに水が入るのを防ぐため）。回分式（バッチ式）の乾燥機が多くあります。連続式の装置の場合には、乾燥する対象物の出し入れをするときに空気が乾燥室内に入り込まないように工夫されています。

真空条件でも湿度の影響が現れますので、水蒸気を追い出すために低湿度の空気を少量流すことがあります。

要点BOX
- ●真空とは大気圧よりも低い圧力をいう
- ●加熱温度が低くても乾燥が速い
- ●伝導伝熱や放射伝熱によって加熱

表1 真空領域の区分

真空領域区分	圧力の範囲[Pa]
低真空	100～大気圧
中真空	0.1～100
高真空	0.00001～0.1(10^{-5}～10^{-1})
超高真空①	0.000000001～0.00001(10^{-9}～10^{-5})
超高真空②	～0.000000001(～10^{-9})

図1 圧力と水の沸点の関係

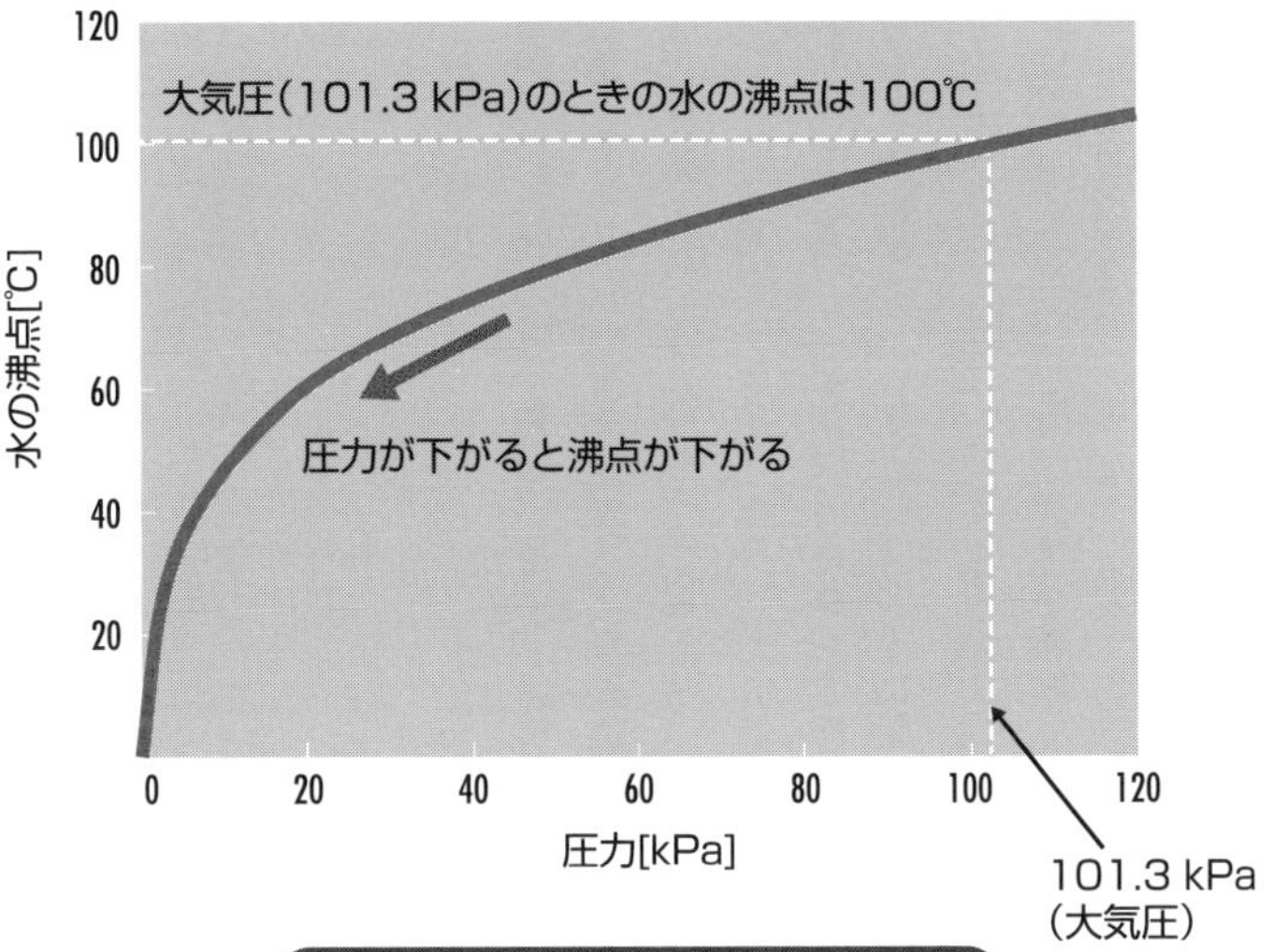

図2 真空乾燥機(伝導伝熱式)

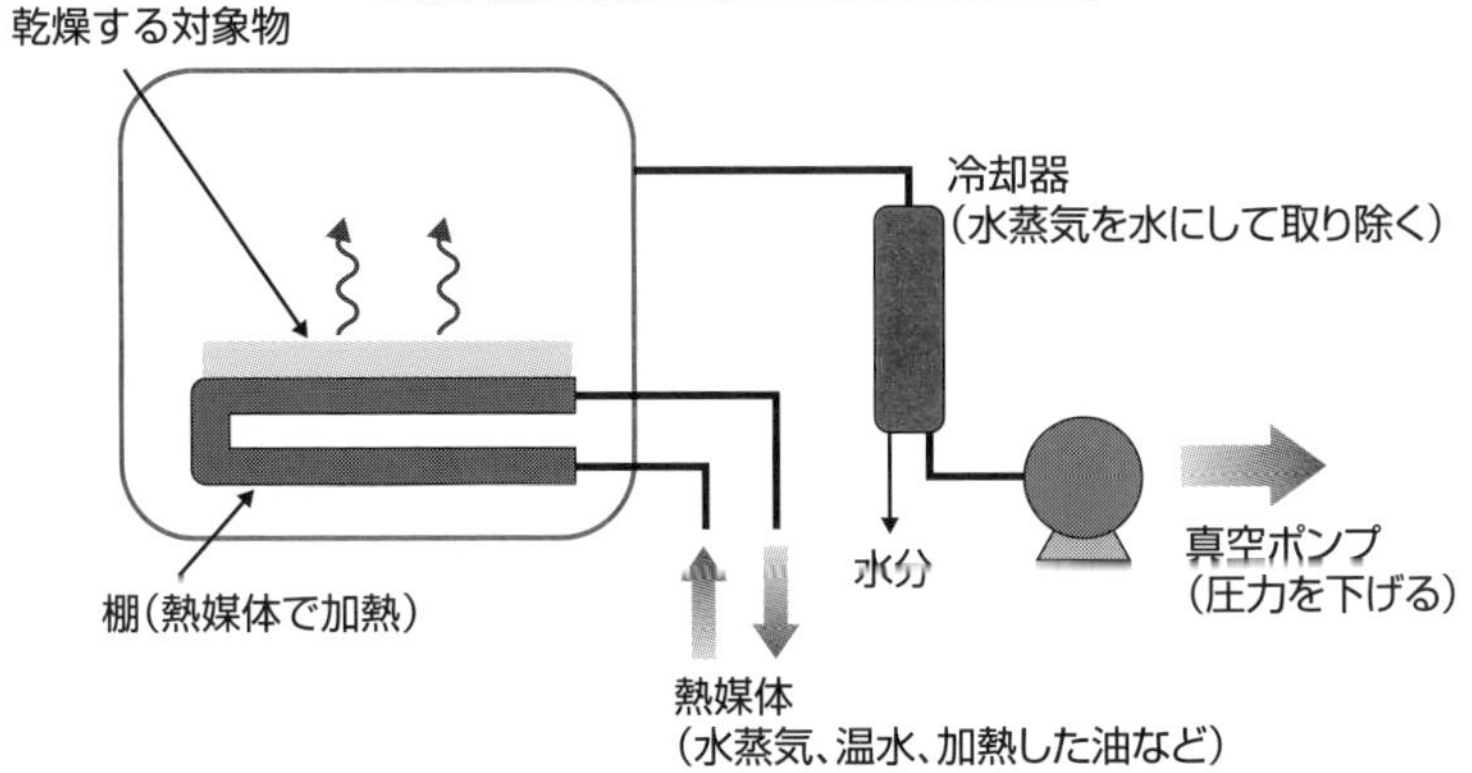

60 食品原料などの形・成分を保持しつつ乾燥

真空凍結乾燥機

医薬原料や食品原料などの熱に弱いものを乾燥する方法として、真空凍結乾燥法（フリーズドライ）が広く用いられています。身近なものとしてはインスタント食品の具材があります。これらの製品の特長としては、お湯を注ぐと短い時間で元に戻り、風味が元のものと変わらないということがあります。

真空凍結乾燥法の原理として重要なのが「昇華」という現象です。水は、温度や圧力の条件によって液体の水、固体の氷、気体の水蒸気に変化します。液体の水を加熱すれば気体の水蒸気に、冷却すれば固体の氷になります。昇華というのは氷から直接水蒸気に変化する現象です。大気圧下で氷を加熱すると、氷はとけて水になり、昇華は起こりません。昇華を起こすためには、温度を0・01℃以下、圧力を613Pa以下とする必要があります（図1）。乾燥する対象物を凍結させ、前述のような真空条件のもとで加熱することで昇華が起こり、乾燥が進みます。乾燥する対象物の加熱方式には伝導伝熱や放射伝熱が使われます（図2）。

実際には、613Paよりもさらに低い圧力（食品では圧力13～107Pa、医薬品では0・4～13Pa）で乾燥します。昇華による乾燥では、乾燥する対象物が縮まず、氷の部分がそのまま空洞として残ることから、お湯を注いだときに短い時間で元にもどります。また、低い温度で乾燥するために熱に弱い成分が保持されやすくなります。

食品原料などでは、凍結するときの温度も重要で、-20℃程度（家庭用冷蔵庫の冷凍庫）で凍結すると、原料内に大きな氷結晶ができるために細胞が壊れやすく、一方で-90℃などの低い温度ですばやく凍結すると細胞が壊れにくく、お湯などでもどしたときに、より乾燥前の状態にもどりやすいといわれています。食品の場合には-40～-30℃で凍結することが多いようです。

要点BOX
- ●真空凍結乾燥は昇華によって乾燥
- ●乾燥するときの収縮が起こりにくい

図1　水の状態（真空凍結乾燥の経路）

真空凍結乾燥は①→②→③の経路で進みます。

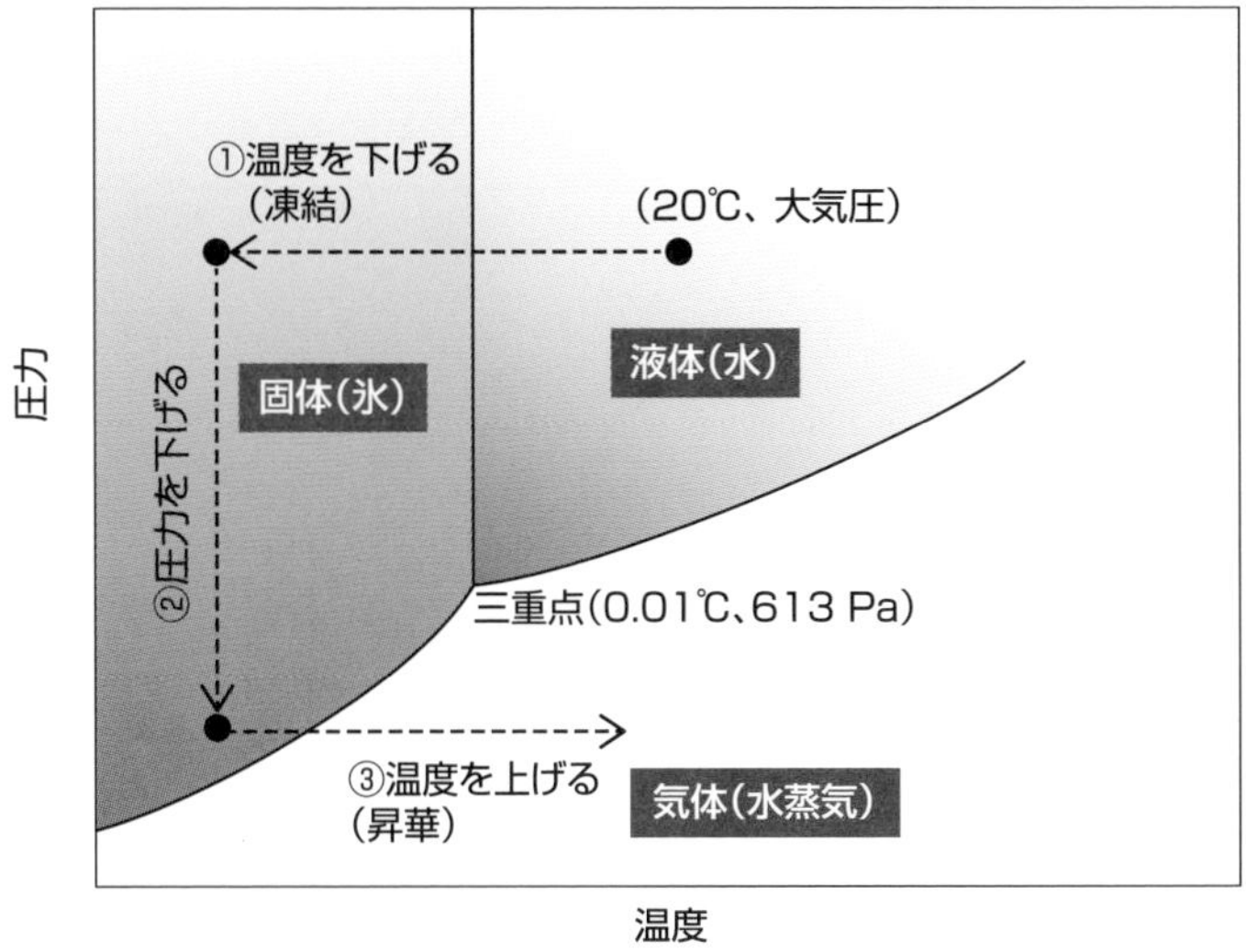

図2　真空凍結乾燥機（伝導伝熱式）

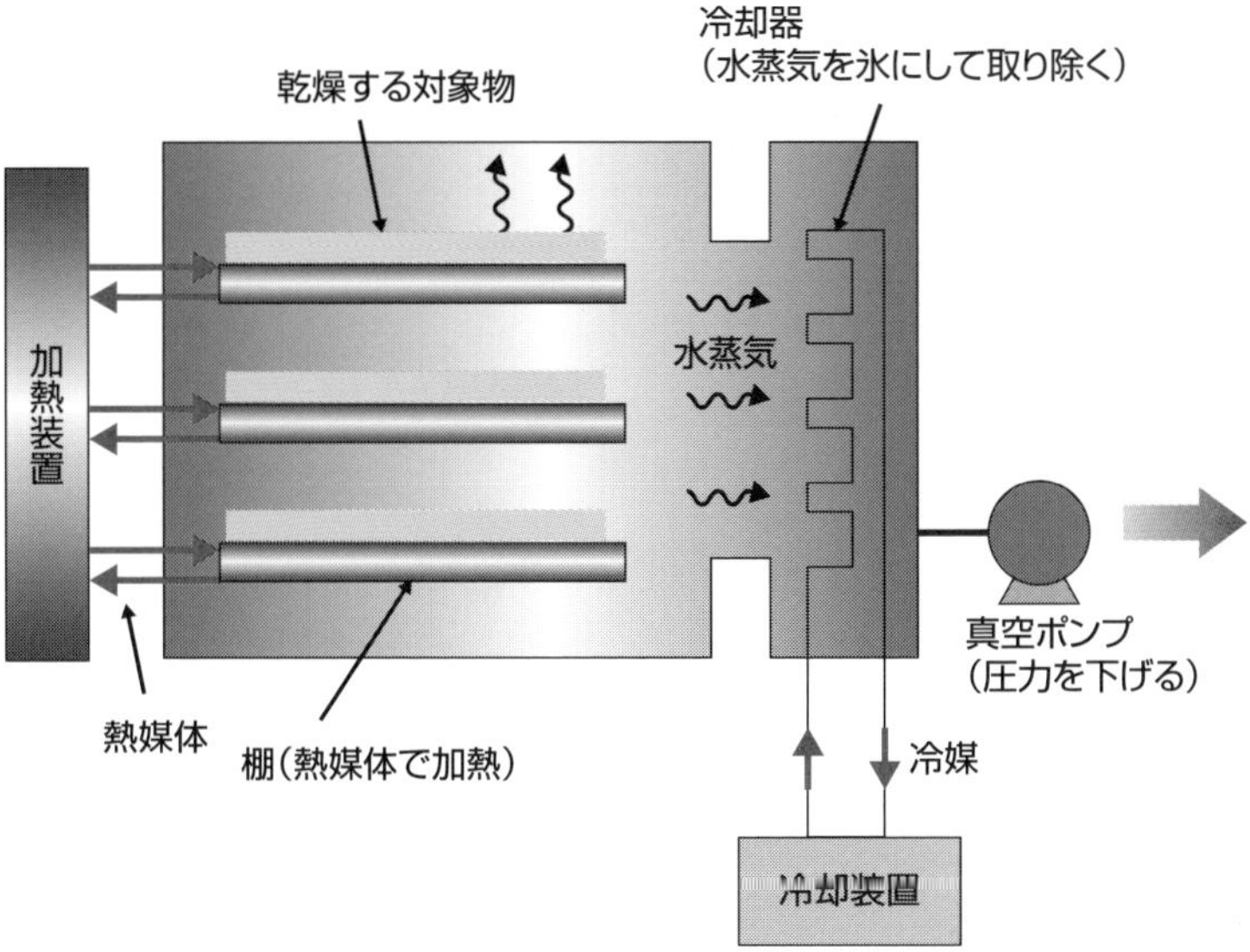

Column

液体を存在させない乾燥方法―真空凍結乾燥と超臨界乾燥

乾燥するときに液体の毛管吸引力によって、乾燥する対象物の変形や収縮が起こります。このため、氷から水蒸気へと変化させて液体の水を存在させずに乾燥する真空凍結乾燥法は、製品の変形や収縮を防ぐことができます(60項参照)。

同じように乾燥するものの変形や収縮を防ぐために、材料内に液体を存在させずに乾燥する方法として、超臨界乾燥があります。

超臨界乾燥で使われる超臨界流体というのは、気体のようにサラサラで(粘性が低く)、液体のように重い(密度が高い)状態の物質です。水は、温度374℃以上、圧力218気圧(22MPa)以上で超臨界流体(超臨界水)になりますが、これはかなり過酷な条件です。そこで、温度31℃以上、圧力73気圧(7・4MPa)以上で超臨界流体になる二酸化炭素を用います。

まず、液化二酸化炭素(液体状の二酸化炭素)を湿り材料と一緒に容器に入れます。温度・圧力を上げて超臨界流体になった二酸化炭素は、湿り材料内の水と置き換わります。その後、圧力を下げて、気体となった二酸化炭素を取り除いて(空気と入れ替えて)乾燥製品とします。

超臨界乾燥は、乾燥する対象物の変形や収縮を防ぐ効果が非常に高いため、エアロゲル(隙間が非常に大きい材料で断熱材などに利用できる)とよばれる新しい材料を作るときの乾燥や、わずかな変形も許されない集積回路の製造時の乾燥などに使われています。

なお、乾燥するものを湿らせている液体は水以外にもアルコールなどがあり、これらの液体を超臨界二酸化炭素と置き換えます。

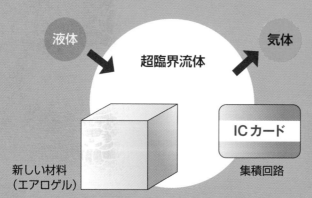

第6章

乾燥操作で注意すること

61 乾燥には多量の熱が必要である

乾燥に必要な最低限の熱量を求める

乾燥操作では、乾燥する対象物に含まれる水分を蒸発させるための蒸発熱が必要になります。また、乾燥操作ではそのほかにも熱が必要です。実際にどの程度の熱が必要になるでしょうか。

乾燥する対象物が乾燥機に入ると、まず乾燥（蒸発）が起こる温度（加熱した空気を当てて乾燥する場合には湿球温度）にまで加熱されます。このときに熱が必要になります（図1①）。

続いて、水分が蒸発します。このときには蒸発熱が必要になります（18項参照、図1②）。

最後に、乾燥が終わった後の製品が加熱されて出てきます。この熱も必要になります（図1③）。

以上のことから、⑴乾燥する対象物を乾燥が起こる温度にまで加熱する熱量、⑵水分が蒸発するときの蒸発熱、⑶乾燥後、製品を加熱する熱量、の合計が最低限必要な熱量となります。

洗濯物を干すとき、空気の温度が低くても洗濯物が加熱されます。極端な例では、冷蔵庫の中に入れた食品であっても熱が加わり、乾燥します。

乾燥に必要な熱量の計算例として、脱水後のTシャツ（乾いたときの質量200g、脱水後の水分量60g：乾量基準含水率は0.3kg－水／kg－乾き固体）を25℃、相対湿度50％の空気中（湿球温度は18℃になります：37項参照）で乾かすときを考えてみましょう（図2）。脱水後のTシャツ温度を10℃として計算しますと、⑴の熱量が4.1kJ、⑵の熱量が147.4kJ、⑶の熱量が1.8kJとなります。⑴、⑵、⑶の合計は153.3kJとなります。特に⑵の蒸発熱に相当する熱量が大きいことがわかります。153.3kJは、1000Wのヘアドライヤーをおよそ2分30秒間動かしたときに発生する熱量になります。しかし、実際にヘアドライヤーを2分30秒間Tシャツに当てても乾燥は終了しません。この点については次項で説明します。

要点BOX

- 乾燥に必要な最低限の熱量は蒸発熱と乾燥前後の加熱に必要な熱の合計になる
- 蒸発熱が必要熱量として特に大きい

図1 乾燥に必要な熱量

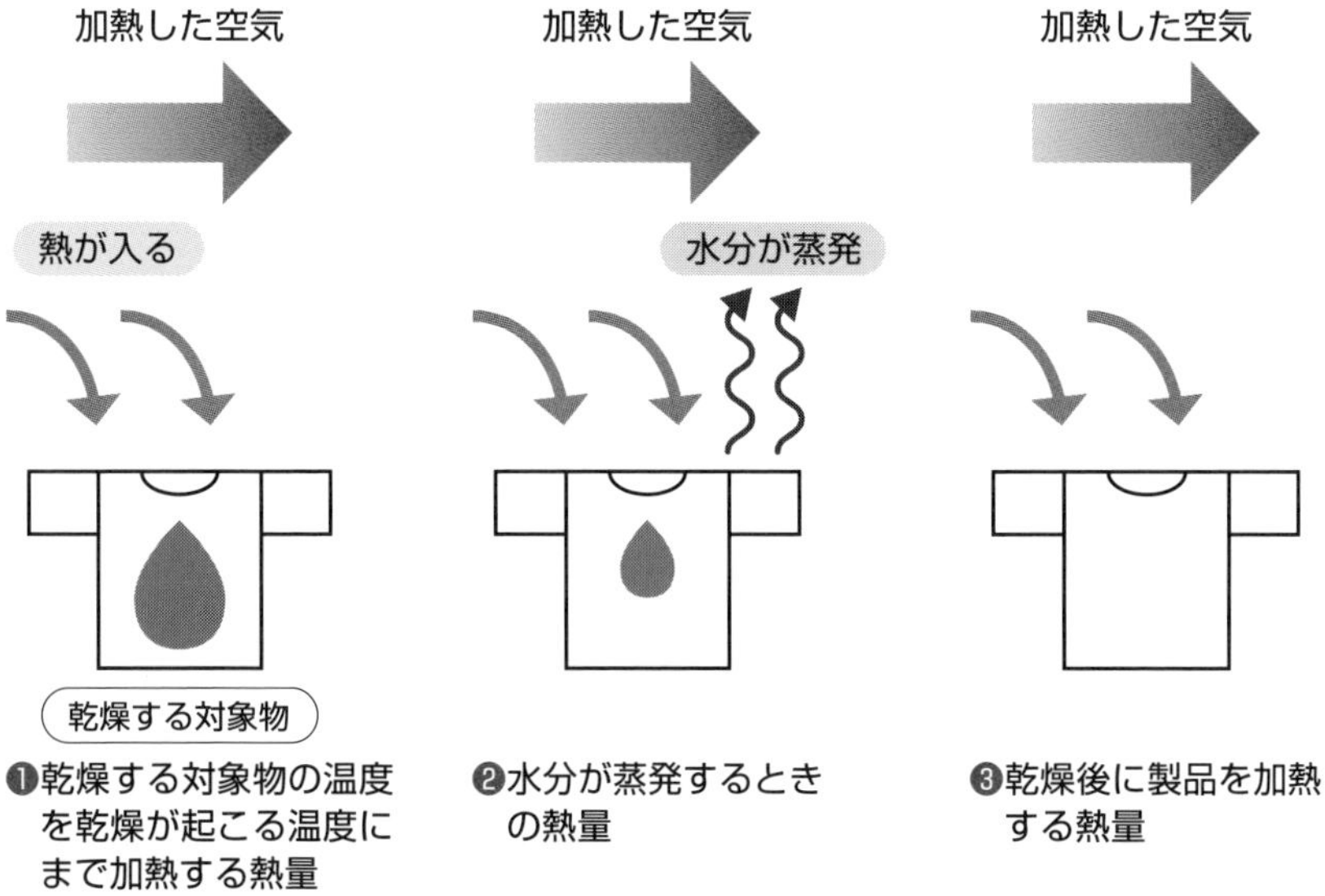

図2 乾燥に必要な熱量の計算例

加熱した空気（温度25℃、相対湿度50%：湿球温度は18℃）

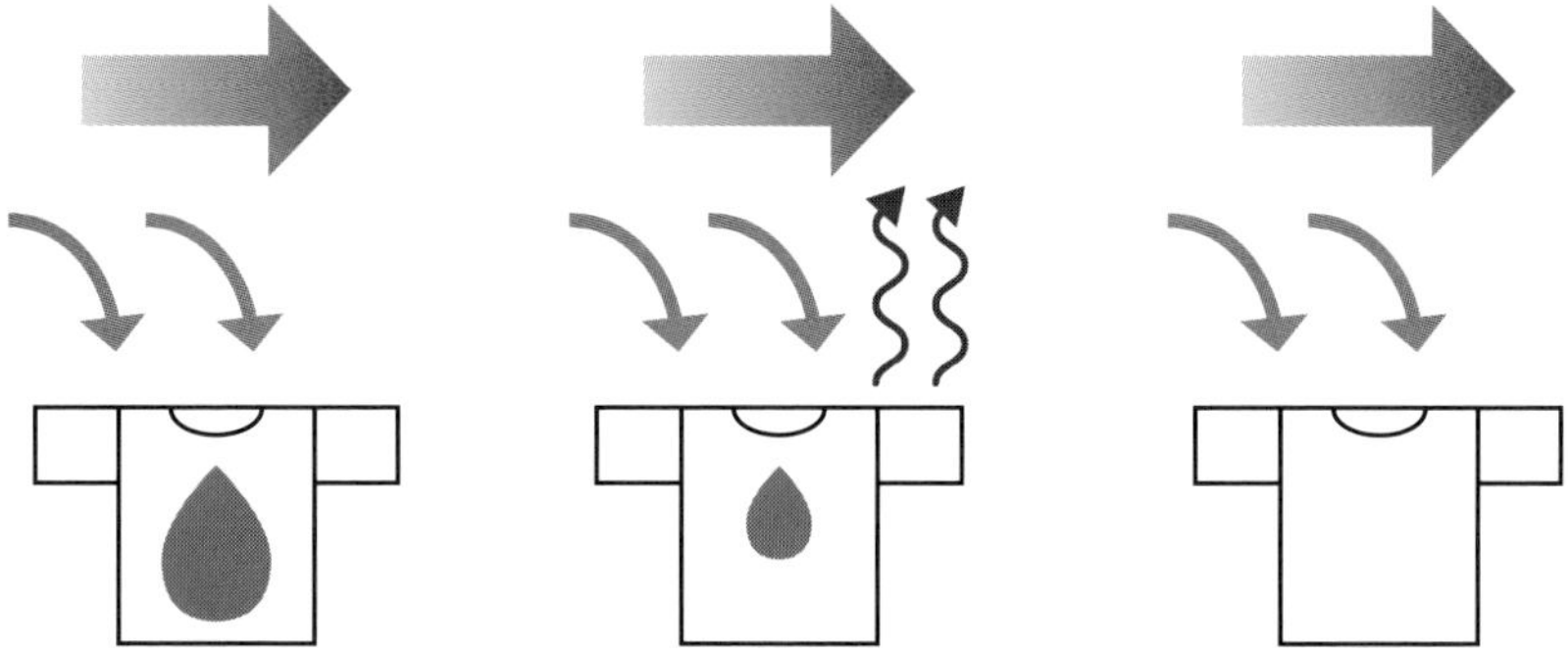

（1） **4.1kJ**
＝(質量) (比熱容量) (温度変化)
＝(0.2) (1.3) (18−10)
※乾いたTシャツ
＋(0.06) (4.2) (18−10)
※水

（2） **147.4 kJ**
＝(蒸発水分量) (水の蒸発熱)
＝(0.06) (2456.5)

（3） **1.8kJ**
＝(質量) (比熱容量)
(温度変化)
＝(0.2) (1.3) (25−18)

Tシャツ：乾き時固体200g (=0.20kg)、水分量60g (=0.060kg)

（乾いたTシャツの比熱容量を1.3 kJ/(kg·K)、水の比熱容量を4.2 kJ/(kg·K)
水の蒸発熱を2456.5 kJ/kgとします）

乾燥に必要な熱量は、**4.1＋147.4＋1.8 ＝ 153.3kJ**

62 乾燥機に加えた熱がどの程度有効に使われるか

熱効率を上げる

乾燥に必要な最低限の熱量は、前項のように計算できますが、実際に乾燥するときには乾燥機に加えた熱のすべてが乾燥に使われるというわけではありません。

例として、加熱した空気を乾燥する対象物に当てて乾燥する熱風乾燥を考えましょう。加熱した空気の持つ熱が乾燥機に入る熱となりますが、そのうちで壁から放熱によって逃げた熱や乾燥機から出る空気とともに排出された熱などは乾燥に使われていません（図1）。そこで乾燥機には、前項の乾燥に必要な熱のほかにこれらの使われない分の熱も加えなければなりません。乾燥機に加えた熱量に対して実際に乾燥に使われた熱量（前項の乾燥に必要な熱量）の割合を熱効率といい、次の式で計算されます。

（熱効率［%］）＝（乾燥に必要な熱量）÷（乾燥機に加えた熱量）×１００

乾燥機ごとに経験的に得られたおおよその熱効率がまとめてあります（表1）。例えば熱効率が20%であるということは、乾燥機に加えた熱の20%が乾燥に使われ、残りの80%は乾燥に使われずに排出されていることになります。

仮に、前項のように乾燥に必要な熱量が１５３・３kJであったとしますと、熱効率が20%の乾燥機では、乾燥に必要な熱量の5倍の７６６・５kJを乾燥機に加える必要があります。熱効率の高い乾燥機ほど省エネルギーといえます。

乾燥操作では、非常に多くの熱を使うため、省エネルギー対策を行うことが重要です。

乾燥操作に入る前の省エネルギー対策としては、そもそも蒸発させる水分量を減らすこと（あらかじめ脱水を行う）があります。洗濯乾燥機でも、いきなり乾燥に入らずに、まず脱水があり、その後に乾燥に入っています。あらかじめ脱水を行うことは、乾燥時間を短くするという点でも有効です。

要点BOX

●熱効率は、乾燥機に与えた熱量のうちで乾燥に使われた熱量の割合を表す
●乾燥操作では省エネルギー対策が重要

図1 熱風乾燥機で使われた熱の割合の一例

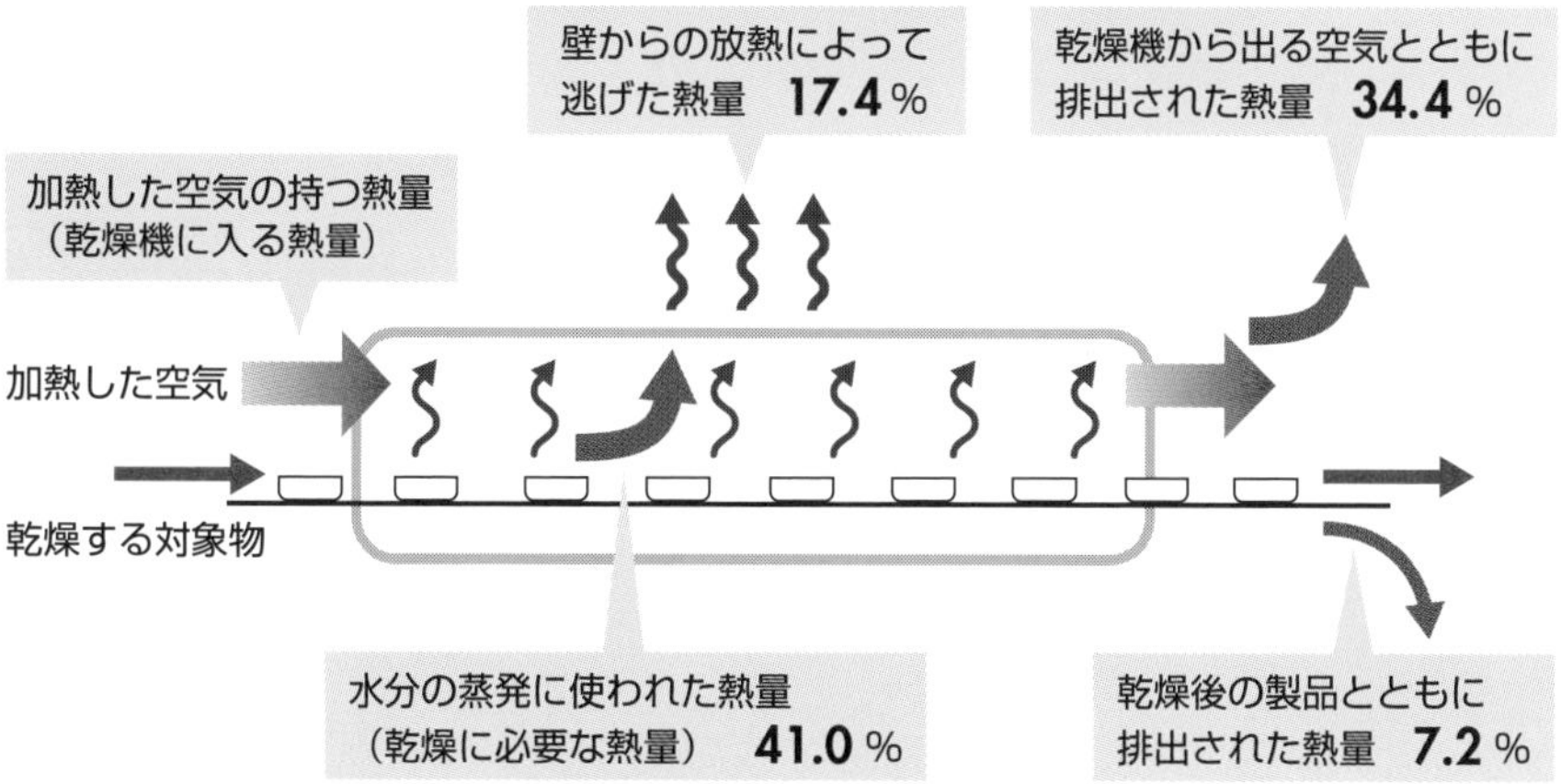

表1 乾燥機の熱効率

対流伝熱乾燥機

乾燥する対象物の状態	乾燥機	熱効率[%]
置いて乾燥（回分式）	箱型（平行流）	20～30
	箱型（通気流）	25～40
移動させながら乾燥（連続式）	通気バンド	40～60
	トンネル台車（平行流）	20～40
	噴出流（ノズルジェット）	20～40
	通気竪型	30～50
動かしながら乾燥	回転（ロータリー）	40～70（直火高温で65～75）
	流動層	50～65
気流にのせて乾燥	気流	40～70
	噴霧（スプレー）	40～55

伝導伝熱乾燥機

乾燥する対象物の状態	乾燥機	熱効率[%]
撹拌しながら乾燥	多段円盤	70～80
	溝型撹拌	70～85
	円筒撹拌（胴加熱）	70～85
	逆円錐	70～85
	伝熱管付回転	70～85
加熱面に密着させて移動しつつ乾燥	ドラム	50～75
	多円筒	60～70

63 乾燥機から排気される空気の熱を有効に使う

省エネルギーにつとめる

乾燥には多くの熱を使います。そのため、乾燥機に加える熱量を減らすために省エネルギー対策が重要になります。ここでは、乾燥機の省エネルギーをどのように行うかを見ていきます。

乾燥機において使われずに排出される熱には、(1)壁からの放熱による熱、(2)乾燥機から出る空気とともに排出される熱、(3)乾燥後の製品とともに排出される熱、があります(62項の図1参照)。

(1)の壁からの放熱については、乾燥機を断熱材とよばれる熱を通しにくい材料で覆うなどします。また、(3)については、乾燥の終盤での加熱をゆるめるなどして排出される熱を減らします。

排出される熱のうち(2)の空気とともに排出される熱がもっとも多く、この熱をどのようにして減らすかが重要です。まず、乾燥機から排出される空気の温度を低く、量を少なくすることが考えられます。そのためには入口の空気の温度を下げて、量を減らすことになりますが、これでは乾燥が遅くなって乾燥時間が長くなってしまいます。

そこで、排出される空気の持つ熱を有効に使うことが考えられています。具体的には、乾燥機出口から排出された空気の一部を再加熱して乾燥機の入口にもどすという方法があります(空気の循環、図1)。乾燥によって蒸発した水蒸気が空気に入って湿度が上がりますので、乾燥速度への影響が少ない範囲の量を入口にもどします。

家庭用のエアコンなどに用いられているヒートポンプは、排気の熱を再利用するための方法として用いられています。近年では、洗濯乾燥機にもヒートポンプが搭載されているものがあります(図2)。乾燥槽(洗濯槽)から排出された湿った空気をヒートポンプの冷却部で冷やし、水蒸気を水にもどして取り除き(湿度を下げ)、続いて加熱部で再度空気を加熱して、乾燥槽に流します。

要点BOX

- ●乾燥機から排出する熱のうちで空気の持ち出す熱量が特に大きい
- ●排気の循環やヒートポンプの使用が有効

図1 乾燥機における空気の循環利用

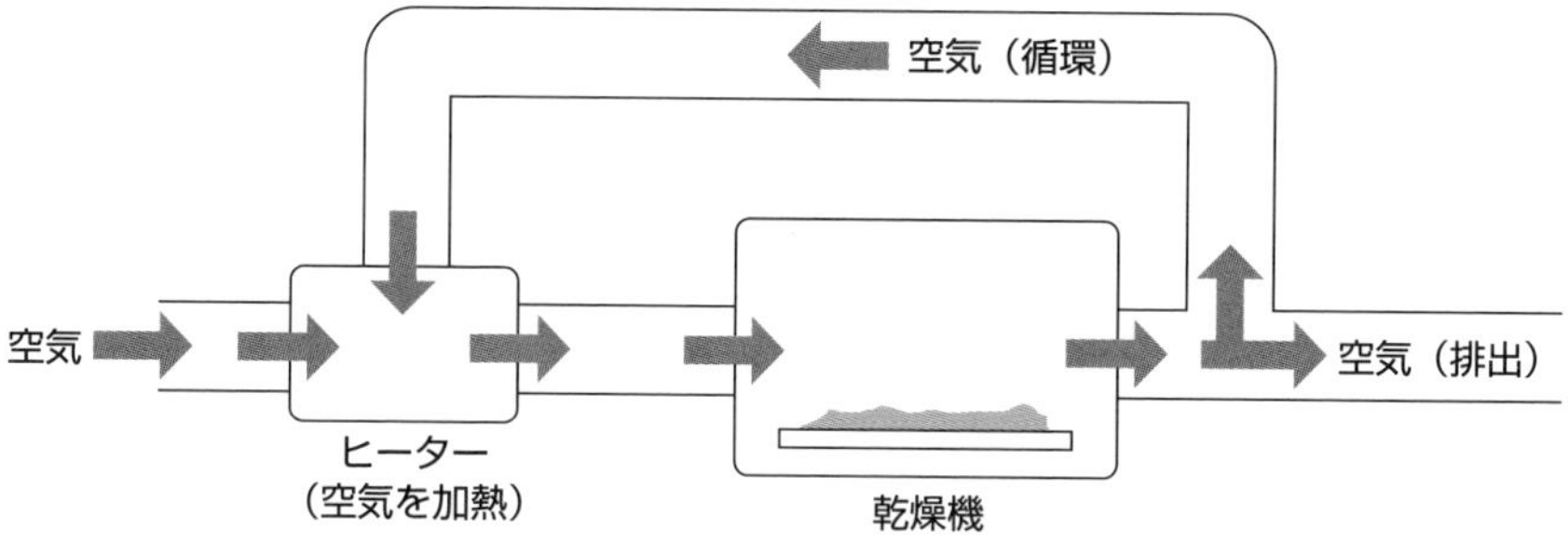

図2 洗濯乾燥機のヒートポンプ

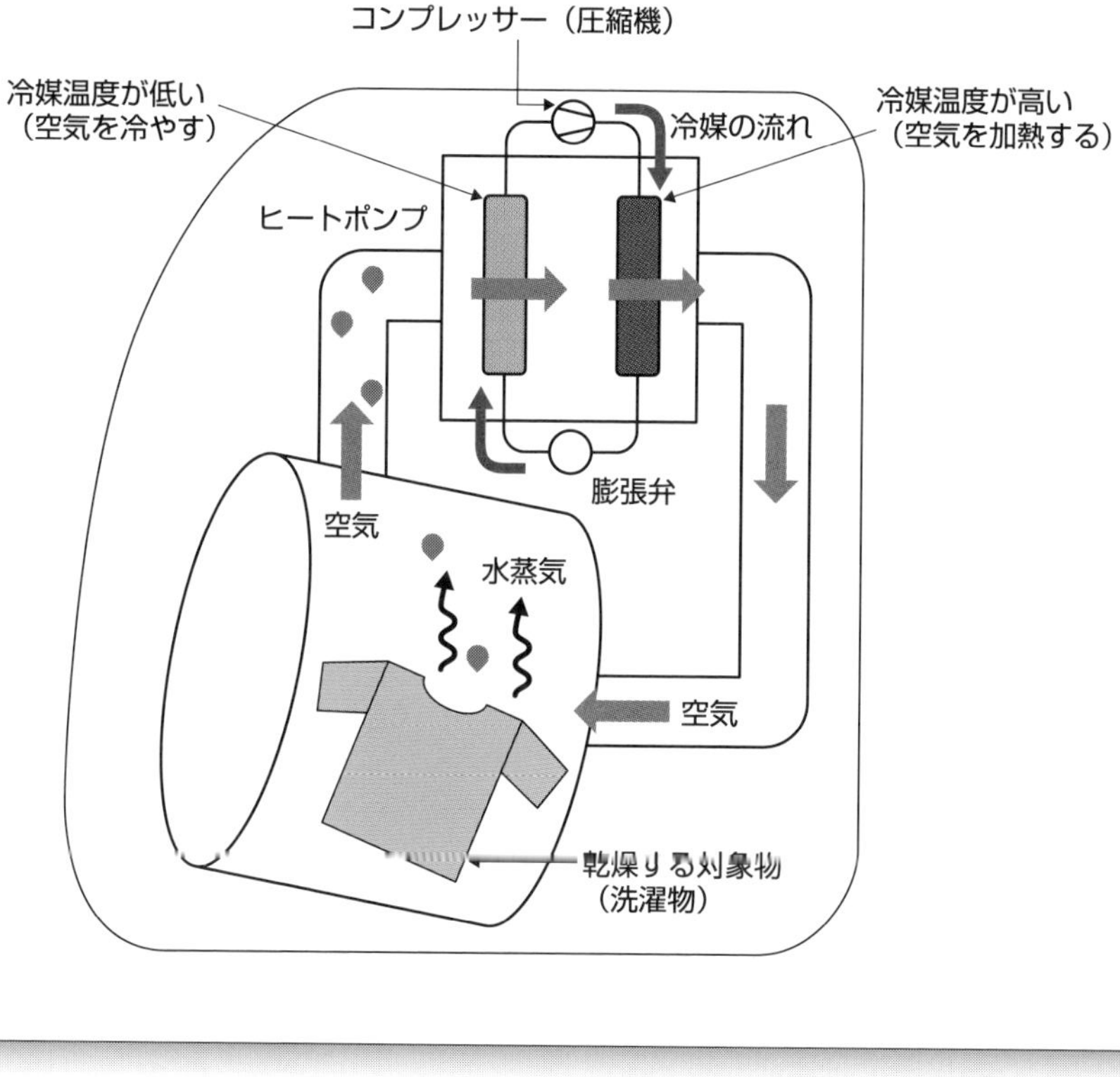

64 乾燥する対象物の温度は乾燥時にどのようになるか

対象物の熱変質に注意する

乾燥する対象物のなかには、高い温度で性質（色や形状など）が変化するものがあります。これを熱変質といいます。熱変質を起こさせたくないときには、乾燥する対象物の温度を熱変質が起こる温度よりも低く保ちながら乾燥しなければなりません。

乾燥する対象物が水を含んでいるときには、乾燥する対象物の温度は熱源（加熱した空気や熱媒体など）の温度よりも低くなります。これは、熱源から加えられた熱が水の蒸発に使われるためです。水の蒸発がなければ乾燥する対象物の温度は熱源の温度にまで上昇します（図1）。加熱する方法や乾燥の進み方によって乾燥する対象物の温度が変わります。加熱した空気を当てて乾燥するとき（対流伝熱）の定率乾燥期間では、乾燥する対象物の温度は湿球温度（33項参照）になります。一方で、伝導伝熱や放射伝熱で加熱するときには、湿球温度よりも高くなることが多くあります。それでも熱源の温度よりも高くなることはありません（図2）。

水分を含んでいる部分の温度は、熱源の温度が沸点よりも低いときには湿球温度と熱源温度の間の温度になります。このときには、湿度の影響が大きくなります。熱源の温度が沸点よりも高いときには、乾燥する対象物の温度は、湿球温度と水の沸点の間にあります。水を含んでいる部分はいくら加熱しても沸点を超えることがないためです。真空乾燥では、沸点が下がるために乾燥する対象物の温度を低い温度に保ちつつ乾燥することができます（59項参照）。

水分を含まない乾いた部分の温度は、加熱に用いた熱源の温度に向かって上昇し、最終的には熱源の温度と等しくなります。減率乾燥期間では、乾燥した表面から順番に温度が上昇していきます（図3）。

乾燥しているときに、乾燥する対象物の温度と熱源の温度が同じになるときには、何らかの原因で乾燥が進行していないと考えられます。

要点BOX
- ●乾燥する対象物の温度は熱源温度を超えない
- ●水を含んだ部分の温度は沸点を超えない
- ●乾いた部分の温度は熱源温度にまで上がる

図1　湿ったものと乾いたものを加熱したときの温度の変化

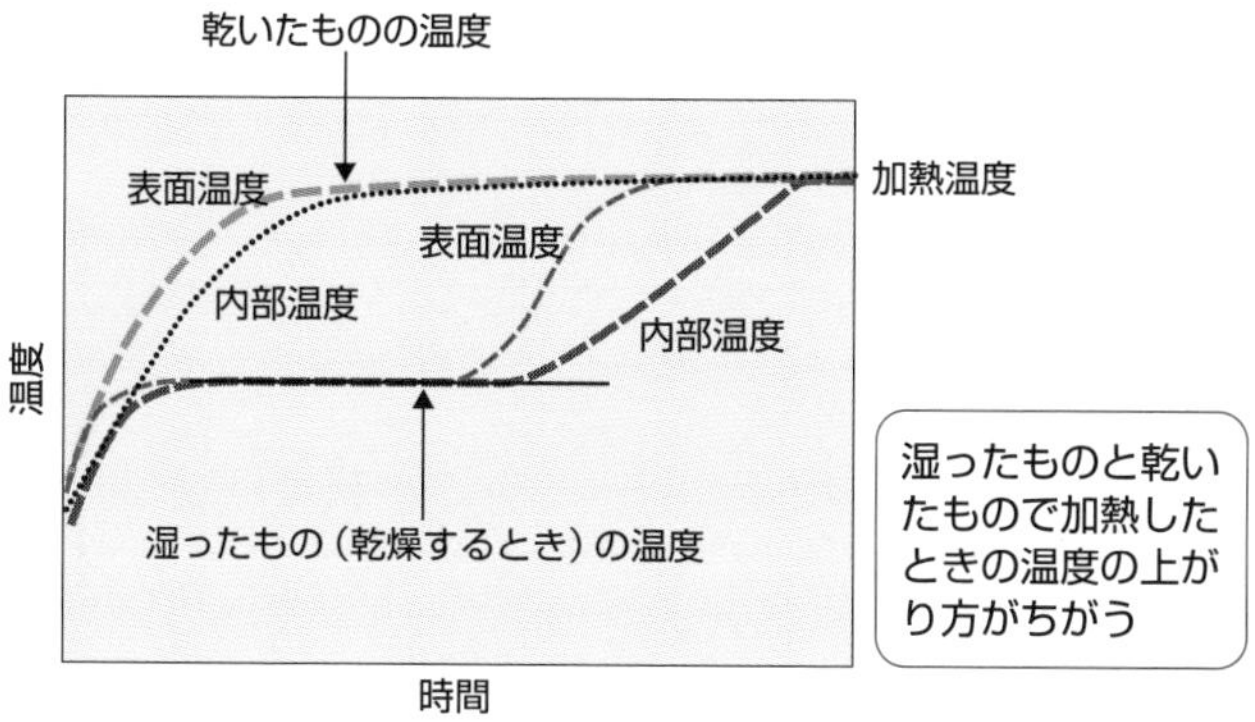

図2 定率乾燥期間の乾燥する対象物の温度範囲

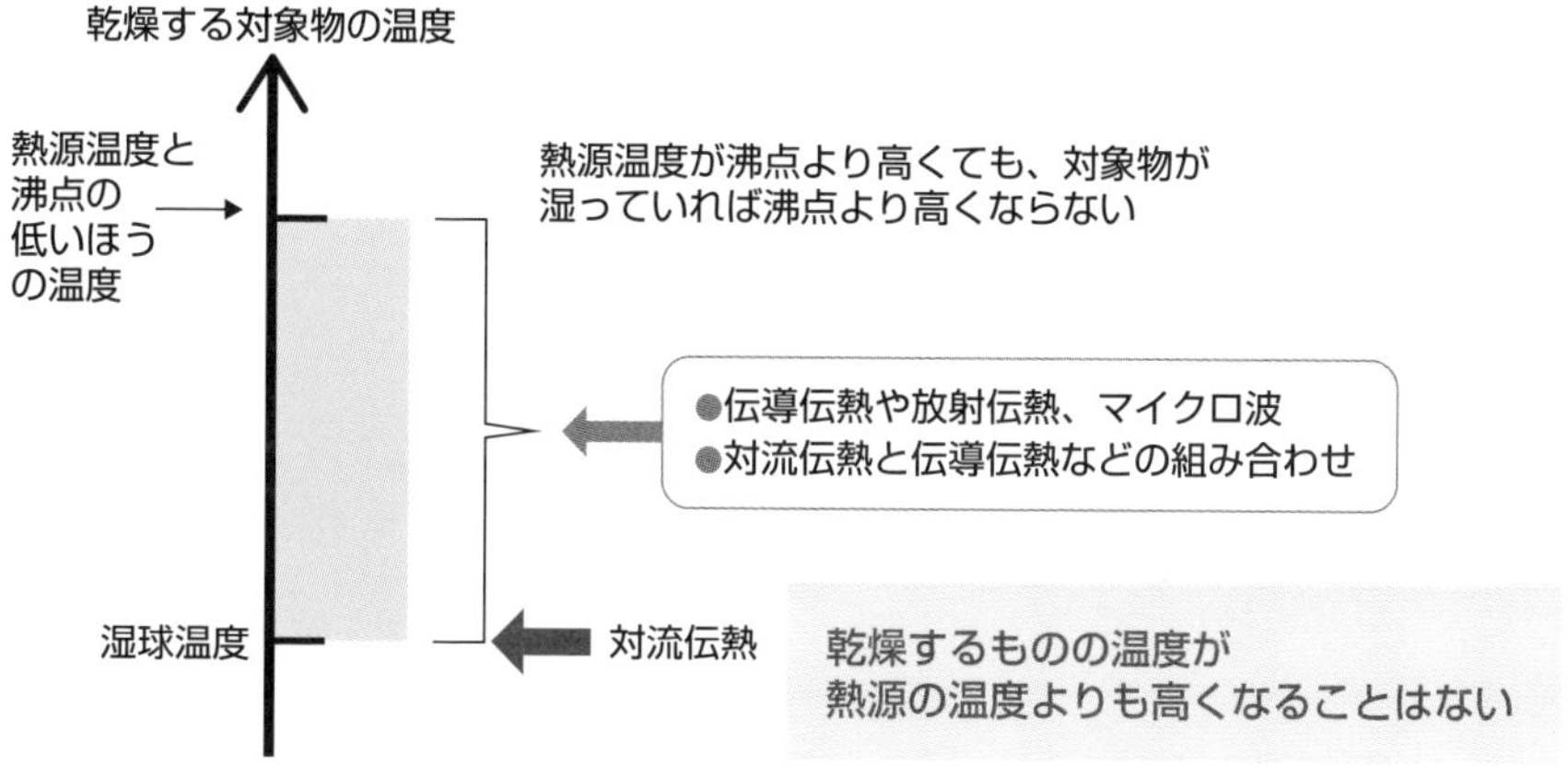

図3 乾いた部分と湿った部分の温度（減率乾燥期間）

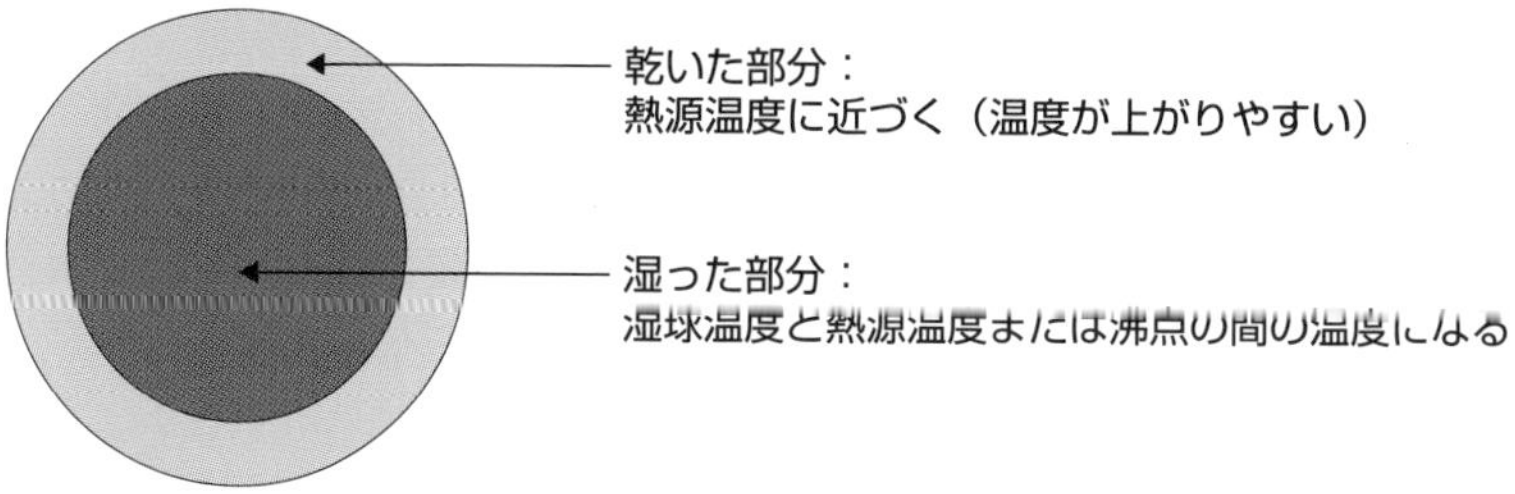

65 乾燥するときの変形や収縮はなぜ起こるのか

乾燥するときの変形に注意する

乾燥することによって乾燥する対象物が変形したり、縮んだりすることがしばしばあります。その原因は何でしょうか。

まずは粘土を考えます。粘土は細かい粒子が集まっています。湿っている状態ではその隙間に水分が入っています。これを乾燥すると、隙間の水分がなくなっていきます。このとき、水分がなくなった空間を埋めようとする力が働き、周りの粘土を引きよせます。このときの力を毛管吸引力といいます。毛管吸引力は、表面張力によって引き起こされます。表面張力とは液体の表面に働き、表面積をできるだけ小さくするように働く力です。この力によって水滴は丸くなります。このような力が働く結果、粘土は縮みます（図1）。また乾燥の進行度合いが場所によってちがうときには、乾燥が進んでいるところが先に縮むために、乾燥の進行が遅い部分との間にひずみが生じ、亀裂が入ったり割れたりします。

肉や野菜などの食品原料は、細胞が集まってできていますが、このようなものも乾燥によって縮みます。細胞の中には水分が含まれており、これが乾燥によって減少すると、毛管吸引力によって細胞膜や細胞壁が変形して縮むのです。また、食品原料は、乾燥するときの温度が高いと熱によって組織が破壊され、これが原因で縮むこともあります。

毛管吸引力が原因で変形するものは、真空凍結乾燥（60項参照）を行うことで変形を防ぐことができます（図2）。毛管吸引力は液体に働く力であることから、液体である水分を存在させない乾燥方法では変形が起こらないのです。

縮むことが問題になるものとして、衣類がありますが、これは洗濯や乾燥するときの衣類の扱い方に原因があることが多いようです。洗濯機あるいは乾燥機内で衣類同士がこすれあうことで繊維がいったん絡み合い、縮みの原因となります。

要点BOX
- ●乾燥時の縮みや変形の原因は、毛管吸引力と熱による変形によるもの
- ●真空凍結乾燥は収縮・変形を防ぐ

図1 乾燥する対象物の収縮

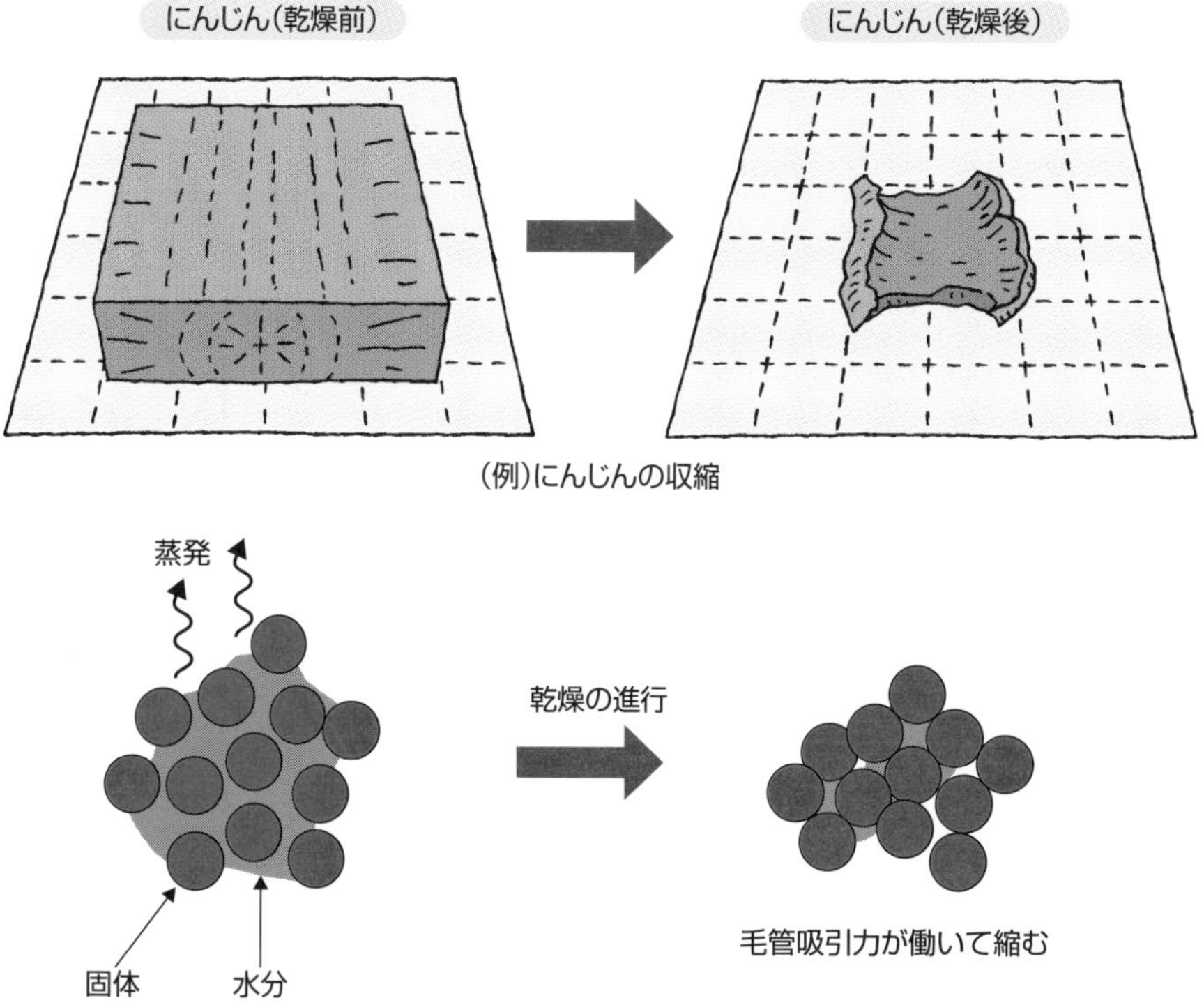

図2 真空凍結乾燥のときのようす(収縮が起こりにくい)

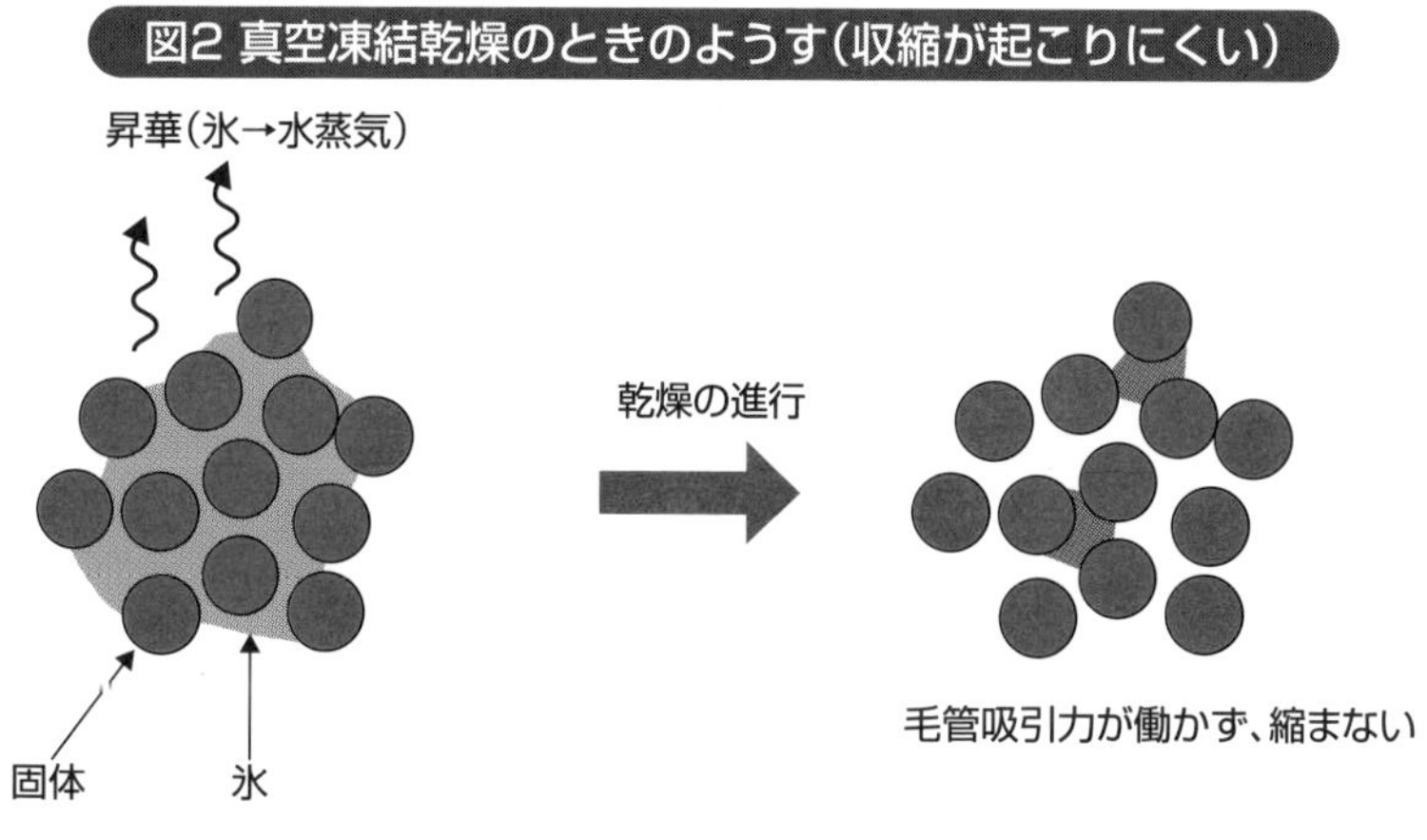

66 空洞化した製品、均質な製品を得るための条件

乾燥の方法や条件によって乾燥後の製品の品質が変化します。ここでは特に乾燥操作時の空洞化や均質化について見てみましょう。

例として、焼き餅を考えてみましょう。餅を焼くときには、加熱によって表面がまず固まり、その後に加熱が進むと中が空洞化します。また、場合によっては表面に亀裂が入って中から蒸気が吹き出したりふくらんだりします。今回は焼いていますが、乾燥する場合にも乾燥する対象物の性質や乾燥の条件によっては同じことが起こります。

乾燥する対象物の表面をはじめに高速度で乾燥することで表面が固まってこれ以上変形が起こらない状態になります（固定化、硬化）（図1）。そのあとに内部の水分が蒸発して水蒸気になります。この内部の水蒸気が乾燥する対象物の外に出るときには固まった表面を通過しなければならず、乾燥に時間がかかります。このとき、内部では収縮が起こり、空洞化します（図1）。加熱が強力であれば、内部の水蒸気が固まった表面を突き破ってふき出します。

乾燥後の製品を均質にしたいときにはどのようにしたらよいでしょうか。例えば、陶磁器などはどのようにして均質にしているでしょうか（図2）。これらのものを均質に仕上げるためには、上の場合とは逆に乾燥速度を下げて、長時間かけて乾燥します。表面からの蒸発が起こる期間（定率乾燥期間）をできるだけ長くし、含水率が均一になるようにしています。品質を考えたときには、あえて長時間かけて乾燥を行うことも必要になるのです。また、特殊な乾燥方法として、ある程度乾燥したところでいったん乾燥をやめて、低温度に保ち、乾燥する対象物の中の水分が均一になったら再び乾燥するという方法があります（テンパリングといいます）。米などの穀物や鰹節などの水産加工品の乾燥に用いられています（7項参照）。

要点BOX
- ●乾燥速度を変えることで品質が変わる
- ●均質な製品とするためには、含水率が均一になるように長時間かけて乾燥する

図1　乾燥速度と乾燥後の製品の状態

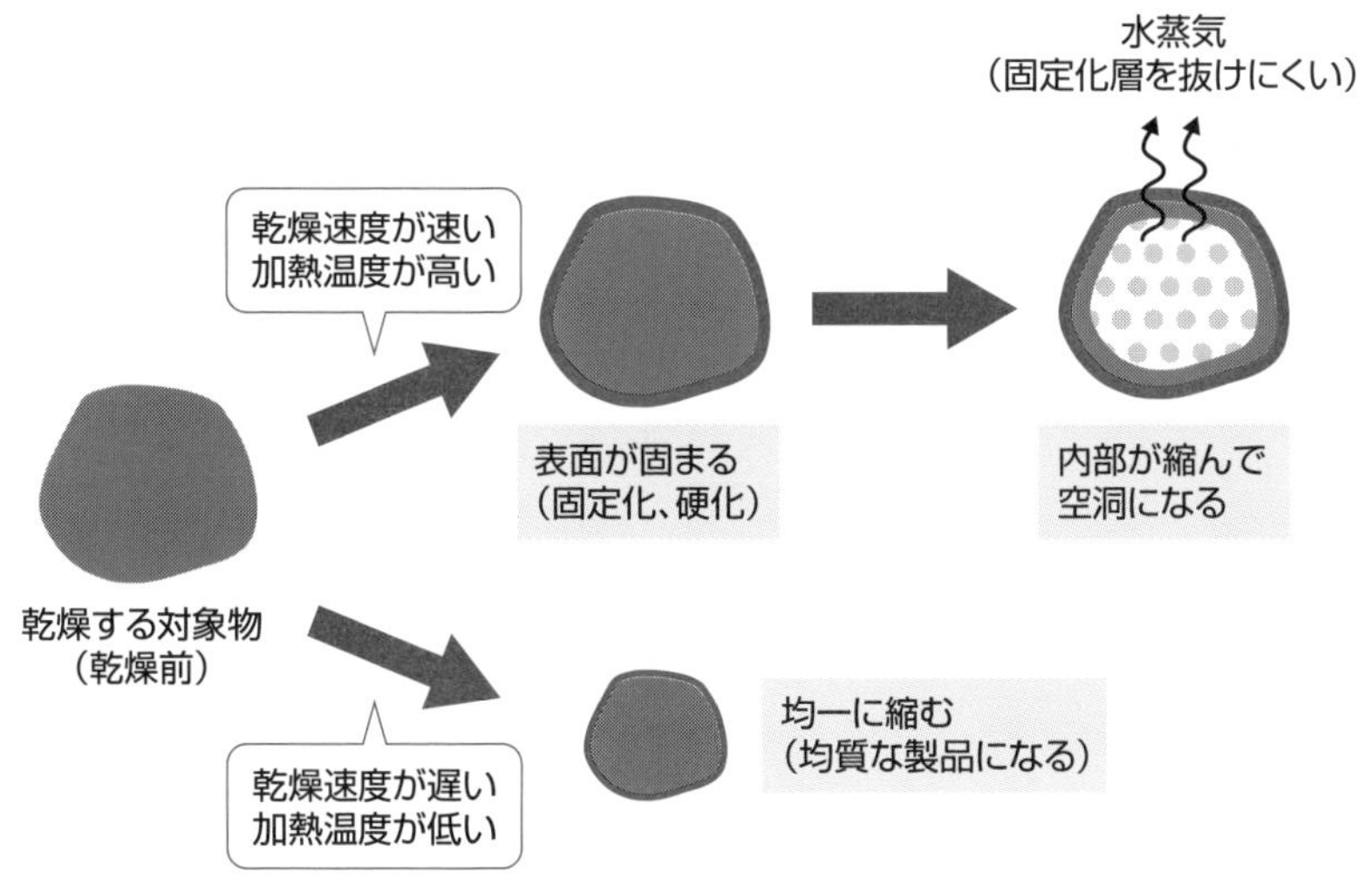

図2 陶磁器の乾燥速度と乾燥後のようす

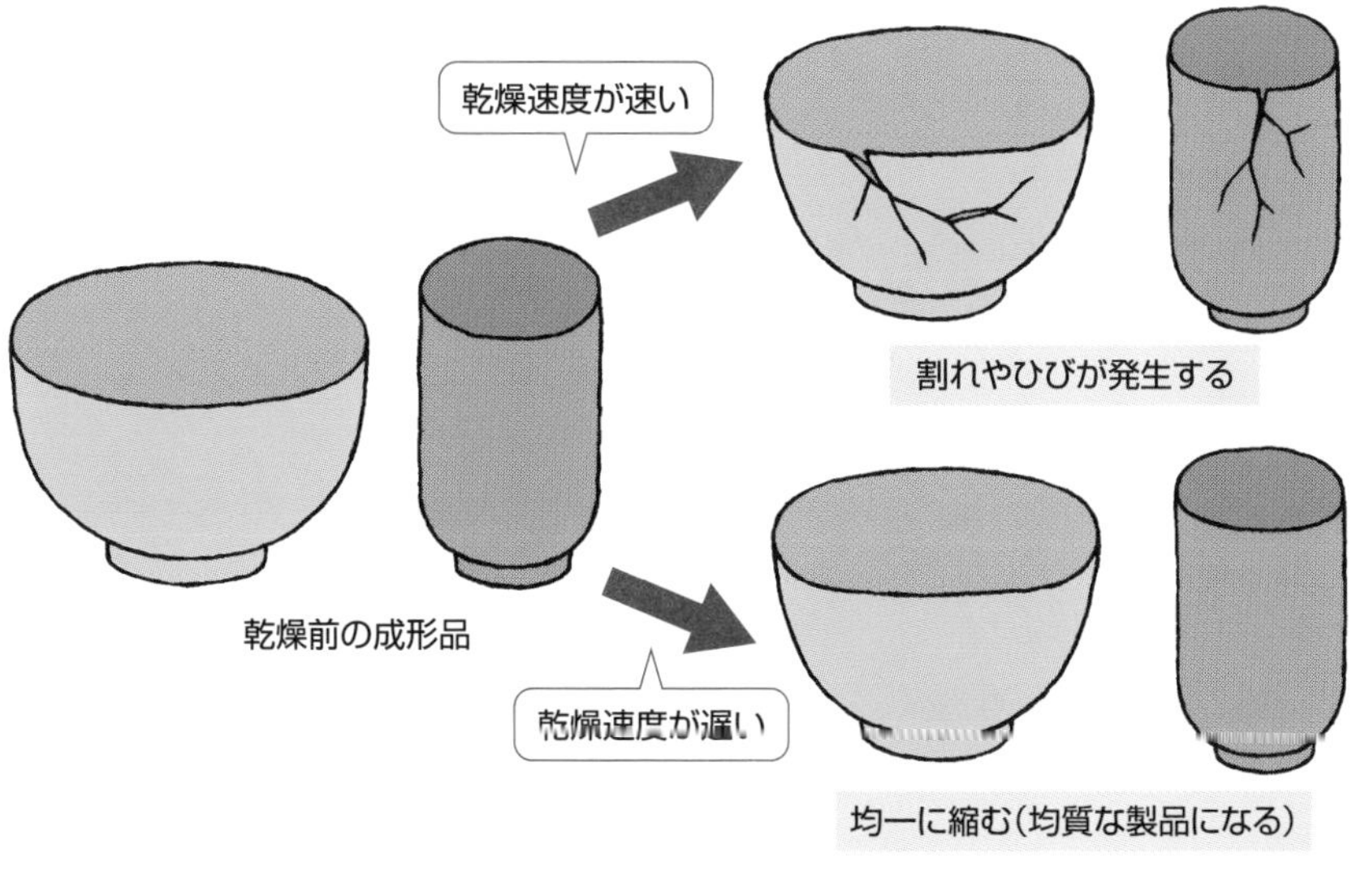

67 乾燥できないときに注意することは何か

乾燥できない原因を探す

乾燥機を使って乾燥するときに、思ったよりも乾燥ができておらず、湿った状態のままということがあります。このようなときにはその原因を見つけて改善する必要があります。乾燥ができていない理由には次のようなものがあります。

・乾燥する対象物に十分な熱が加えられていない

乾燥する対象物に十分な熱が加えられない原因としては、もともと加えている熱が、乾燥に必要な熱に比べて少ないこと、加えた熱が乾燥する対象物に伝わらずに放出しているということがあります。加えている熱が少ないときには、必要な熱を加えれば乾燥します。十分な熱を乾燥機に入れているのに乾燥しない場合には、乾燥する対象物が熱源とうまく接していないことが考えられます。対流伝熱式の乾燥機では、空気が十分に乾燥する対象物に当たっている必要がありますが、空気は流れやすいほうに流れますので、棚に乾燥する対象物を載せて乾燥するときなどには、空間が狭くなると空気が流れなくなり、乾燥が進まなくなります（図1）。また、伝導伝熱式では、加熱した壁や棚に触れているところが重点的に加熱されますが、乾燥する対象物が大きいと内部まで熱が伝わるのに時間がかかります。

・結露によって乾燥したものが再びぬれる（図2）

乾燥が終わった後に、湿度が高い空気と触れていると、その空気の温度が下がったときに空気中の水蒸気が水にもどります。このときの温度を露点といいます（34項参照）。また、空気の温度が下がらなくても、乾燥機の壁やふたの温度が下がり、そこで結露した水分がしたたり落ちて乾燥する対象物の上に落ちるということがあります。

・湿度が高い（図3）

湿度が高く、これ以上空気中に水分を含めなくなると、乾燥しなくなります。水蒸気を追い出して湿度の低い空気と置き換える必要があります。

要点BOX

●乾燥では熱を十分に加える必要がある
●結露によって再び乾燥する対象物がぬれる
●湿度が高すぎると乾燥しない

図1 積み込む高さによって乾燥の時間が変わる

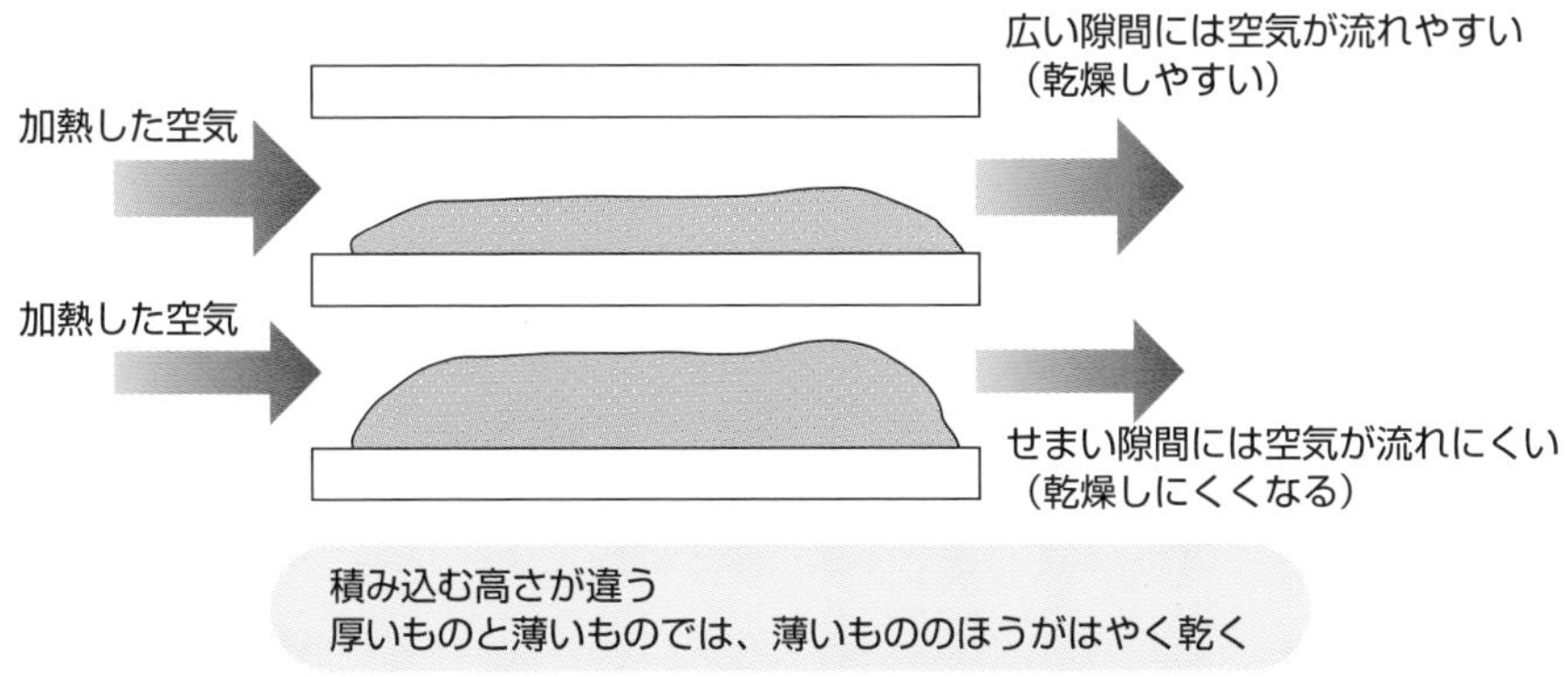
加熱した空気
広い隙間には空気が流れやすい
（乾燥しやすい）
加熱した空気
せまい隙間には空気が流れにくい
（乾燥しにくくなる）
積み込む高さが違う
厚いものと薄いものでは、薄いもののほうがはやく乾く

図2 乾燥機出口での結露

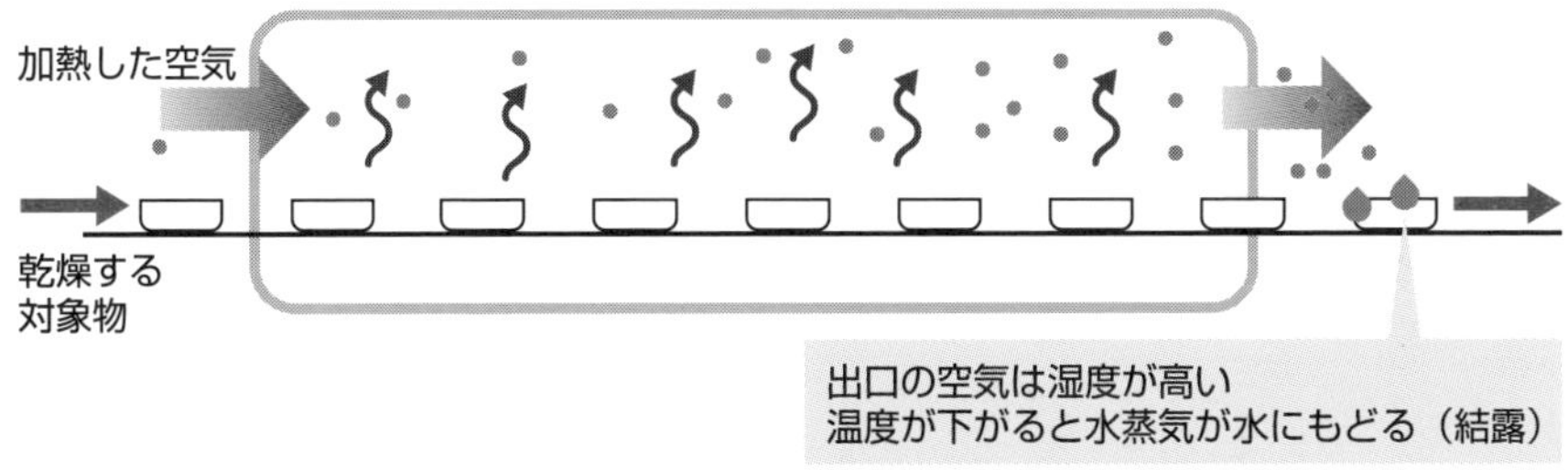
加熱した空気
乾燥する
対象物
出口の空気は湿度が高い
温度が下がると水蒸気が水にもどる（結露）

図3 湿度が高いと乾かない

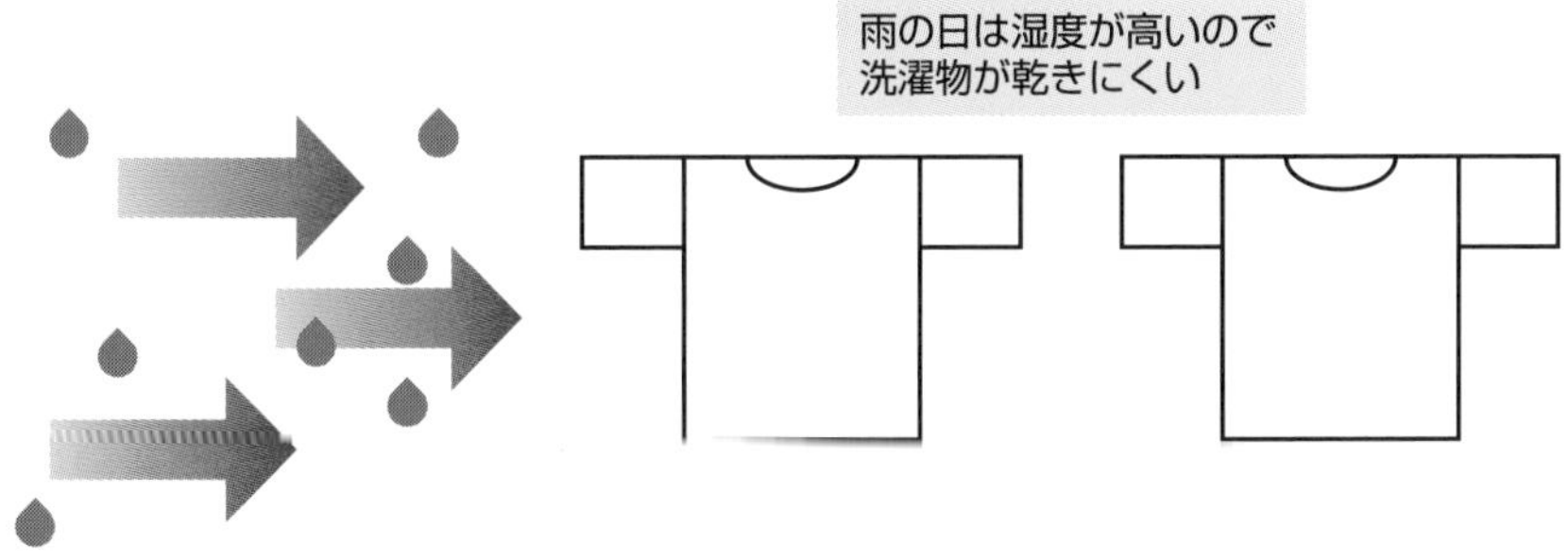
雨の日は湿度が高いので
洗濯物が乾きにくい

68 乾燥する対象物を増やすときに注意すること

より多くの量を乾燥するときの注意点

乾燥操作において、乾燥する対象物の量は一定ではなく、変化することがよくあります。例えば家庭用の洗濯乾燥機で乾燥する洗濯物の量は日々変化しますし、食器洗浄乾燥機で乾燥する食器の量も変化します。

乾燥する対象物の量が増えたときには、乾燥にかかる時間が長くなることがあります。乾燥にかかる時間が長くなるのは、まずは乾燥に必要な熱量が増えたためです。乾燥する対象物の量が2倍になったときに乾燥にかかる時間が2倍よりもさらに長くなることもあります。これは、乾燥機内の熱源（加熱した空気など）と乾燥する対象物の接する面積が乾燥する対象物の量が増えたときに同じように増えていない、あるいは乾燥する対象物同士が重なり合うなどして、厚みが増えたような状態になっているということが原因です。もちろん、前項にあるような乾燥が起こらない原因が関係していることもあります。食器洗浄乾燥機では、乾燥する食器が増えたときに、重ねて配置すれば、重なったところの水分が乾燥しにくくなり、空気の通りを邪魔すれば、その部分が乾かずに残ります。

乾燥する対象物の量が多くなって現在の乾燥機で乾燥しきれなくなると、乾燥機を大きくする（スケールアップといいます）必要が出てきます。乾燥機を大きくしたときには、小さい乾燥機と同じ乾燥時間でより多くのものが乾燥できることが期待されます。加える熱量、熱源と接する面積、乾燥する対象物の大きさに注意が必要です。乾燥する対象物の大きさについては、1つ1つが小さくても積み重ねた結果、厚みが変わるということがあり、結果として乾燥時間が長くなります。小さい乾燥機と大きい乾燥機で、乾燥する対象物に当たる空気の条件、乾燥する対象物の厚みや伝熱面積などがなるべく同じになることが望ましいです。

要点BOX
- ●乾燥機に入れる量が増すと乾燥時間が延長
- ●必要熱量・熱源と接する面積の変化が影響
- ●重なり合いによる厚みの変化が影響

乾燥する対象物の量を増やすときのようす

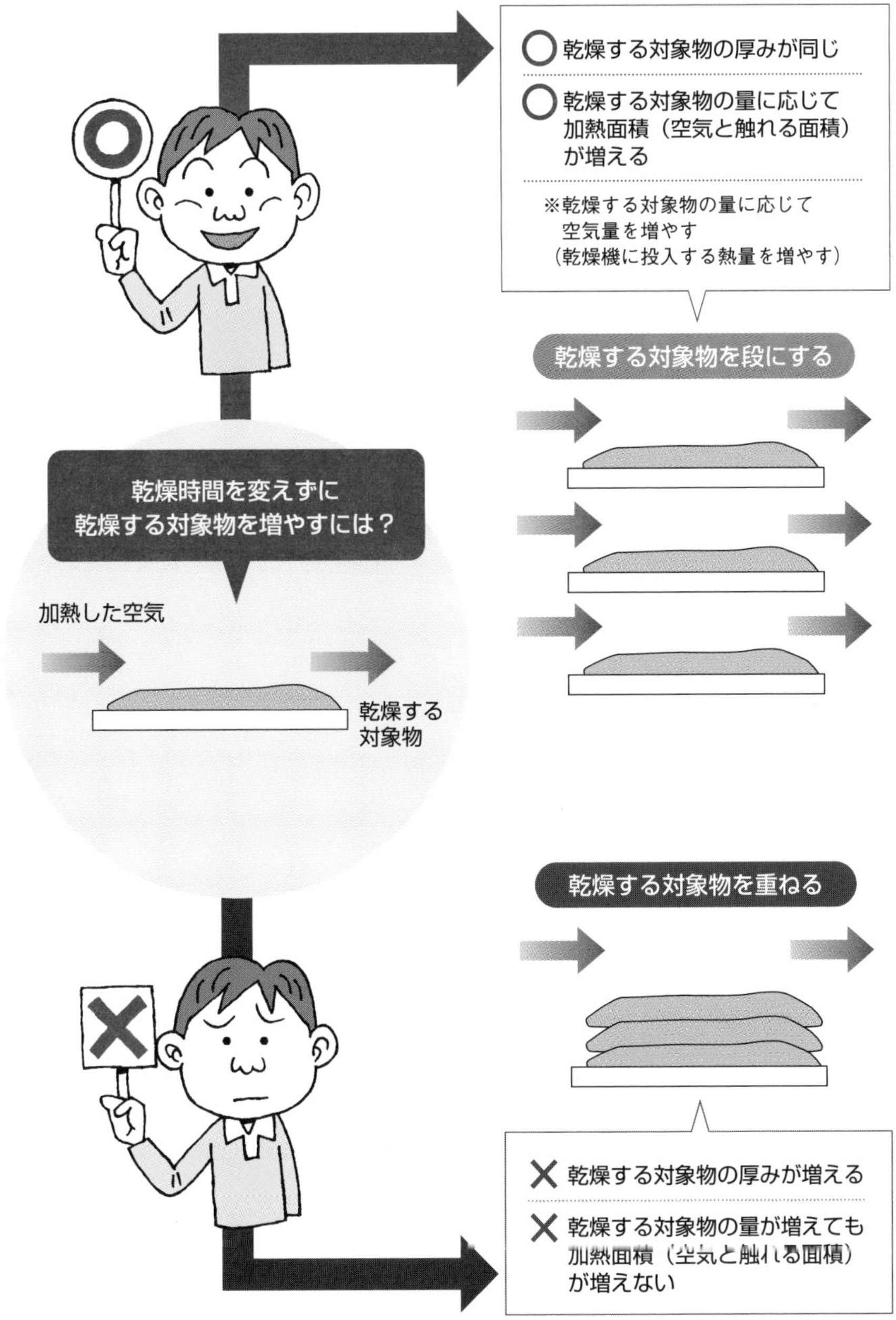
乾燥時間を変えずに
乾燥する対象物を増やすには？
加熱した空気
乾燥する
対象物
乾燥する対象物を段にする
○乾燥する対象物の厚みが同じ
○乾燥する対象物の量に応じて
加熱面積（空気と触れる面積）
が増える
※乾燥する対象物の量に応じて
空気量を増やす
（乾燥機に投入する熱量を増やす）
乾燥する対象物を重ねる
×乾燥する対象物の厚みが増える
×乾燥する対象物の量が増えても
加熱面積（空気と触れる面積）
が増えない

Column

乾燥機の事故対策

乾燥操作では、熱が使われますので、熱を加えることに関係した事故に注意する必要があります。事故の中でも特に多く、注意が必要なものに火災・爆発があります。火災および爆発の要因としては、①可燃物（燃えるもの）が存在すること、②酸素（燃えることを支援するもの（燃やすもの））が存在すること、③着火源（熱源）が存在することがあり、この3つがそろったときに火災や爆発が起こります。

①の可燃物としては、乾燥する対象物が燃えやすいときということもありますが、それ以上に乾燥する対象物に含まれる液体が燃えやすいことが原因となるものが多くあります。家庭用の洗濯乾燥機でも火災の事故がありますが、その原因のひとつが、衣類についた可燃性の油分が落としきれておらず、乾燥時に発火したというものです。工場での乾燥機でも、発火や爆発事故が起こる要因として多いのは、可燃性の液体（有機溶剤など）が含まれた物体を乾燥するときです。可燃性の液体が蒸発して空気中に含まれ、ある濃度範囲に入ると着火源があったときに爆発が起こることがあります。そのほかには、可燃性の粉が空気中に舞っているとき（粉じん）があります。この状態で着火して爆発する現象は粉じん爆発とよばれています。

②の酸素については、多くの乾燥機で、乾燥する対象物が乾燥するときに空気と接していることから酸素が常に存在する条件にあるといえます。乾燥する対象物やそれに含まれる液体が燃えやすい場合には、無酸素で乾燥する（窒素などの酸素以外の気体を流す）こともあります。

③の着火源については、熱源温度が高くて、この熱源と触れることで発火するということがあります。そのほかに、静電気の火花が発火の原因となることもあります。このように熱を使うということは、火災等に十分注意する必要があるのです。

【参考文献】

・中村正秋、立元雄治著『はじめての乾燥技術』(日刊工業新聞社)
・中村正秋、立元雄治著『第2版 初歩から学ぶ乾燥技術』(丸善出版)
・立元雄治、中村正秋著『わかる!使える!乾燥入門』(日刊工業新聞社)
・立元雄治、中村正秋編著『実用乾燥技術集覧』(分離技術会)
・日本産業洗浄協議会 洗浄技術委員会編『トコトンやさしい洗浄の本』(日刊工業新聞社)
・日本繊維技術士センター『繊維の種類と加工が一番わかる』(技術評論社)
・久保田濃監修『改訂2版乾燥装置』(省エネルギーセンター)
・田門肇編著『乾燥技術実務入門』(日刊工業新聞社)
・山根清孝著『フリーズドライ食品入門』(日本食糧新聞社)
・木村進、亀和田光男監修、石谷孝佑、土田茂、林弘通編著『食品と乾燥』(光琳)
・亀和田光男、林弘通、土田茂著『乾燥食品の基礎と応用』(幸書房)
・化学工学会編『化学工学便覧改訂六版』(丸善出版)
・化学工学会編『化学工学便覧改訂七版』(丸善出版)
・日本粉体工業技術協会編『乾燥装置マニュアル』(日刊工業新聞社)
・荻野文丸総編集『化学工学ハンドブック』(朝倉書店)
・福田文治著『初歩から学ぶ水処理技術』(工業調査会)

な

は

ま

や

ら

索引

あ

か

さ

た

今日からモノ知りシリーズ
トコトンやさしい
乾燥技術の本

NDC 571.6

2021年10月29日　初版1刷発行

発行者　井水 治博
発行所　日刊工業新聞社
東京都中央区日本橋小網町14-1
(郵便番号103-8548)
電話　編集部　03(5644)7490
販売部　03(5644)7410
FAX　03(5644)7400
振替口座　00190-2-186076
URL　https://pub.nikkan.co.jp/
e-mail　info@media.nikkan.co.jp
印刷・製本　新日本印刷(株)

●DESIGN STAFF
AD――――――　志岐滋行
表紙イラスト―――　黒崎　玄
本文イラスト―――　榊原唯幸
ブック・デザイン ――　黒田陽子・大山陽子
(志岐デザイン事務所)

●
落丁・乱丁本はお取り替えいたします。
2021 Printed in Japan
ISBN　978-4-526-08163-7　C3034

●定価はカバーに表示してあります

●著者略歴

立元 雄治(たてもと　ゆうじ)

1995年 名古屋大学卒業(工学部分子化学工学科)
2000年 名古屋大学大学院博士課程満了(工学研究科分子化学工学専攻)
2000年 静岡大学教務員(工学部物質工学科)
2005年 静岡大学助手(同上)
2006年 静岡大学助教授(同上)
2007年 静岡大学准教授(同上)
2015年 静岡大学大学院准教授(学術院工学領域化学バイオ工学系列)
博士(工学)
専門:化学工学(乾燥工学、粉体工学)
著書:「わかる!使える!乾燥入門」(共著)、「はじめての乾燥技術」(共著)、「第2版 初歩から学ぶ乾燥技術」(共著)、「分離技術ハンドブック」(共著)、「スラリーの安定化技術と調製事例」(共著)、「エレクトロニクス分野における精密塗布・乾燥技術」(共著)、「乾燥大全集」(共著)、「過熱水蒸気技術集成」(共著)

中村 正秋(なかむら　まさあき)

1965年 名古屋大学卒業(工学部化学工学科)
1970年 名古屋大学大学院博士課程満了(工学研究科化学工学専攻)
1982年8月～1984年3月Research Associate, National Research Council, Canada
1994年 名古屋大学教授(工学部分子化学工学科)
1997年 名古屋大学大学院教授(工学研究科分子化学工学専攻)
2004年 名古屋大学大学院教授(工学研究科化学・生物工学専攻 分子化学工学分野)
2006年 名古屋大学名誉教授
工学博士
専門:化学工学(伝熱工学、反応装置工学、資源・環境学)
著書:「わかる!使える!乾燥入門」(共著)、「第2版 初歩から学ぶ乾燥技術」(共著)、「はじめての乾燥技術」(共著)、「実用乾燥技術集覧」(共著)、「分離技術ハンドブック」(共著)、「セラミックマシナリーハンドブック」(共著)、「化学工学ハンドブック」(共著)、「粉体工学ハンドブック」(共著)、「化学反応操作」(共著)、「移動層工学」(共編、共著)
HP:http://ntechx.com/